高等职业院校课程改革项目优秀教~

面向"十三五"高职高专教育精品规划教材

建筑工程施工技术（下）

（第3版）

主　编　常建立　赵占军

副主编　吴艳丽　王　辉　孟银忠　梁　磊

参　编　谷军明　贾　真　王云龙　张彦超

主　审　王春梅

北京理工大学出版社

BEIJING INSTITUTE OF TECHNOLOGY PRESS

内 容 提 要

　　本书第3版系由高等职业院校与建筑施工企业合作开发工学结合系列教材之一，是根据高职高专土建施工类专业、建筑类专业的人才培养计划、课程教学要求和实际应用需要编写的。全书共涉及两部分内容，第三部分：现浇结构主体施工，包括5个教学单元，分别是模板工程施工、钢筋工程施工、混凝土工程施工、脚手架搭设与拆除、结构实体检验；第四部分：防水与装修工程施工，包括6个教学单元，分别是防水工程施工、门窗工程安装、抹灰工程施工、饰面砖（板）施工、地面工程施工、涂饰工程施工。所选取教学内容均源于现场并高于现场，将真实的建筑施工过程转换为教学过程，将真实的工作任务转换为学习性工作任务，经过优化的教学载体既对接生产现场，反映典型施工工艺，又细化了课程教学目标。

　　本书主要作为高等职业院校建筑工程技术、地下与隧道工程技术、土木工程检测技术、建设工程监理、建筑工程管理、工程造价等相关专业教学用书，也可作为建筑施工企业技术岗位培训教材。

版权专有　侵权必究

图书在版编目(CIP)数据

　　建筑工程施工技术. 下／常建立，赵占军主编.—3版.—北京：北京理工大学出版社，2017.1（2017.2重印）

　　ISBN 978-7-5682-2189-4

　　Ⅰ.①建…　Ⅱ.①常…　②赵…　Ⅲ.①建筑工程－工程施工－高等学校－教材
Ⅳ.①TU74

　　中国版本图书馆CIP数据核字(2016)第080832号

出版发行／	北京理工大学出版社有限责任公司
社　　址／	北京市海淀区中关村南大街5号
邮　　编／	100081
电　　话／	(010)68914775(总编室)
	(010)82562903(教材售后服务热线)
	(010)68948351(其他图书服务热线)
网　　址／	http://www.bitpress.com.cn
经　　销／	全国各地新华书店
印　　刷／	北京紫瑞利印刷有限公司
开　　本／	787毫米×1092毫米　1/16
印　　张／	15.5
字　　数／	412千字
版　　次／	2017年1月第3版　2017年2月第2次印刷
定　　价／	36.00元

责任编辑／钟　博

文案编辑／钟　博

责任校对／周瑞红

责任印制／边心超

　　　　　　　　　　　　　图书出现印装质量问题，请拨打售后服务热线，本社负责调换

前　言

为贯彻落实《教育部关于全面提高高等职业教育教学质量的若干意见》（教高〔2006〕16号）等有关文件精神，编者经常深入建筑企业调研，紧密追踪建筑工程施工的发展方向，与企业专家一起共同分析归纳建筑施工领域和职业岗位（群）所需的知识、能力和素质要求。根据相关的国家规范和技术标准，并参照岗位职业资格标准，有针对性地选取教学内容，并且以河北工业职业技术学院为主导，与石家庄建工集团有限公司合作，共同开发了建筑工程施工系列教材，适用于高职高专建筑工程技术专业和高职高专土建施工类其他相关专业。

《建筑工程施工技术（下）》共涉及两部分内容。第三部分：现浇结构主体施工，包括5个教学单元，依据《建筑工程施工质量验收统一标准》（GB 50300—2013）、《混凝土结构工程施工规范》（GB 50666—2011）、《混凝土结构工程施工质量验收规范》（GB 50204—2015）、《混凝土强度检验评定标准》（GB／T 50107—2010）、《钢筋机械连接技术规程》（JGJ 107—2010）、《钢筋焊接及验收规程》（JGJ 18—2012）、《建筑工程冬期施工规程》（JGJ/T 104—2011）、《建筑施工扣件式钢管脚手架安全技术规范》（JGJ 130—2011）、《回弹法检测混凝土抗压强度技术规程》（JGJ/T 23—2011）等现行规范、标准进行编写。第四部分：防水与装修工程施工，包括6个教学单元，依据《建筑工程施工质量验收统一标准》（GB 50300—2013）、《屋面工程技术规范》（GB 50345—2012）、《屋面工程质量验收规范》（GB 50207—2012）、《建筑地面工程施工质量验收规范》（GB 50209—2010）、《建筑装饰装修工程质量验收规范》（GB 50210—2001）等现行规范、标准进行编写。

本教材建议根据不同教学内容，有针对性地采取"任务驱动"和"课堂与工地一体化"等行动导向教学模式组织实施。在教学实施过程中，改变传统的以教师讲授为中心的教学观念，把学生放在学习主体地位，以学习性工作任务为载体，采用"资讯→计划→决策→实施→检查→评价"六步法组织教学，内业工作和外业实训交替实施，体现了"教、学、做"一体化的职教特色，使学生的职业能力不断提高，如下图所示。

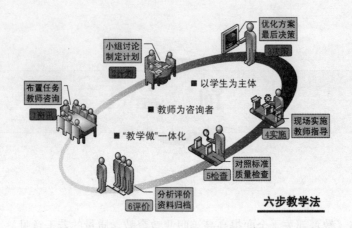

六步教学法

本教材由河北工业职业技术学院常建立、石家庄职业技术学院赵占军担任主编，黄河交通学院吴艳丽、河北交通职业技术学院王辉、河北能源职业技术学院孟银忠、石家庄工商职业学院梁磊担任副主编。全书由河北工业职业技术学院王春梅主审，并提出许多宝贵意见。其中，第三部分：单元1、2、3由常建立编写，单元4由赵占军编写，单元5由吴艳丽编写。第四部分：单元6由王辉编写，单元7由孟银忠编写，单元8、9、10由常建立编写，单元11由梁磊编写。河北工业职业技术学院谷军明、贾真、王云龙，石家庄建工集团有限公司张彦超参与了本教材相关章节的编写工作。在编写过程中，本教材得到了河北建工集团有限责任公司工程管理处、质量科技处的大力支持与帮助，在此表示感谢。

由于编者水平有限，书中难免有错误和不妥之处，敬请专家同行和广大读者批评指正。

编　者

目 录

第三部分　现浇结构主体施工

单元1　模板工程施工

混凝土结构施工用的模板材料包括钢材、木材、胶合板、塑料、铝材等。目前，我国建筑行业现浇结构混凝土施工的模板多使用木材作主、次楞，木(竹)胶合板作面板，但木材的大量使用不利于保护国家有限的森林资源，而且木模板周转次数较少，还在施工现场产生大量的建筑垃圾。为符合"四节一环保"的要求，应提倡"以钢代木"，模板及支架宜选用轻质、高强、耐用的材料，如组合钢模板、增强塑料和铝合金等材料。模板工程施工应遵循以下规范规程：

(1)《建筑工程施工质量验收统一标准》(GB 50300—2013)；

(2)《混凝土结构工程施工规范》(GB 50666—2011)；

(3)《组合钢模板技术规范》(GB/T 50214—2013)；

(4)《钢框胶合板模板技术规程》(JGJ 96—2011)；

(5)《建筑施工模板安全技术规范》(JGJ 162—2008)；

(6)《混凝土结构工程施工质量验收规范》(GB 50204—2015)。

任务1.1　组合钢模板施工

55型组合钢模板(肋高55 mm)是目前使用较广泛的一种定型组合模板。组合钢模板适用于现浇混凝土结构柱、墙、梁、楼板模板施工。既可事先组拼成柱、墙、梁、楼板构件大型模板，整体吊装就位，也可采用散装散拆方法。

1.1.1　组合钢模板的组成

组合钢模板主要由钢模板、连接件和支承件三部分组成。

(一)钢模板

(1)钢模板的类型。钢模板采用Q235钢材制成，钢板厚度2.5 mm，对于≥400 mm宽面钢模板的钢板厚度应采用2.75 mm或3.0 mm钢板。钢模板主要包括平面模板、阴角模板、阳角模板、连接角模等，如图1-1所示。

(2)钢模板规格编码。钢模板采用模数制设计，模板的宽度模数以50 mm进级，长度模数以150 mm进级(长度超过900 mm时，以300 mm进级)。

钢模板规格编码，见表1-1。

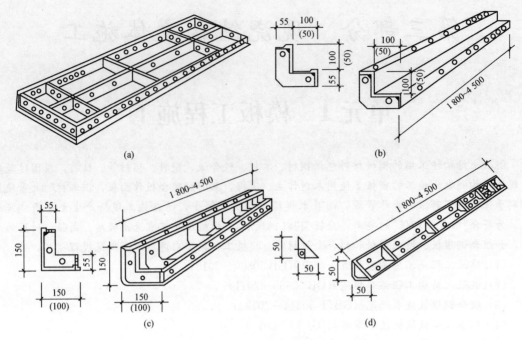

图 1-1 钢模板的类型

(a)平面模板；(b)阳角模板；(c)阴角模板；(d)连接角模

表 1-1 钢模板规格编码表   mm

名称	长度 宽度	450	600	750	900	1 200	1 500	1 800
		代码	代码	代码	代码	代码	代码	代码
平面 模板	600	P6004	P6006	P6007	P6009	P6012	P6015	P6018
	550	P5504	P5506	P5507	P5509	P5512	P5515	P5518
	500	P5004	P5006	P5007	P5009	P5012	P5015	P5018
	450	P4504	P4506	P4507	P4509	P4512	P4515	P4518
	400	P4004	P4006	P4007	P4009	P4012	P4015	P4018
	350	P3504	P3506	P3507	P3509	P3512	P3515	P3518
	300	P3004	P3006	P3007	P3009	P3012	P3015	P3018
	250	P2504	P2506	P2507	P2509	P2512	P2515	P2518
	200	P2004	P2006	P2007	P2009	P2012	P2015	P2018
	150	P1504	P1506	P1507	P1509	P1512	P1515	P1518
	100	P1004	P1006	P1007	P1009	P1012	P1015	P1018
阴角 模板	150	E1504	E1506	E1507	E1509	E1512	E1515	E1518
	100	E1004	E1006	E1007	E1009	E1012	E1015	P1018
阳角 模板	100	Y1004	Y1006	Y1007	Y1009	Y1012	Y1015	Y1018
	50	Y0504	Y0506	Y0507	Y0509	Y0512	Y0515	Y0518
连接 角模	—	J0004	J0006	J0007	J0009	J0012	J0015	J0018

(二)连接件

组合钢模板连接件包括 U 形卡、L 形插销、钩头螺栓、紧固螺栓、对拉螺栓、扣件等，如图 1-2 所示。对拉螺栓轴向拉力设计值(N_t^b)，见表 1-2。

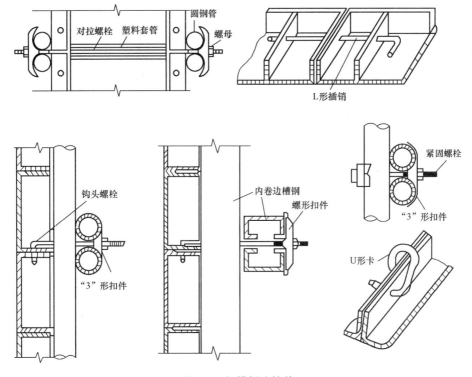

图 1-2　钢模板连接件

表 1-2　对拉螺栓轴向拉力设计值(N_t^b)

螺栓直径 /mm	螺栓内径 /mm	净截面面积 /mm²	重量 /(N·m⁻¹)	轴向拉力设计值 /kN
M12	9.85	76	8.9	12.9
M14	11.55	105	12.1	17.8
M16	13.55	144	15.8	24.5
M18	14.93	174	20.0	29.6
M20	16.93	225	24.6	38.2
M22	18.93	282	29.6	47.9

(三)支承件

组合钢模板的支承件包括钢楞、柱箍、钢支柱、扣件式钢管支架、门型支架、碗扣式支架和梁卡具、圈梁卡等。

(1)钢楞。钢楞又称龙骨，主要用于支承钢模板并加强其整体刚度。钢楞的材料有 Q235 圆钢管、矩形钢管、内卷边槽钢、轻型槽钢、轧制槽钢等，可根据设计要求和供应条件选用。

常用各种型钢钢楞的规格和力学性能，见表1-3。

表1-3 常用各种型钢钢楞的规格和力学性能

规格 /mm		截面面积 A /cm^2	重量 /(kg·m^{-1})	截面惯性 矩 I_x/cm^4	截面最小抵 抗矩 W_x/cm^3
圆钢管	$\phi 48\times 3.0$	4.24	3.33	10.78	4.49
	$\phi 48\times 3.5$	4.89	3.84	12.19	5.08
	$\phi 51\times 3.5$	5.22	4.10	14.81	5.81
矩形钢管	□ $60\times 40\times 2.5$	4.57	3.59	21.88	7.29
	□ $80\times 40\times 2.0$	4.52	3.55	37.13	9.28
	□ $100\times 50\times 3.0$	8.64	6.78	112.12	22.42
轻型槽钢	[$80\times 40\times 3.0$	4.50	3.53	43.92	10.98
	[$100\times 50\times 3.0$	5.70	4.47	88.52	12.20
内卷边槽钢	□ $80\times 40\times 15\times 3.0$	5.08	3.99	48.92	12.23
	□ $100\times 50\times 20\times 3.0$	6.58	5.16	100.28	20.06
轧制槽钢	[$80\times 43\times 5.0$	10.24	8.04	101.30	25.30

(2)柱箍。柱箍又称柱卡箍、定位夹箍，用于直接支承和夹紧各类柱模的支承件，可根据柱模的外形尺寸和侧压力的大小来选用。

柱箍常由圆钢管($\phi 48\times 3.5$)、直角扣件或对拉螺栓组成，如图1-3所示。

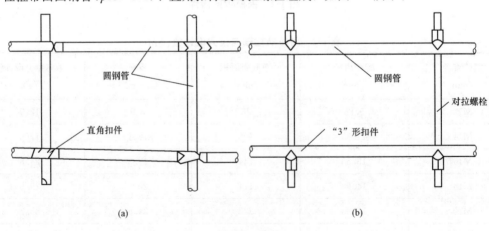

图1-3 柱箍

(a)圆钢管柱箍；(b)对拉螺栓柱箍

(3)钢支柱。钢支柱用于大梁、楼板等水平模板的垂直支撑，采用Q235钢管制作。常用的钢支柱有钢管支架、扣件式钢管脚手架和门型脚手架等形式，如图1-4所示。支架顶部构造要求，如图1-5所示。可调托座螺杆插入钢管的长度不应小于150 mm，螺杆伸出钢管的长度不应大于300 mm，可调托座伸出顶层水平杆的悬臂长度不应大于500 mm。

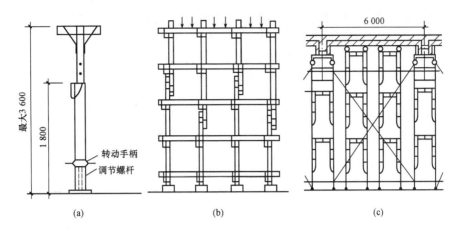

图 1-4 钢支柱柱箍

(a)钢管支架；(b)扣件式钢管脚手架；(c)门型脚手架

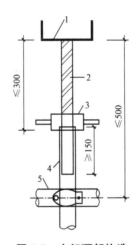

图 1-5 支架顶部构造

1—托座；2—螺杆；3—螺母；4—支架立杆；5—水平杆

1.1.2 组合钢模板施工工艺

组合钢模板施工工艺适用于建筑工程中现浇钢筋混凝土结构柱、墙、梁、楼板模板施工。

(一)施工准备

1. 技术准备

(1)熟悉结构施工图纸和模板施工方案。

(2)绘制全套模板设计图，包括模板平面布置配板图、分块图、组装图、节点大样图及非定型拼接件加工图。

(3)对施工人员进行技术交底。

2. 材料准备

(1)钢模板。平面模板、阴角模板、阳角模板、连接角模等。

(2)连接件。U形卡、L形插销、钩头螺栓、紧固螺栓、对拉螺栓、扣件等。

(3)支承件。钢楞、柱箍、钢支柱、扣件式钢管支架、门型支架、碗扣式支架等。

(4)脱模剂。宜采用水性脱模剂，配合比为海藻酸钠：滑石粉：洗衣粉：水＝1∶13.3∶1∶53.3(重量比)。先将海藻酸钠浸泡2～3 d，再加滑石粉、洗衣粉和水搅拌均匀即可使用，刷涂、喷涂均可。

(5)其他材料。海绵胶条、补缺用木模板、铁钉等。

3. 施工机具

(1)主要施工机具。梅花扳手、锤子等。

(2)检测设备。经纬仪、水平尺、钢卷尺、线坠等。

4. 作业条件

(1)钢筋绑扎完毕，水电管线箱盒和预埋件埋设到位，固定好保护层垫块，钢筋隐蔽验收合格。

(2)施工缝软弱层剔凿、清理干净，办理交接检验手续。

(3)下层混凝土必须养护至其强度达到1.2 N/mm² 以上，才准在上面行人和架设支架、安装模板，但不得冲击混凝土。

(4)施工用脚手架搭设完，经安全检查合格。

5. 施工组织及人员准备

(1)健全现场各项管理制度，专业技术人员持证上岗。

(2)班组已进场到位并进行了技术、安全交底。

(3)班组工人一般中、高级工不少于60%，并应具有同类工程的施工经验。

(4)班组生产效率可参考组合钢模板综合施工定额，见表1-4。

表1-4　组合钢模板综合施工定额

项 目		单位	时间定额			每工产量			备 注
柱	周长/m		1.2以内	1.8以内	1.8以外	1.2以内	1.8以内	1.8以外	1. 班组最小劳动组合：14人。 2. 模板工程包括安装和拆除
	矩形柱	10 m²	2.99	2.5	2.27	0.334	0.4	0.441	
	多边柱	10 m²	4.56			0.219			
梁	梁高/m		0.5以内		0.5以外	0.5以内		0.5以外	
	连续梁	10 m²	3.69		3.13	0.27		0.319	
	单梁	10 m²	3.03		2.84	0.371		0.352	
墙	直形墙	10 m²	1.61			0.621			
	电梯井	10 m²	2.27			0.441			

(二)施工工艺流程

组合钢模板安装施工工艺流程，如图1-6、图1-10、图1-12所示。

(三)施工操作要求

(1)柱模板安装。柱模板安装施工工艺流程，如图1-6所示。

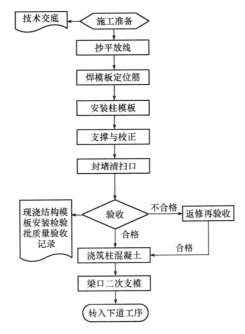

图1-6 柱模板安装施工工艺流程

1)抄平放线。清理绑好柱钢筋底部，在立模板处，按标高抹水泥砂浆找平层，防止漏浆；弹出柱中心线及四周边线，如图1-7所示。

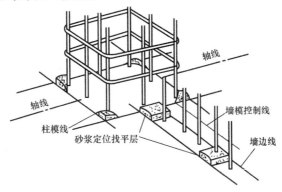

图1-7 墙、柱抄平放线

2)焊模板定位筋。在柱四边离地50~80 mm处的主筋上点焊水平定位筋，每边不少于两点，从四面顶住模板，以固定模板位置，防止位移。

3)刷脱模剂。模板安装前宜涂刷水性脱模剂，主要是海藻酸钠；严禁在模板上涂刷废机油。

4)安装柱模板。通排柱模板安装时，应先搭设双排脚手架，将柱脚和柱顶与脚手架固定并向垂直方向吊正垂直，校正柱顶对角线；按柱子尺寸和位置线将各块模板依次安装就位后，用U形卡将两侧模板连接卡紧；柱模底部开有清理孔。

5)安装柱箍。为防止在浇筑过程中模板变形，柱模外要设柱箍。柱箍可用角钢或钢管等制作，柱箍的间距布置合理，一般为600 mm或900 mm且下部较密。柱较高时，模板柱箍应适当加密；当柱截面较大时，应增设对拉螺栓，如图1-8所示。

6)与脚手架固定。根据柱高、截面尺寸确定支撑间距，与脚手架固定；用经纬仪、线坠控制，调节支撑，校正模板的垂直度，达到竖向垂直，根部位置准确。

7)封堵清扫口。在浇筑混凝土前，应用水冲洗柱模板内部，再封堵清扫口；既起到湿润模板作用，又能冲洗模板内部杂物，防止根部夹渣、烂根。混凝土浇筑后，立即对柱模板进行二次校正。

8)梁口二次支模。柱混凝土施工缝留在梁底标高，有梁板结构可采用梁口二次支模方法处理，如图 1-9 所示。

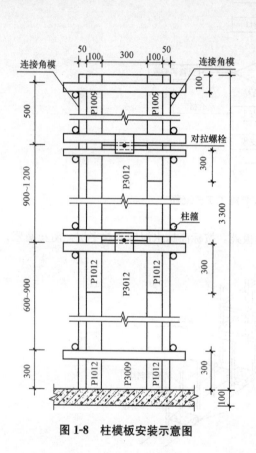

图 1-8　柱模板安装示意图　　　　　图 1-9　梁口二次支模示意图

（2）墙模板安装。墙模板由侧模，横、竖楞和对拉螺栓三部分组成。墙模板安装施工工艺流程，如图 1-10 所示。

1)抄平放线。清理墙插筋底部，若沿墙方向表面平整度误差较大，按标高抹水泥砂浆找平层，防止漏浆；弹出墙边线和墙模板安装控制线，墙模控制线与墙边线平行，两线相距 150 mm。如图 1-7 所示。

2)焊模板定位筋。在墙两侧纵筋上点焊定位筋，间距依据支模方案确定，在墙对拉螺栓处加焊定位钢筋。

3)刷脱模剂。模板安装前宜涂刷水性脱模剂，主要是海藻酸钠；严禁在模板上涂刷废机油。

4)拼装墙模板。按照模板设计，在现场预先拼装墙模板，拼装时内钢楞配置方向应与钢模板垂直；外钢楞配置方向应与内钢楞垂直。

5)安装墙模板，如图 1-11 所示。

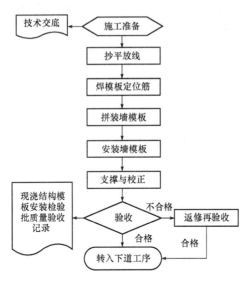

图 1-10　墙模板安装施工工艺流程

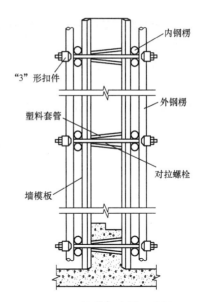

图 1-11　墙模板支模示意图

①按位置线安装门窗洞口模板和预埋件。

②将预先拼装好的一面模板按位置线就位，然后安装斜撑或拉杆；安装套管和对拉螺栓，对拉螺栓的规格和间距，在模板设计时应明确规定。模板底部应留清扫口。

③安装另一侧模板，调整拉杆或斜撑，使模板垂直后，拧紧穿墙螺栓，最后与脚手架连接固定。

6）支撑与校正。模板安装完毕后，检查一遍扣件，螺栓是否紧固，模板拼缝及下口是否严密，并进行检验。

（3）梁模板安装。梁模板由梁底模、梁侧模及支架系统组成。梁模板安装施工工艺流程，如图 1-12 所示。

1）弹控制线。在柱子上弹出轴线、梁位置和水平线，固定柱头模板。如图 1-9 所示。

2）搭设梁支架。支架立杆一般采用双排脚手架，间距以 900～1 200 mm 为宜；支架搭设于回填土上时，应平整夯实，并有排水措施，铺设通长木板；搭设于楼板上时，应加设垫木，并使上、下层立杆在同一竖向中心线上；梁支架立柱中间安装大横杆与楼板支架拉通，连接成整体，最下一层扫地杆（横杆）距离地面 200 mm。

3）刷脱模剂。模板安装前宜涂刷水性脱模剂，主要是海藻酸钠；严禁在模板上涂刷废机油。

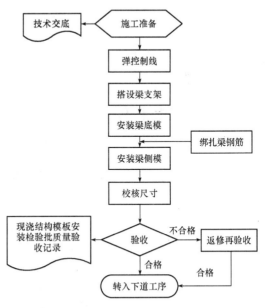

图 1-12　梁模板安装施工工艺流程

4）安装梁底模。在支架上标出梁底模板的厚度，符合设计要求后，拉线安装梁底模板并找直。当梁跨度大于等于 4 m 时，应按设计要求起拱，如设计无要求时，按照全跨长度的 1/1 000～3/1 000 起拱。

5)安装梁侧模。模板接缝处距模板面 2 mm 处粘贴双面胶条，用 U 形卡将梁侧模与梁底模通过连接角模连接，梁侧模板的支撑采用梁托架或三脚架、钢管、扣件与梁支架等连成整体，形成三角斜撑，间距宜为 700～800 mm；当梁侧模高度超过 600 mm 时，应加对拉螺栓。

6)校核尺寸。安装完后，校核梁断面尺寸、标高、起拱高度等，并清理模板内杂物，进行检验。梁模板支模示意图，如图 1-13 所示。

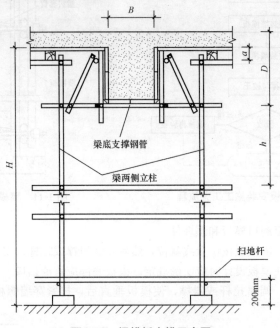

图 1-13 梁模板支模示意图

（4）楼梯模板。楼梯模板一般分为底板及踏步两部分；常见的楼梯有板式楼梯和梁式楼梯。板式楼梯支模示意图，如图 1-14 所示。

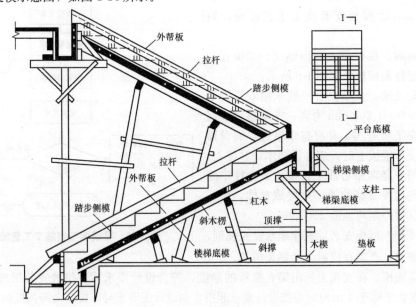

图 1-14 板式楼梯支模示意图

施工前应根据实际层高放样，先安装休息平台梁模板，再安装楼梯模板斜楞，最后铺设楼梯底模、安装外帮侧模和踏步模板。安装模板时要特别注意斜向支柱(斜撑)固定，防止浇筑混凝土时模板移动。

(四)模板拆除

模板拆除顺序应遵循先支后拆，先拆非承重模板、后拆承重模板的原则。严禁用大锤和撬棍硬砸、硬撬。拆下的模板及支架杆件不得抛扔，应分散堆放在指定地点，并应及时清运。模板拆除后应将其表面清理干净，对变形和损伤部位应进行修复。

(1)墙、柱模板拆除。

1)墙、柱模板拆除时，混凝土强度应能保证其表面及棱角不因拆模受到损坏。

2)墙模板拆除。先拆除穿墙螺栓等附件，再拆除斜拉杆或斜撑，用撬棍自下而上轻轻撬动模板，使模板与混凝土脱离。

3)柱模板拆除。先拆柱斜拉杆或斜撑，再卸掉柱箍，再把连接每片柱模板的U形卡拆掉，然后用撬棍轻轻撬动模板，使模板与混凝土脱离。

(2)梁、板模板拆除。模板拆除时，应根据混凝土同条件试块强度是否符合规范要求填写拆模申请，经批准后方可拆模。梁、板底模拆除时的混凝土强度要求，见表1-5。

拆除后浇带模板时，应及时按设计要求支顶结构底面，否则会造成结构缺陷，应特别注意。

表1-5 底模拆除时的混凝土强度要求

构件类型	构件跨度/m	达到设计的混凝土立方体抗压强度标准值的百分率/%
板	≤2	≥50
	>2，≤8	≥75
	>8	≥100
梁、拱、壳	≤8	≥75
	>8	≥100
悬臂结构	—	≥100

1.1.3　模板安装质量验收标准

1. 主控项目

(1)模板及支架用材料的技术指标应符合国家现行有关标准的规定。进场时应抽样检验模板和支架材料的外观、规格和尺寸。

检查数量：按国家现行相关标准的规定确定。

检验方法：检查质量证明文件，观察，尺量。

(2)现浇混凝土结构模板及支架的安装质量，应符合国家现行有关标准的规定和施工方案的要求。

检查数量：按国家现行相关标准的规定确定。

检验方法：按国家现行相关标准的规定执行。

(3)后浇带处的模板及支架应独立设置。

检查数量：全数检查。

检验方法：观察。

(4)支架竖杆和竖向模板安装在土层上时，应符合下列规定：

1)土层应坚实、平整，其承载力或密实度应符合施工方案的要求。

2)应有防水、排水措施；对冻胀性土，应有预防冻融措施。

3)支架竖杆下应有底座或垫板。

检查数量：全数检查。

检验方法：观察；检查土层密实度检测报告、土层承载力验算或现场检测报告。

2. 一般项目

(1)模板安装质量应符合下列规定：

1)模板的接缝应严密。

2)模板内不应有杂物、积水或冰雪等。

3)模板与混凝土的接触面应平整、清洁。

4)用作模板的地坪、胎膜等应平整、清洁，不应有影响构件质量的下沉、裂缝、起砂或起鼓。

5)对清水混凝土及装饰混凝土构件，应使用能达到设计效果的模板。

检查数量：全数检查。

检验方法：观察。

(2)隔离剂的品种和涂刷方法应符合施工方案的要求，隔离剂不得影响结构性能及装饰施工；不得沾污钢筋、预应力筋、预埋件和混凝土接槎处；不得对环境造成污染。

检查数量：全数检查。

检验方法：检查质量证明文件；观察。

(3)模板的起拱应符合现行国家标准《混凝土结构工程施工规范》(GB 50666—2011)的规定，并应符合设计及施工方案的要求。

检查数量：在同一检验批内，对梁，跨度大于18 m时应全数检查，跨度不大于18 m时应抽查构件数量的10%，且不应少于3件；对板，应按有代表性的自然间抽查10%，且不应少于3间；对大空间结构，板可按纵、横轴线划分检查面，抽查10%，且不应少于3面。

检验方法：水准仪或尺量检查。

(4)现浇混凝土结构多层连续支模应符合施工方案的规定。上下层模板支架的竖杆宜对准。竖杆下垫板的设置应符合施工方案的要求。

检查数量：全数检查。

检验方法：观察。

(5)固定在模板上的预埋件和预留孔洞不得遗漏，且应安装牢固。有抗渗要求的混凝土结构中的预埋件，应按设计及施工方案的要求采取防渗措施。

预埋件和预留孔洞的位置应满足设计和施工方案的要求。当设计无具体要求时，其位置偏差应符合表1-6的规定。

检查数量：在同一检验批内，对梁、柱和独立基础，应抽查构件数量的10%，且不应少于3件；对墙和板，应按有代表性的自然间抽查10%，且不应少于3间；对大空间结构墙可按相邻轴线间高度5 m左右划分检查面，板可按纵、横轴线划分检查面，抽查10%，且均不应少于3面。

检验方法：观察，尺量。

表 1-6 预埋件和预留孔洞的允许偏差

项　目		允许偏差/mm
预埋板中心线位置		3
预埋管、预留孔中心线位置		3
插筋	中心线位置	5
	外露长度	+10，0
预埋螺栓	中心线位置	2
	外露长度	+10，0
预留洞	中心线位置	10
	尺寸	+10，0
注：检查中心线位置时，应沿纵、横两个方向量测，并取其中偏差的较大值。		

(6)现浇结构模板安装的尺寸允许偏差应符合表1-7的规定。

检查数量：在同一检验批内，对梁、柱和独立基础，应抽查构件数量的10%，且不应少于3件；对墙和板，应按有代表性的自然间抽查10%，且不应少于3间；对大空间结构，墙可按相邻轴线间高度5 m左右划分检查面，板可按纵、横轴线划分检查面，抽查10%，且均不应少于3面。

表 1-7 现浇结构模板安装的允许偏差及检验方法

项　目		允许偏差/mm	检验方法
轴线位置		5	尺量
底模上表面标高		±5	水准仪或拉线、尺量
模板内部尺寸	基础	±10	尺量
	柱、墙、梁	±5	尺量
	楼梯相邻踏步高差	±5	尺量
垂直度	柱、墙层高≤6 m	8	经纬仪或吊线、尺量
	柱、墙层高>6 m	10	经纬仪或吊线、尺量
相邻两块模板表面高差		2	尺量
表面平整度		5	2 m靠尺和塞尺量测
注：检查轴线位置当有纵横两个方向时，应沿纵、横两个方向量测，并取其中偏差的较大值。			

1.1.4 模板工程施工成品保护措施

(1)吊装模板时应轻起轻放，不准碰撞结构、外架等处，同时也防止模板变形。

(2)拆模时，不得用大锤硬砸或撬棍硬撬，以免损伤混凝土表面和棱角。

(3)不得把模板集中堆放在楼层上，防止因荷载集中而产生楼板裂缝。

(4)模板安装前宜涂刷水性脱模剂，严禁在模板上涂刷废机油，防止污染钢筋。

1.1.5　模板工程施工安全环保措施

1. 安全措施

(1)高处作业必须搭设安全操作平台，并系好安全带。

(2)使用的工具不能乱放，地面作业时应随时放入工具箱，高处作业应随手放入工具袋内。

(3)钢模板应采用吊笼起吊，保证施工安全。

(4)拆模时应有专人看护，设围栏、明显标志，非操作人员不得入内，操作人员应站在安全处。

(5)模板堆放时，高度不得超过 1.5 m。

2. 环保措施

(1)模板刷脱模剂、防锈漆时，应铺设塑料布，防止污染地面。

(2)清理模板时，不得用硬物击打模板，控制噪声排放。

(3)施工垃圾应集中堆放，装袋运出，严禁从窗口向下倾倒。

1.1.6　模板工程施工质量记录及样表

1. 模板工程施工质量记录

模板工程施工应形成以下质量记录：

(1)表 C2-4　技术交底记录。

(2)表 C1-5　施工日志。

(3)表 C5-2-1　工程预检记录。

(4)表 G3-1　现浇结构模板安装检验批质量验收记录。

注：以上表式采用《河北省建筑工程资料管理规程》[DB13(J)/T 145—2012]所规定的表式。

2. 模板工程质量记录样表

(1)《工程预检记录》样表见表 C5-2-1。

表 C5-2-1　工程预检记录

工程名称：　　　　　　　　　　　　　　　　　　　　　　　　　编号：

分部分项工程名称及部位	
预检内容	预检日期：　　年　月　日
检查意见	

要求复查时间：	年　月　日		
复查结论			
签字栏			
	技术负责人：	质检员：	施工员：

填表说明：

1. 预检(也称技术复核)是在施工前对某些重要分项准备工作或前道工序进行的预先检查。

2. 预检的主要项目：

(1)建(构)筑物位置线、现场标准水准点；

(2)基础尺寸线包括基础轴线、断面尺寸、标高；

(3)桩基定位的控制点；

(4)模板；

(5)墙体包括墙体轴线、门窗洞口的位置；

(6)预制构件吊装的定位；

(7)设备基础的位置、标高、几何尺寸、预留孔(洞)、预埋件等；

(8)主要管道、沟的标高和坡度。

3. 表列子项：

(1)要求复查时间：指施工单位施工员提请核查的时间；

(2)复查结论：指质检员进行复查后出具的结论意见。

(2)《现浇结构模板安装检验批质量验收记录》样表见表 G3-1。

表 G3-1　现浇结构模板安装检验批质量验收记录

工程名称			分项工程名称		验收部位	
施工单位					项目经理	
施工执行标准名称及编号			《混凝土结构工程施工质量验收规范》(GB 50204—2015)		专业工长	
分包单位			分包项目经理		施工班组长	
检控项目	序号	质量验收规范的规定		施工单位检查评定记录		监理(建设)单位验收记录
主控项目	1	模板及支架用材料	4.2.1条			
	2	模板及支架安装	4.2.2条			
	3	后浇带模板及支架	4.2.3条			
	4	土层上安装竖杆和竖向模板	4.2.4条			

检控项目	序号	质量验收规范的规定		施工单位检查评定记录							监理(建设)单位验收记录
一般项目	1	模板安装	4.2.5条								
	2	涂刷隔离剂	4.2.6条								
	3	模板起拱	4.2.7条								
	4	模板、支架、竖杆及垫板	4.2.8条								
		项 目	允许偏差/mm	量差值/mm							
	5	预埋板中心线位置	3								
	6	预埋管、预留孔中心线位置	3								
	7	插筋 中心线位置	5								
		外露长度	+10,0								
	8	预埋螺栓 中心线位置	2								
		外露长度	+10,0								
	9	预留洞 中心线位置	10								
		尺寸	+10,0								
	10	轴线位置	5								
	11	底模上表面标高	±5								
	12	模板内部尺寸 基础	±10								
		柱、墙、梁	±5								
		楼梯相邻踏步高差	±5								
	13	垂直度 柱、墙层高≤6 m	8								
		柱、墙层高>6 m	10								
	14	相邻两块模板表面高差	2								
	15	表面平整度	5								
施工单位检查评定结果		项目专业质量检查员:							年 月 日		
监理(建设)单位验收结论		监理工程师(建设单位项目专业技术负责人):							年 月 日		

任务1.2 胶合板模板施工

混凝土模板用的胶合板有木胶合板和竹胶合板。胶合板用作混凝土模板具有板幅大、自重轻、板面平整、锯截方便、易加工成形等优点。目前,在全国各地大中城市的高层现浇混凝土结构施工中,胶合板模板已有相当大的使用量。

1.2.1 胶合板的物理参数

(一)木胶合板模板

(1)构造和规格。模板用的木胶合板通常由 5 层、7 层、9 层、11 层等奇数层单板经热压固化而胶合成型。相邻层的纹理方向相互垂直,通常最外层模板的纹理方向和胶合板板面的长向平行,因此,整张胶合板的长向为强方向,短向为弱方向,使用时必须加以注意。

我国模板用木胶合板的规格尺寸,见表 1-8。

表 1-8　模板用木胶合板规格尺寸

厚度/mm	宽度/mm	长度/mm	备注
12	915	1 830	至少 5 层
15	1 220	1 830	至少 7 层
18	915	2 135	至少 7 层
	1 220	2 440	

(2)承载力。《建筑施工模板安全技术规范》(JGJ 162—2008)规定木胶合板的主要技术性能,见表 1-9。

表 1-9　覆面木胶合板抗弯强度设计值和弹性模量

项目	板厚度/mm	表面材料					
		克隆、山樟		桦木		板材质	
		平行方向	垂直方向	平行方向	垂直方向	平行方向	垂直方向
抗弯强度设计值 /(N・mm^{-2})	12	31	16	24	16	12.5	29
	15	30	21	22	17	12.0	26
	18	29	21	20	15	11.5	25
弹性模量 /(N・mm^{-2})	12	11.5×10^3	7.3×10^3	10×10^3	4.7×10^3	4.5×10^3	9.0×10^3
	15	11.5×10^3	7.1×10^3	10×10^3	5.0×10^3	4.2×10^3	9.0×10^3
	18	11.5×10^3	7.0×10^3	10×10^3	5.4×10^3	4.0×10^3	8.0×10^3

(二)竹胶合板模板

(1)构造和规格。混凝土模板用竹胶合板由面板与芯板刷酚醛树脂胶,经热压固化而胶合成型。芯板是将竹子劈成竹条,在软化池中进行高温软化处理后,可用人工或编织机编织而成;面板是将竹子劈成篾片,由编工编成竹席。混凝土模板用竹胶合板的厚度常为 9 mm、12 mm、15 mm、18 mm。

根据行业标准《竹胶合板模板》(JG/T 156—2004)的规定,竹胶合板的规格见表 1-10。

表 1-10 竹胶合板宽、长规格

宽度/mm	长度/mm	宽度/mm	长度/mm
915	1 830	1 220	2 440
915	2 135	1 500	3 000
1 000	2 000	—	—

(2)承载力。由于各地所产竹材的材质不同，同时又与胶粘剂的胶种、胶层厚度、涂胶均匀程度以及热固化压力等生产工艺有关，因此，竹胶合板的物理力学性能差异较大。《建筑施工模板安全技术规范》(JGJ 162—2008)规定竹胶合板的主要技术性能，见表 1-11。在正常情况下，木材的强度设计值和弹性模量按表 1-12 选用。

表 1-11 覆面竹胶合板抗弯强度设计值和弹性模量

项 目	板厚度/mm	板 的 层 数	
		3 层	5 层
抗弯强度设计值/(N·mm⁻²)	15	37	35
弹性模量/(N·mm⁻²)	15	10 584	9 898

表 1-12 木材的强度设计值和弹性模量　　　　　　　　　　　　N/mm²

强度	组别	抗弯 f_m	顺纹抗拉 f_t	顺纹抗剪 f_v	弹性模量 E	适用树种
TC17	A	17	10	1.7	10 000	柏木、长叶松、湿地松、粗皮落叶松
	B	17	9.5	1.6	10 000	东北落叶松、欧洲赤松、欧洲落叶松
TC15	A	15	9.0	1.6	10 000	铁杉、油杉、太平洋海岸黄柏 花旗松—落叶松、细部铁杉、南方松
	B	15	9.0	1.5	10 000	鱼鳞云杉、西南云杉、南亚松
TC13	A	13	8.5	1.5	10 000	油松、新疆落叶松、云南松、马尾松、扭叶松 北美落叶松、海岸松
	B	13	8.0	1.4	9 000	红皮云杉、丽江云杉、樟子松、红松、西加云杉 俄罗斯红松、欧洲云杉、北美山地云杉、北美短叶松
TC11	A	11	7.5	1.4	9 000	西北云杉、新疆云杉、北美黄松、云杉—松—冷杉 铁—冷杉、东部冷杉、杉木
	B	11	7.0	1.2	9 000	冷杉、速生杉木、速生马尾松、新西兰辐射松
TB20	—	20	12	2.8	12 000	青冈、桝木、门格里斯木、卡普木、沉水稍克隆 绿心木、紫心木、李叶豆、塔特布木
TB17	—	17	11	2.4	11 000	栎木、达荷玛木、萨佩莱木、苦油树、毛罗藤黄
TB15	—	15	10	2.0	10 000	锥栗、桦木、黄梅兰蒂、梅萨瓦木、水曲柳、红劳罗木
TB13	—	13	9.0	1.4	8 000	深红梅兰蒂、浅红梅兰蒂、白梅兰蒂、巴西红厚壳木
TB11	—	11	8.0	1.3	7 000	大叶椴、小叶椴

1.2.2　胶合板模板施工工艺

胶合板模板施工工艺适用于工业与民用建筑现浇混凝土框架结构(柱、梁、板)、剪力墙结构及筒体结构模板的安装与拆除施工。

(一)施工准备

1. 技术准备

(1)根据工程结构的形式及特点进行模板设计,确定竹、木胶合板模板制作的几何形状,尺寸要求,龙骨的规格、间距,选用支撑系统。

(2)依据施工图绘制模板设计图,包括模板平面布置图、剖面图、组装图、节点大样图、零件加工图等。

(3)根据模板设计要求和工艺标准,向班组进行安全、技术交底。

2. 材料准备

按照模板设计图或明细及说明进行以下材料准备。

(1)胶合板。木胶合板或竹胶合板。

(2)方木。落叶松烘干方木,规格 50×100、60×80、100×100。

(3)连接件。"3形"扣件、蝶形扣件、对拉螺栓、钉子、钢丝、海绵胶条等。

(4)支撑件。ϕ48×3.5 钢管支架、扣件、碗扣式脚手架、底座、可调丝杠等。

(5)脱模剂。宜采用水性脱模剂。配合比为海藻酸钠:滑石粉:洗衣粉:水＝1:13.3:1:53.3(质量比)。先将海藻酸钠浸泡 2～3 d,再加滑石粉、洗衣粉和水搅拌均匀即可使用,刷涂、喷涂均可。

3. 施工机具准备

(1)施工机械。塔吊、电刨、电锯、手电钻。

(2)工具用具。榔头、套口扳子、托线板、轻便爬梯、脚手板、撬杠等。

(3)检测设备。经纬仪、水平尺、钢卷尺、线坠等。

4. 作业条件准备

(1)墙、柱钢筋绑扎完毕,水电管及预埋件已安装,绑好钢筋保护层垫块,并办完隐蔽验收手续。

(2)根据图纸要求,放好轴线和模板边线,定好水平控制标高。钢筋绑扎完毕,水电管线箱盒和预埋件埋设到位,固定好保护层垫块,钢筋隐蔽验收合格。

(3)下层混凝土必须养护至其强度达到 1.2 N/mm² 以上,才准在上面行人和架设支架、安装模板,但不得冲击混凝土。

(4)模板涂刷脱模剂,并分规格堆放。

5. 施工组织及人员准备

(1)健全现场各项管理制度,专业技术人员持证上岗。

(2)班组已进场到位并进行了技术、安全交底。

(3)班组工人一般中、高级工不少于60%,并应具有同类工程的施工经验。

(4)班组生产效率可参考胶合板模板综合施工定额,见表1-13。

表 1-13 胶合板模板综合施工定额

项 目		单位	时间定额	每工产量	备 注
柱	矩形柱	10 m²	2.92	0.342	
	多边柱	10 m²	4.6	0.217	
梁	连续梁	10 m²	2.16	0.463	1. 班组最小劳动组合：14人。
	异形梁	10 m²	3.49	0.287	2. 模板工程包括安装和拆除
墙	直形墙	10 m²	1.95	0.513	
	弧形墙	10 m²	2.78	0.36	
板	有梁板	10 m²	2.1	0.476	

(二)施工工艺流程

胶合板模板安装施工工艺流程，如图 1-15、图 1-17、图 1-20、图 1-21 所示。

(三)操作要求

(1)柱模板安装。柱胶合板模板施工工艺流程，如图 1-15 所示。

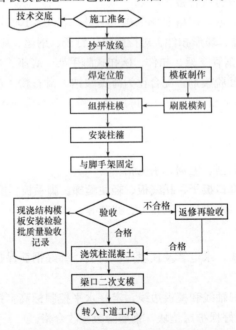

图 1-15 柱胶合板模板施工工艺流程

1)模板制作。按图纸尺寸制作柱侧模板，如图 1-16 所示；模板的吊钩设于模板上部，吊环应将面板和竖肋木方连接在一起。

2)焊定位筋。在柱四边离地 50～80 mm 处的主筋上点焊水平定位筋，每边不少于两点，从四面顶住模板，以固定模板位置，防止位移。

3)刷脱模剂。模板安装前宜涂刷水性脱模剂，主要是海藻酸钠；严禁在模板上涂刷废机油。

4)组拼柱模。通排柱模板安装时，应先搭设双排脚手架；用起重机吊装已制作好的柱模板，

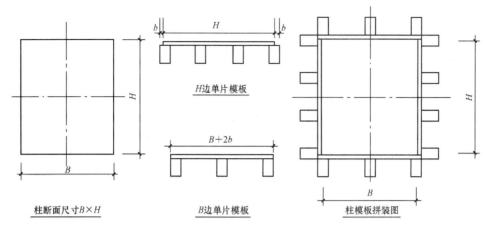

图 1-16 柱模板加工拼装示意图

在施工楼层按放线位置组拼柱模板；将柱脚和柱顶与脚手架固定并向垂直方向吊正垂直，校正柱顶对角线。

5)安装柱箍。柱箍应根据柱模尺寸、侧压力的大小等因素进行设计选择(有角钢柱箍、钢管柱箍)；柱箍间距、柱箍材料及对拉螺栓直径应通过计算确定。

6)与脚手架固定。根据柱高、截面尺寸确定支撑间距，与脚手架固定；用经纬仪、线坠控制，调节支撑，校正模板的垂直度，达到竖向垂直，根部位置准确。

7)封堵清扫口。在浇筑混凝土前，应用水冲洗柱模板内部，再封堵清扫口；混凝土浇筑后，立即对柱模板进行二次校正。

8)梁口二次支模。柱混凝土施工缝留在梁底标高，有梁板结构可采用梁口二次支模方法处理。

(2)墙模板安装。现浇混凝土墙体采用胶合板模板，是目前常用的一种模板技术，它与采用组合钢模板相比，减少了混凝土外露表面的接缝，有效防止漏浆、蜂窝麻面或混凝土不密实等缺陷。墙胶合板模板施工工艺流程，如图 1-17 所示。

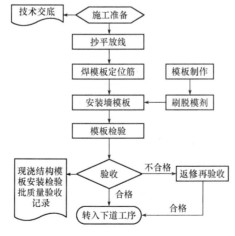

图 1-17 墙胶合板模板施工工艺流程

1)模板制作。按图纸尺寸制作墙模板，将木方作竖楞，双根 $\phi 48 \times 3.5$ 钢管或双根槽钢作横楞；模板底部应留清扫口；模板的吊钩设于模板上部，吊环应将面板和竖肋木方连接在一起。

2)抄平放线。清理墙插筋底部，弹出墙边线和墙模板安装控制线，墙模板安装控制线与墙边线平行，两线相距150 mm。

3)焊定位筋。在墙两侧纵筋上点焊定位筋，间距依据支模方案确定。

4)刷脱模剂。模板安装前宜涂刷水性脱模剂，主要是海藻酸钠；严禁在模板上涂刷废机油。

5)安装墙模板。胶合板面板外侧用50 mm×100 mm方木做竖楞，用$\phi48×3.5$脚手钢管或方木（一般为100 mm方木）做横楞，两侧模板用穿墙螺栓拉结，如图1-18所示。

①按位置线安装门窗洞口模板和预埋件。

②为了保证墙体的厚度准确，截取$\phi12$短钢筋，长度等于墙厚，沿墙高和墙纵向每间隔1.2～1.5 m点焊在墙的纵筋上，以梅花形布置；防水混凝土墙，短钢筋中间加有止水板。

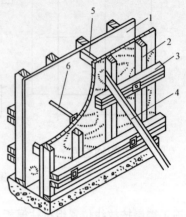

图1-18 胶合板面板的墙模板
1—胶合板；2—竖楞；3—横楞；
4—斜撑；5—横撑；6—对拉螺栓

③将预先拼装好的一面墙模板按控制线就位，然后安装斜撑；安装套管和对拉螺栓，对拉螺栓的规格和间距，在模板设计时应明确规定。

④清扫墙内杂物，再安另一侧模板，调整斜撑，使模板垂直后，拧紧穿墙螺栓，最后与脚手架连接固定。

⑤墙模板立缝、角缝设于木方位置，以防漏浆和错台；墙模板的水平缝背面应加木方拼接。

6)模板检验。安装完毕后，检查一遍扣件、螺栓是否紧固，模板拼缝及下口是否严密，并进行检验。

（3）梁模板安装。梁模板由梁底模、梁侧模及支架系统组成，施工操作要求同前述"组合钢模板施工"中梁模板安装的相关要求。梁胶合板模板支模示意图，如图1-19所示。

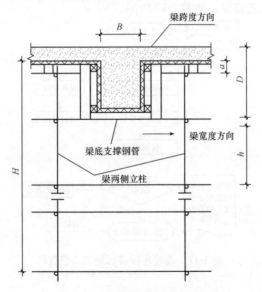

图1-19 梁胶合板模板支模示意图

梁胶合板模板施工工艺流程，如图1-20所示。

(4)楼板模板安装。楼板模板及其支架系统，主要承受钢筋、混凝土的自重及其施工荷载。楼板胶合板模板施工工艺流程，如图1-21所示。

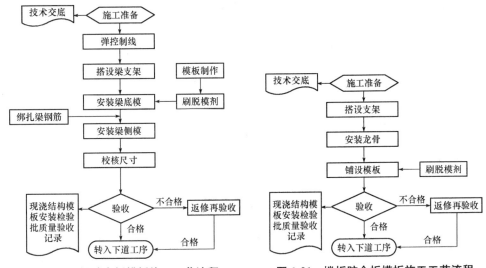

图 1-20　梁胶合板模板施工工艺流程　　　图 1-21　楼板胶合板模板施工工艺流程

1)搭设支架。支架立杆采用满堂红脚手架，间距900～1 200 mm为宜，一般要求与梁脚手架立杆间距一致；支架立柱中间安装大横杆与梁支架拉通，连接成整体，最下一层扫地杆(横杆)距离地面200 mm。

2)刷脱模剂。模板安装前宜涂刷水性脱模剂，主要是海藻酸钠；严禁在模板上涂刷废机油。

3)安装龙骨。在钢管脚手架顶端插接可调节支座，通线调节支柱的高度；在可调节支座规定大龙骨，大龙骨可采用$\phi48\times3.5$钢管或100 mm×100 mm木方；架设小龙骨50 mm×100 mm木方，间距为300～400 mm。

4)铺设模板。楼板模板四周压在梁侧模上，角位模板应通线钉固；楼面模板铺完后，应认真检查支架是否牢固，模板梁面、板面应清扫干净。楼板胶合板模板支模示意图，如图1-22所示。

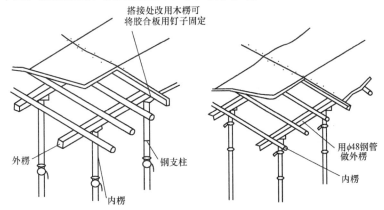

图 1-22　楼板胶合板模板支模示意图

(四)模板拆除

胶合板模板拆除要求同前述"组合钢模板施工"中模板拆除的相关内容。

1.2.3 胶合板模板工程施工质量验收标准

胶合板模板工程质量检验标准同前述"组合钢模板施工"。

1.2.4 胶合板模板工程施工成品保护措施

胶合板模板工程施工成品保护措施同前述"组合钢模板施工"。

1.2.5 胶合板模板工程施工安全环保措施

胶合板模板工程施工安全环保措施同前述"组合钢模板施工"。

1.2.6 胶合板模板工程施工质量记录及样表

胶合板模板工程施工质量记录及样表同前述"组合钢模板施工"。

任务 1.3 模板结构设计

模板及支架是施工过程中的临时结构，应根据结构形式、荷载大小等结合施工过程的安装、使用和拆除等主要工况进行设计。《混凝土结构工程施工规范》(GB 50666—2011)规定："模板工程应编制专项施工方案。模板及支架应根据施工过程中的各种工况进行设计，应具有足够的承载力和刚度，并应保证其整体稳固性。"

1.3.1 模板设计的内容与规定

(一)模板设计的内容

模板及支架设计应包括下列内容：
(1)模板及支架的选型及构造设计。
(2)模板及支架上的荷载及其效应计算。
(3)模板及支架的承载力、刚度验算。
(4)模板及支架的抗倾覆验算。
(5)绘制模板及支架施工图。
模板及支架的形式和构造应根据工程结构形式、荷载大小、地基土类别、施工设备和材料供应等条件确定。

(二)模板专项施工方案

根据住房和城乡建设部建质〔2009〕87号文《危险性较大的分部分项工程安全管理办法》规定："施工单位应当在危险性较大的分部分项工程前需编制专项方案；对于超过一定规模的危险性较大的分部分项工程，施工单位并应由施工单位组织专家进行论证。"

1. 危险性较大的分部分项工程

(1)各类工具式模板工程。包括大模板、滑模、爬模、飞模等工程。

(2)混凝土模板支撑工程。搭设高度 5 m 及以上；搭设跨度 10 m 及以上；施工总荷载 10 kN/m² 及以上；集中线荷载 15 kN/m² 及以上；高度大于支撑水平投影宽度且相对独立无连系构件的混凝土模板支撑工程。

(3)承重支撑体系。用于钢结构安装等满堂支撑体系。

2. 超过一定规模的危险性较大的分部分项工程

(1)工具式模板工程。包括滑模、爬模、飞模工程。

(2)混凝土模板支撑工程。搭设高度 8 m 及以上；搭设跨度 18 m 及以上，施工总荷载 15 kN/m² 及以上；集中线荷载 20 kN/m² 及以上。

(3)承重支撑体系。用于钢结构安装等满堂红支撑体系，承受单点集中荷载 700 kg 以上。

3. 专项施工方案

专项施工方案应包括下列内容：

(1)工程概况。危险性较大的分部分项工程概况、施工平面布置、施工要求和技术保证条件。

(2)编制依据。相关法律、法规、规范性文件、标准、规范及图纸(国标图集)、施工组织设计等。

(3)施工计划。包括施工进度计划、材料与设备计划。

(4)施工工艺技术。技术参数、工艺流程、施工方法、检查验收等。

(5)施工安全保证措施。组织保障、技术措施、应急预案、监测监控等。

(6)劳动力计划。专职安全生产管理人员、特种作业人员等。

(7)计算书及相关图纸。

1.3.2　荷载及荷载组合

《混凝土结构工程施工规范》(GB 50666—2011)规定："模板及支架设计时，应根据实际情况计算不同工况下的各项荷载及其组合。各项荷载的标准值可按《混凝土结构工程施工规范》(GB 50666—2011)附录 A 确定。"

(一)各项荷载的标准值

作用在模板及支架上的荷载可以分为永久荷载和可变荷载两类。

1. 永久荷载标准值

(1)模板及其支架自重(G_1)的标准值。模板及其支架自重标准值应根据模板施工图确定。肋形或无梁楼板模板自重标准值，可按表 1-14 采用。

表 1-14　模板及支架自重标准值　　　　　　　　　　　　　　　　　kN/m²

模板构件名称	木模板	定型组合钢模板
无梁楼板的模板及小楞	0.30	0.50
楼板模板(其中包括梁的模板)	0.50	0.75
楼板模板及其支架(层高 4 m 以下)	0.75	1.10

（2）新浇筑混凝土自重（G_2）的标准值。新浇筑混凝土自重标准值宜根据混凝土实际重力密度 γ_c 确定，普通混凝土 γ_c 可取 24 kN/m³。

（3）钢筋自重（G_3）的标准值。钢筋自重的标准值应根据施工图确定。对一般梁板结构，楼板的钢筋自重可取 1.1 kN/m³，梁的钢筋自重可取 1.5 kN/m³。

（4）新浇筑混凝土对模板的侧压力（G_4）的标准值。采用插入式振捣器且浇筑速度不大于 10 m/h、混凝土坍落度不大于 180 mm 时，新浇筑混凝土对模板的侧压力的标准值，按下列两式分别计算，并取其中的较小值。

$$F = 0.28\gamma_c t_0 \beta V^{1/2}$$
$$F = \gamma_c H$$

当浇筑速度大于 10 m/h，或混凝土坍落度不大于 180 mm 时，侧压力标准值可按公式 $F = \gamma_c H$ 计算。

式中　F——新浇筑混凝土作用于模板的最大侧压力标准值（kN/m²）；

γ_c——混凝土的重力密度（kN/m³）；

t_0——新浇筑混凝土的初凝时间（h），可按实测确定；当缺乏试验资料时，可采用 $t_0 = 200/(T+15)$ 计算，T 为混凝土的温度（℃）；

β——混凝土坍落度影响修正系数，当坍落度大于 50 mm 且不大于 90 mm 时，β 取 0.85；坍落度大于 90 mm 且不大于 130 mm 时，β 取 0.9；坍落度大于 130 mm 且不大于 180 mm 时，β 取 1.0；

V——混凝土浇筑速度（m/h），取混凝土浇筑高度（厚度）与浇筑时间的比值；

H——混凝土侧压力计算位置处至新浇筑混凝土顶面的总高度（m）。

2. 可变荷载标准值

（1）施工人员及施工设备产生的荷载（Q_1）的标准值。施工人员及施工设备产生的荷载标准值，可按实际情况计算，且不应小于 2.5 kN/m²。

（2）混凝土下料产生的水平荷载（Q_2）的标准值。混凝土下料产生的水平荷载标准值可按表 1-15 采用，其作用范围可取新浇筑混凝土侧压力的有效压头高度之内。

表 1-15　混凝土下料产生的水平荷载标准值　　　　　　　　　　kN/m²

下料方式	水平荷载
溜槽、串筒、导管或泵管下料	2
吊车配备斗容器下料或小车直接倾倒	4

（3）泵送混凝土或不均匀堆载产生的附加水平荷载（Q_3）的标准值。泵送混凝土或不均匀堆载等因素产生的附加水平荷载的标准值，可取计算工况下竖向永久荷载标准值的 2%，并应作用在模板支架上端水平方向。

（4）风荷载（Q_4）的标准值。风荷载的标准值，按现行国家标准《建筑结构荷载规范》（GB 50009—2012）有关规定确定，此时基本风压可按十年一遇的风压取值，但基本风压不应小于 0.2 kN/m²。

（二）承载力计算的荷载组合

（1）荷载组合效应设计值。模板及支架的荷载基本组合的效应设计值，按下式计算：

$$S = 1.35\alpha \sum_{i \geq 1} S_{G_{ik}} + 1.4\psi_{cj} \sum_{j \geq 1} S_{Q_{jk}}$$

式中　$S_{G_{ik}}$——第 i 个永久荷载标准值产生的效应值；

　　　$S_{Q_{jk}}$——第 j 个可变荷载标准值产生的效应值；

　　　α——模板及支架的类型系数：对侧面模板，取 0.9；对底面模板及支架，取 1.0；

　　　ψ_{cj}——第 j 个可变荷载的组合值系数，宜取 $\psi_{cj} \geqslant 0.9$。

注：对于荷载组合效应设计值计算结果，应乘以结构重要性系数（γ_0），对于重要的模板及支架宜取 $\gamma_0 \geqslant 1.0$；对于一般的模板及支架应取 $\gamma_0 \geqslant 0.9$。

(2)承载力计算的荷载组合。模板及其支架设计应考虑下列荷载：

1)模板及支架自重（G_1）。

2)新浇筑混凝土自重（G_2）。

3)钢筋自重（G_3）。

4)新浇筑混凝土对模板的侧压力（G_4）。

5)施工人员及施工设备产生的荷载（Q_1）。

6)混凝土下料产生的水平荷载（Q_2）。

7)泵送混凝土或不均匀堆载等因素产生的附加水平荷载（Q_3）。

8)风荷载（Q_4）。

参与模板及支架承载力计算的各项荷载按表 1-16 的确定，并采用最不利的荷载基本组合进行设计。

表 1-16　参与模板及支架承载力计算的各项荷载

计算内容		参与荷载项
模　板	底面模板的承载力	$G_1 + G_2 + G_3 + Q_1$
	侧面模板的承载力	$G_4 + Q_2$
支　架	支架水平杆及节点的承载力	$G_1 + G_2 + G_3 + Q_1$
	立杆的承载力	$G_1 + G_2 + G_3 + Q_1 + Q_4$
	支架结构的整体稳定	$G_1 + G_2 + G_3 + Q_1 + Q_3$ $G_1 + G_2 + G_3 + Q_1 + Q_4$

注：表中的"+"仅表示各项荷载参与组合，而不表示代数相加。

(三)模板及支架变形验算

(1)模板及支架变形验算的荷载组合。参与模板及支架变形验算的各项荷载按表 1-17 确定。

表 1-17　参与模板及支架变形验算的各项荷载

模板及支架变形验算		参与荷载项
梁板结构底模板	模板面板的变形验算	$G_{1k} + G_{2k} + G_{3k}$
	面板背侧支撑的变形验算	$G_{1k} + G_{2k} + G_{3k}$
墙、柱和梁侧模板	模板面板的变形验算	G_{4k}
	面板背侧支撑的变形验算	G_{4k}

注：表中的"+"仅表示各项荷载参与组合，而不表示代数相加；G_k 表示永久荷载标准值。

(2)模板及支架变形限值。模板及支架变形限值应根据结构工程要求确定，并宜符合下列规定：

1)对结构表面外露的模板，其挠度限值宜取为模板构件计算跨度的1/400。

2)对结构表面隐蔽的模板，其挠度限值宜取为模板构件计算跨度的1/250。

3)支架的轴向压缩变形值或侧向挠度限值，宜取为计算高度或计算跨度的1/1 000。

(四)支架稳固性及抗倾覆验算

(1)支架稳固性措施。模板支架的高宽比不宜大于3；当高宽比大于3时，应加强稳固性措施。限定模板支架的高宽比主要是为了保证在周边无法提供有效侧向刚性连接的条件下，防止细高型的支架倾覆的整体失稳。整体稳固性措施包括支架内加强竖向和水平剪刀撑的设置；支架体外设置抛撑、型钢桁架撑、缆风绳等措施。

(2)支架抗倾覆验算。模板支架的抗倾覆验算应考虑混凝土浇筑前和浇筑时两种工况进行抗倾覆验算，主要是针对支架顶部大面积模板在风荷载水平荷载作用下的抗倾覆验算。混凝土浇筑工况下的抗倾覆验算，主要是针对在不对称荷载以及泵送混凝土管抖动等引发的水平荷载作用下的抗倾覆验算。

支架抗倾覆验算应满足下式要求：

$$\gamma_0 M_0 \leqslant M_r$$

式中　γ_0——结构重要性系数，对于重要的模板及支架宜取 $\gamma_0 \geqslant 1.0$；对于一般的模板及支架应取 $\gamma_0 \geqslant 0.9$；

　　　M_0——支架的倾覆力矩设计值，按荷载基本组合计算，其中永久荷载的分项系数取1.35，可变荷载的分项系数取1.4；

　　　M_r——支架的抗倾覆力矩设计值，按荷载基本组合计算，其中永久荷载的分项系数取0.9，可变荷载的分项系数取1.0。

(五)模板设计计算公式

根据《建筑施工模板安全技术规范》(JGJ 162—2008)现浇混凝土模板计算要求，模板面板可按简支跨计算；次楞一般为两跨以上连续梁，可按《建筑施工模板安全技术规范》(JGJ 162—2008)附录C计算；主楞可根据实际情况按连续梁、简支梁或悬臂梁计算。常用的简支梁和连续梁在不同荷载条件下和支承条件下的弯矩、剪力和挠度公式，见表1-18。

表1-18　简支梁与连续梁的最大弯矩、剪力和挠度

简支梁或等跨连续梁	荷载图示	弯矩 M	剪力 V	挠度 w
简支梁		$\dfrac{1}{8}ql^2$	$\dfrac{1}{2}ql$	$\dfrac{5ql^4}{384EI}$
		$\dfrac{1}{4}Pl$	$\dfrac{1}{2}P$	$\dfrac{Pl^3}{48EI}$

简支梁或等跨连续梁	荷载图示	弯矩 M	剪力 V	挠度 w
二跨等跨连续梁	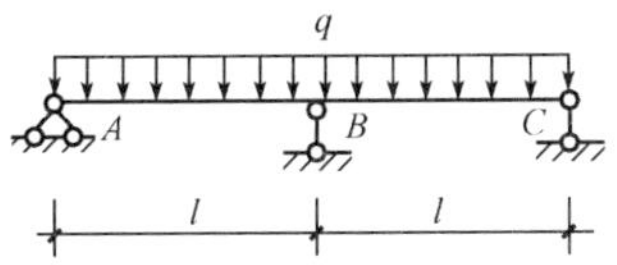	$0.125ql^2$	$0.625ql$	$\dfrac{0.521ql^4}{100EI}$
	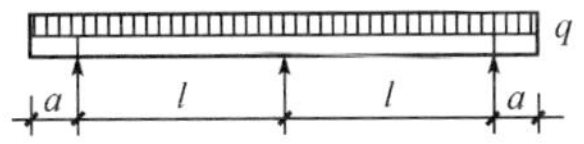	$0.105ql^2$	$0.5ql$	$\dfrac{0.273ql^4}{100EI}$
	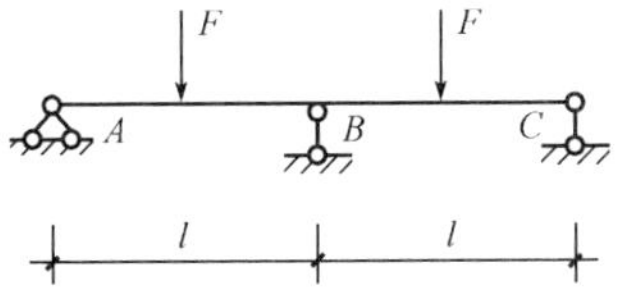	$0.188Pl$	$0.688P$	$\dfrac{0.911Pl^3}{100EI}$
	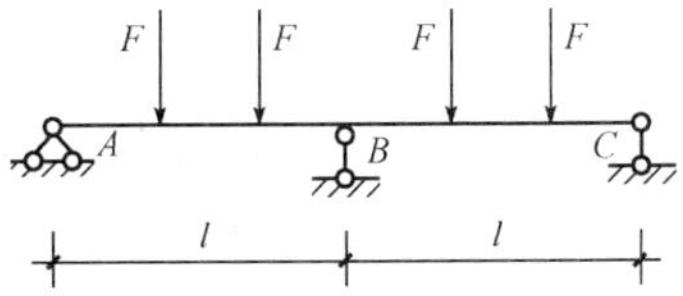	$0.333Pl$	$1.333P$	$\dfrac{1.466Pl^3}{100EI}$
三跨等跨连续梁	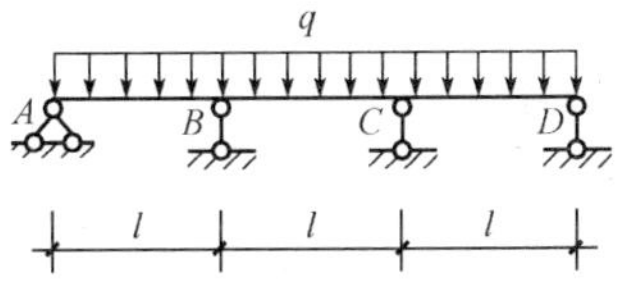	$0.1ql^2$	$0.6ql$	$\dfrac{0.677ql^4}{100EI}$
	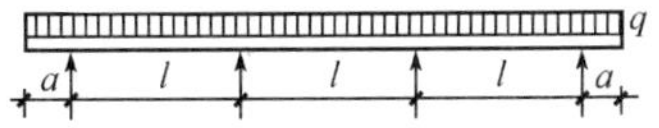	$0.084ql^2$	$0.5ql$	$\dfrac{0.273ql^4}{100EI}$
	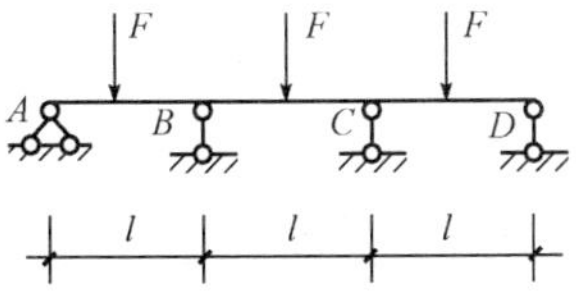	$0.175Pl$	$0.65P$	$\dfrac{1.146Pl^3}{100EI}$
	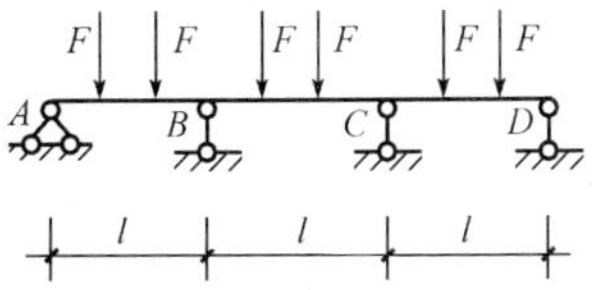	$0.267Pl$	$1.267P$	$\dfrac{1.883Pl^3}{100EI}$
四跨等跨连续梁	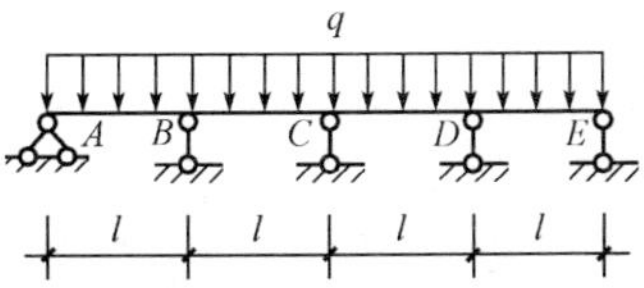	$0.107ql^2$	$0.607ql$	$\dfrac{0.632ql^4}{100EI}$

简支梁或等跨连续梁	荷载图示	弯矩 M	剪力 V	挠度 w
四跨等跨连续梁		$0.169Pl$	$0.661P$	$\dfrac{1.079Pl^3}{100EI}$
		$0.286Pl$	$1.286P$	$\dfrac{1.764Pl^3}{100EI}$

1.3.3 模板结构设计示例

某建筑工程为剪力墙结构，墙高 2.8 m，墙厚 200 mm。墙模板面板采用 15 mm 厚覆面竹胶合板，次楞采用 50 mm×100 mm 方木，主楞采用双肢 $\phi48\times3.5$ 圆钢管，对拉螺栓规格为 M14。墙模板结构设计参数，详见表 1-19。墙模板设计简图，如图 1-23 所示。以《混凝土结构工程施工规范》(GB 50666—2011)为计算依据，试验算剪力墙模板结构是否符合设计要求。

表 1-19 墙模板结构设计参数

基本参数			
计算依据	《混凝土结构工程施工规范》(GB 50666—2011)		
混凝土墙厚度 h/mm	200	混凝土墙计算高度 H/mm	2 800
混凝土墙计算长度 L/mm	3 900	次梁布置方向	竖直方向
次梁间距 a/mm	250	次梁悬挑长度 a_1/mm	50
主梁间距 b/mm	600	主梁悬挑长度 b_1/mm	50
次梁合并根数	1	主梁合并根数	2
对拉螺栓横向间距/mm	500	对拉螺栓竖向间距/mm	600
混凝土初凝时间 t_0/h	4	混凝土浇筑速度 V/(m·h^{-1})	2
混凝土浇筑方式	泵管下料	结构表面要求	表面隐藏
材料参数			
主梁类型	圆钢管	主梁规格	48×3.5
次梁类型	矩形木楞	次梁规格	50×100
面板类型	覆面竹胶合板	面板规格	5 层(15 mm)
对拉螺栓规格	M14		
荷载参数			
混凝土坍落度	150	结构重要性系数 γ_0	0.9
可变荷载组合系数 ψ_{cj}	0.9	模板及支架的类型系数 α	0.9

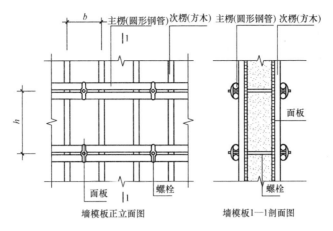

图 1-23　墙模板设计简图

(一)荷载统计

1. 作用于模板上的荷载标准值

(1)新浇混凝土侧压力标准值。新浇混凝土对模板的侧压力标准值(G_{4k}),按下列两式分别计算,并取其中较小值。

$$F_1 = 0.28\gamma_c t_0 \beta V^{1/2} = 0.28 \times 24 \times 4 \times 1 \times 2^{\frac{1}{2}} = 38.014(\text{kN/m}^2)$$

$$F_2 = \gamma_c H = 24 \times 2\,800/1\,000 = 67.2(\text{kN/m}^2)$$

$$G_{4k} = \min[F_1, F_2] = 38.014 \text{ kN/m}^2$$

(2)混凝土下料产生的水平荷载标准值。本工程混凝土浇筑,采用泵管下料,因此,$Q_{2k} = 2 \text{ kN/m}^2$。

2. 荷载组合效应设计值

(1)承载能力极限状态设计值。

$$S = \gamma_0(1.35\alpha G_{4k} + 1.4\psi_{cj} Q_{2k}) = 0.9 \times (1.35 \times 0.9 \times 38.014 + 1.4 \times 0.9 \times 2) = 43.836(\text{kN/m}^2)$$

(2)正常使用极限状态设计值。

$$S_k = G_{4k} = 38.014 \text{ kN/m}^2$$

(二)面板验算

根据有关规范规定面板可按简支跨计算,墙截面宽度可取任意宽度,为便于验算,取 $b = 1.0$ m 单位面板宽度为计算单元。面板计算简图,如图 1-24 所示。面板采用 5 层(15 mm)覆面竹胶合板,截面抵抗矩 W 和截面惯性矩 I 分别为:

$$W = bh^2/6 = 1\,000 \times 15^2/6 = 37\,500(\text{mm}^3)$$

$$I = bh^3/12 = 1\,000 \times 15^3/12 = 281\,250(\text{mm}^4)$$

$$E = 9\,898 \text{ N/mm}^2$$

式中　h——面板厚度(mm)。

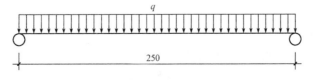

图 1-24　面板计算简图

1. 强度验算

胶合板面板抗弯强度应按下式计算：

$$\sigma = \frac{M_{max}}{W} < f_{jm}$$

$q = bS = 1.0 \times 43.836 = 43.836(\text{kN/m})$

$M_{max} = ql^2/8 = 43.836 \times 0.25^2/8 = 0.342(\text{kN/m})$

$\sigma = M_{max}/W = 0.342 \times 10^6/37\,500 = 9.133(\text{N/mm}^2) \leqslant [f_{jm}] = 35(\text{N/mm}^2)$

满足要求。

2. 挠度验算

简支梁挠度应按下式进行验算：

$$w = \frac{5ql^4}{384EI_x} \leqslant [w] = l/250$$

$q_k = bS_k = 1.0 \times 38.014 = 38.014(\text{kN/m})$

$w = 5ql^4/(384EI) = 5 \times 38.014 \times 10^{-3} \times 0.25^4/(384 \times 9\,898 \times 281\,250) = 0.695(\text{mm}) \leqslant [w] = 250/250 = 1(\text{mm})$

满足要求。

(三)次梁验算

内楞直接承受模板传递的荷载，内楞悬挑长度（50 mm）与其基本跨度（600 mm）之比，50/600＝0.08＜0.4，故可按近似四跨连续梁计算，内楞计算简图，如图1-25所示。内龙骨采用50 mm×100 mm木楞，截面抵抗矩 W 和截面惯性矩 I 分别为：

$W = bh^2/6 = 50 \times 100 \times 100/6 = 83\,333(\text{mm}^3)$

$I = bh^3/12 = 50 \times 100 \times 100 \times 100/12 = 4\,166\,667(\text{mm}^4)$

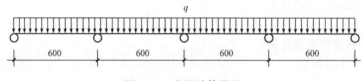

图1-25 内楞计算简图

1. 抗弯强度验算

实木截面构件，抗弯强度应按下式计算：

$$\sigma = \frac{M_{max}}{W} < f_m$$

$q = aS = 250/1\,000 \times 43.836 = 10.959(\text{kN/m})$

$M_{max} = 0.107ql^2 = 0.107 \times 10.959 \times 0.6^2 = 0.422(\text{kN} \cdot \text{m})$

$\sigma = M_{max}/W = 0.422 \times 10^6/83\,333 = 5.066(\text{N/mm}^2) \leqslant [f_m] = 17(\text{N/mm}^2)$

满足要求。

2. 抗剪强度验算

实木截面构件，抗剪强度应按下式计算：

$$\tau = \frac{VS_0}{Ib} < f_v$$

式中 S_0——计算剪力应力处以上毛截面对中和轴的面积矩。

$V_{max}=0.607ql=0.607\times10.959\times0.6=3.991(kN)$

$\tau=V_{max}S_0/(Ib)$

$=3.991\times10^3\times62.5\times10^3/(416.667\times10^4\times50)$

$=1.197(N/mm^2)\leqslant[f_v]=1.7(N/mm^2)$

满足要求。

3. 挠度验算

均布荷载四跨连续梁挠度，应按下式进行验算：

$$w=\frac{0.632\times ql^4}{100EI}\leqslant[w]=l/250$$

$q_k=aS_k=250/1\,000\times38.014=9.504(kN/m)$

$w=0.632ql^4/(100EI)$

$=0.632\times9.504\times600^4/(100\times10\,000\times4\,166\,667)$

$=0.186(mm)\leqslant[w]=600/250=2.4(mm)$

满足要求。

(四)主梁验算

外楞承受内楞传递的荷载，外楞悬挑长度(50 mm)与其基本跨度(500 mm)之比，50/500＝0.1＜0.4，故可按近似四跨连续梁计算，内楞计算简图，如图1-26所示。外龙骨采用$\phi48\times3.5$双肢圆钢管，截面抵抗矩W和截面惯性矩I分别为：

$W=10.16\times10^3\ mm^3$

$I=24.38\times10^4\ mm^4$

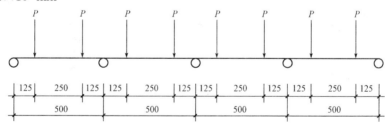

图1-26 外楞计算简图

1. 抗弯强度验算

钢楞主梁抗弯强度应按下式计算：

$$\sigma=\frac{M_{max}}{W}<f$$

$P=abS=0.25\times0.60\times43.836=6.58(kN)$

$M_{max}=0.286Pl=0.286\times6.58\times0.5=0.94(kN/m)$

$\sigma=M_{max}/W=0.94\times10^6/10.16\times10^3=92.53(N/mm^2)\leqslant[f]=205(N/mm^2)$

满足要求。

2. 抗剪强度验算

钢楞主梁抗剪强度应按下式计算：

$$\tau = \frac{VS_0}{Ib} < f_v$$

式中 S_0——计算剪力应力处以上毛截面对中和轴的面积矩。

$V_{max} = 1.286P = 1.286 \times 6.56 = 8.436(kN)$

$\tau = V_{max}S_0/(Ib)$

$\quad = 8.436 \times 10^3 \times 6.946 \times 10^3/(24.38 \times 10^4 \times 1.4 \times 10)$

$\quad = 17.168(N/mm^2) \leqslant [f_v] = 120(N/mm^2)$

满足要求。

3. 挠度验算

跨中双集中荷载四跨连续梁挠度，应按下式进行验算：

$$w = \frac{1.764 \times Pl^3}{100EI} \leqslant [w] = l/250$$

$P_k = abS_k = 0.25 \times 0.6 \times 38.014 = 5.702(kN/m)$

$w = 1.764P_k l^3/(100EI)$

$\quad = 1.764 \times 5.702 \times 500^3/(100 \times 210\,000 \times 24.38 \times 10^4)$

$\quad = 0.246(mm) \leqslant [w] = 500/250 = 2.0(mm)$

满足要求。

(五)对拉螺栓验算

对拉螺栓强度，应按下式计算：

$$N = abF_s < N_t^b$$

式中 a——对拉螺栓横向间距；

$\quad b$——对拉螺栓竖向间距；

$\quad F_s$——作用于模板的侧压力，$F_s = 0.95 \times (1.2G_{4k} + 1.4Q_{2k})$；

$\quad N_t^b$——对拉螺栓轴向拉力值设计值。

对拉螺栓拉力值 N：

$N = ab \times 0.95(1.2G_{4k} + 1.4Q_{2k})$

$\quad = 0.5 \times 0.6 \times 0.95 \times (1.2 \times 38.014 + 1.4 \times 2)$

$\quad = 13.799(kN) \leqslant N_t^b = 17.8\ kN$

满足要求。

单元 2 钢筋工程施工

任务 2.1 钢筋品种与检验

混凝土结构用的热轧钢筋，分为热轧光圆钢筋和热轧带肋钢筋两种。热轧光圆钢筋应符合国家标准《钢筋混凝土用钢 第 1 部分：热轧光圆钢筋》(GB 1499.1—2008)的规定。热轧带肋钢筋应符合国家标准《钢筋混凝土用钢 第 2 部分：热轧带肋钢筋》(GB 1499.2—2007)的规定。

2.1.1 热轧光圆钢筋

(一)牌号及化学成分

热轧光圆钢筋牌号及化学成分(熔炼分析)应符合表 2-1 的规定。

表 2-1 热轧光圆钢筋牌号及化学成分

牌 号	化学成分(质量分数)/%不大于				
	C	Si	Mn	P	S
HPB235	0.22	0.30	0.65	0.045	0.050
HPB300	0.25	0.55	1.50		
注：HPB—热轧光圆钢筋的英文(Hot rolled Plain Bars)缩写。					

(二)直径、重量及允许偏差

热轧光圆钢筋直径、理论重量以及直径、不圆度允许偏差和实际重量允许偏差应符合表 2-2 的规定。

表 2-2 热轧光圆钢筋直径、理论重量以及允许偏差

公称直径 /mm	理论重量 /(kg·m^{-1})	直径允许偏差 /mm	不圆度允许偏差 /mm	实际重量与理论重量的 允许偏差/%
6 (6.5)	0.222 (0.260)	±0.3	≤0.4	±7
8	0.395			
10	0.617			
12	0.888			

公称直径 /mm	理论重量 /(kg·m^{-1})	直径允许偏差 /mm	不圆度允许偏差 /mm	实际重量与理论重量的 允许偏差/%
14	1.21			
16	1.58			
18	2.00	±0.4	≤0.4	±5
20	2.47			
22	2.98			

注：理论重量按密度为 7.85 g/cm³ 计算。公称直径 6.5 mm 的产品为过渡性产品。

（三）力学性能

钢筋的屈服强度 R_{eL}、抗拉强度 R_m、断后伸长率 A、最大力总伸长率 A_{gt} 等力学性能特征值应符合表 2-3 的规定。力学性能特征值作为交货检验的最小保证值。弯曲性能按规定的弯芯直径弯曲 180°后，钢筋受弯曲部位表面不得产生裂纹。

表 2-3　热轧光圆钢筋的力学性能、弯曲性能

牌　号	屈服强度 R_{eL} /MPa	抗拉强度 R_m /MPa	断后伸长率 A /%	最大力总伸长率 A_{gt} /%	冷弯试验 180° d—弯芯直径 a—钢筋公称直径
	不小于				
HPB235	235	370	25.0	10.0	$d=a$
HPB300	300	420			

注：根据供需双方协议，伸长率类型可从 A 或 A_{gt} 中选定。如伸长率类型未经协议确定，则伸长率采用 A，仲裁检验时采用 A_{gt}。

（四）交货检验

热轧光圆钢筋进场后，应按《钢筋混凝土用钢　第 1 部分：热轧光圆钢筋》(GB 1499.1—2008)的要求，组成钢筋验收批进行交货检验。

（1）组批规则。

1）钢筋应按批进行检查和验收，每批由同一牌号、同一炉罐号、同一尺寸的钢筋组成。每批质量通常不大于 60 t。超过 60 t 的部分，每增加 40 t(或不足 40 t 的余数)，增加一个拉伸试验试样和一个弯曲试验试样。

2）允许由同一牌号、同一冶炼方法、同一浇注方法的不同炉罐号组成混合批。各炉罐号含碳量之差不大于 0.02%，含锰量之差不大于 0.15%。混合批的质量不大于 60 t。

（2）检验项目。钢筋进场后，每批钢筋检验合格后方可使用。检验项目包括查对标牌、外观检查、重量偏差、力学性能、工艺性能。

1)查对标牌。对照产品合格证(质量证明书或质量证明书抄件),逐捆(盘)查对标牌是否一致。

2)外观检查。

①直径检查。用游标卡尺逐捆(盘)检查钢筋直径,测量应精确到0.1 mm。检查结果应符合表2-2的规定。

②表面检查。每批抽取5%进行外表检查。用目视方法检查钢筋应平直、无损伤,表面不得有裂纹、油污、颗粒状或片状锈蚀。

3)重量偏差。测量钢筋重量偏差时,试样应从不同根钢筋上截取,数量不少于5支,每支试样长度不小于500 mm。长度应逐支测量,精确到1 mm。测量试样总重量,钢筋实际重量与理论重量的偏差应符合表2-2的规定。如重量偏差大于允许偏差,则应与供应商交涉,以免损害用户利益。

钢筋实际重量与理论重量的偏差(%),按下式计算:

$$重量偏差=\frac{试样实际总重量-(试样总长度\times理论重量)}{试样总长度\times理论重量}\times100\%$$

4)力学性能。每批钢筋中任选两根钢筋,每根取两个试件分别进行拉伸试验(包括屈服点、抗拉强度和伸长率)和冷弯试验。如有一项试验结果不符合表2-3的要求,则从同一批中另取双倍数量的试件重作各项试验。如仍有一个试件不合格,则该批钢筋为不合格品。

2.1.2 热轧带肋钢筋

(一)牌号及化学成分

热轧带肋钢筋牌号及化学成分(熔炼分析)应符合表2-4的规定。

表2-4 热轧带肋钢筋牌号及化学成分

牌号	化学成分(质量分数)/%不大于					
	C	Si	Mn	P	S	Ceq
HRB335 HRBF335	0.25	0.80	1.65	0.045	0.045	0.52
HRB400 HRBF400						0.54
HRB500 HRBF500						0.55

注:Ceq—碳当量。
  HRB—热轧带肋钢筋的英文(Hot rolled Ribbed Bars)缩写。
  HRBF—细晶粒热轧带肋钢筋,在热轧带肋钢筋的英文缩写后加"细"的英文(Fine)首位字母。

(二)尺寸、理论重量及允许偏差

热轧带肋钢筋尺寸、理论重量及允许偏差应符合表2-5的规定。月牙肋钢筋外形如图2-1所示。

表 2-5　热轧带肋钢筋尺寸、理论重量以及允许偏差

公称直径/mm	内径 d_1/mm		横肋高 h/mm		纵肋高 h_1(≤)/mm	横肋高 b/mm	纵肋高 a/mm	间距 l/mm		理论重量/(kg·m⁻¹)	实际重量与理论重量的允许偏差/%
	公称尺寸	允许偏差	公称尺寸	允许偏差				公称尺寸	允许偏差		
6	5.8	±0.3	0.6	±0.3	0.8	0.4	1.0	4.0		0.222	
8	7.7		0.8	+0.4 −0.3	1.1	0.5	1.5	5.5		0.395	±7
10	9.6		1.0	±0.4	1.3	0.6	1.5	7.0	±0.5	0.617	
12	11.5	±0.4	1.2		1.6	0.7	1.5	8.0		0.888	
14	13.4		1.4	+0.4 −0.5	1.8	0.8	1.8	9.0		1.21	
16	15.4		1.5		1.9	0.9	1.8	10.0		1.58	±5
18	17.3		1.6	±0.5	2.0	1.0	2.0	10.0		2.00	
20	19.3		1.7		2.1	1.2	2.0	10.0		2.47	
22	21.3	±0.5	1.9		2.4	1.3	2.5	10.5	±0.8	2.98	
25	24.2		2.1	±0.6	2.6	1.5	2.5	12.5		3.85	
28	27.2		2.2		2.7	1.7	3.0	12.5		4.83	
32	31.0	±0.6	2.4	+0.8 −0.7	3.0	1.9	3.0	14.0	±1.0	6.31	±4
36	35.0		2.6	+1.0 −0.8	3.2	2.1	3.5	15.0		7.99	
40	38.7	±0.7	2.9	±1.1	3.5	2.2	3.5	15.0		9.87	
50	48.5	±0.8	3.2	±1.2	3.8	2.5	4.0	16.0		15.42	

注：尺寸 a、b 为参考数据。理论重量按密度为 7.85 g/cm³ 计算。

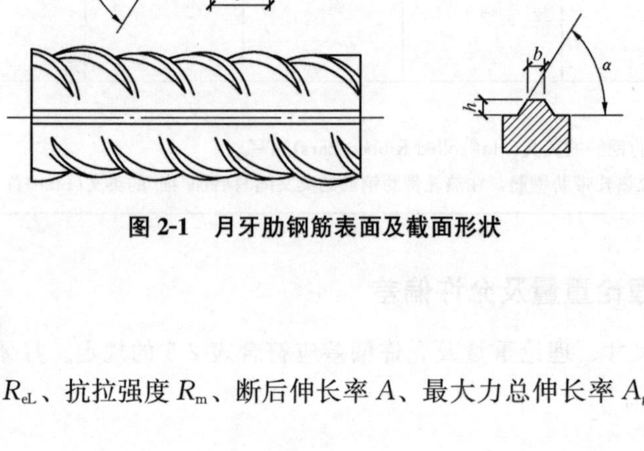

图 2-1　月牙肋钢筋表面及截面形状

(三)力学性能

钢筋的屈服强度 R_{eL}、抗拉强度 R_m、断后伸长率 A、最大力总伸长率 A_{gt} 等力学性能特征值

应符合表2-6的规定。力学性能特征值作为交货检验的最小保证值。

表2-6 热轧带肋钢筋的力学性能

牌号	屈服强度 R_{eL} /MPa	抗拉强度 R_m /MPa	断后伸长率 A /%	最大力总伸长率 A_{gt} /%
	不小于			
HRB335 HRBF335	335	455	17	
HRB400 HRBF400	400	540	16	7.5
HRB500 HRBF500	500	630	15	

注：1. 根据供需双方协议，伸长率类型可从 A 或 A_{gt} 中选定。如伸长率类型未经协议确定，则伸长率采用 A，仲裁检验时采用 A_{gt}。

2. 有较高要求的抗震结构适用牌号为：在表2-6中已有牌号后加 E（例如：HRB400E、HRBF400E）的钢筋。该类钢筋除应满足以下要求外，其他要求与相对应的已有牌号钢筋相同。

(1)钢筋实测抗拉强度与实测屈服强度之比 R_m^0/R_{eL}^0 不小于 1.25。

(2)钢筋实测屈服强度与屈服强度特征值之比 R_{eL}^0/R_{eL} 不大于 1.30。

(3)钢筋的最大力总伸长率 A_{gt} 不小于 9%。

(四)工艺性能

(1)弯曲性能。弯曲性能按规定的弯芯直径弯曲180°后，钢筋受弯曲部位表面不得产生裂纹。弯芯直径见表2-7。

表2-7 热轧带肋钢筋的弯曲性能

牌号	公称直径 d/mm	弯芯直径
HRB335 HRBF335	6~25	$3d$
	28~40	$4d$
	>40~50	$5d$
HRB400 HRBF400	6~25	$4d$
	28~40	$5d$
	>40~50	$6d$
HRB500 HRBF500	6~25	$6d$
	28~40	$7d$
	>40~50	$8d$

(2)反向弯曲性能。根据需方要求，钢筋可进行反向弯曲性能试验。反向弯曲试验的弯芯直径，比弯曲试验相应增加一个钢筋公称直径。

反向弯曲试验：先正向弯曲90°后再反向弯曲20°。两个弯曲角度均应在去载之前测量。经反向弯曲试验后，钢筋受弯曲部位表面不得产生裂纹。

(五)交货检验

热轧光圆钢筋进场后,应按《钢筋混凝土用钢 第 2 部分:热轧带肋钢筋》(GB 1499.2—2007)的要求,组成钢筋验收批进行交货检验。

(1)组批规则。

1)钢筋应按批进行检查和验收,每批由同一牌号、同一炉罐号、同一规格的钢筋组成。每批重量通常不大于 60 t。超过 60 t 的部分,每增加 40 t(或不足 40 t 的余数),增加一个拉伸试验试样和一个弯曲试验试样。

2)允许由同一牌号、同一冶炼方法、同一浇筑方法的不同炉罐号组成混合批。各炉罐号含碳量之差不大于 0.02%,含锰量之差不大于 0.15%。混合批的重量不大于 60 t。

3)为了鼓励使用通过产品认证的材料或选取质量稳定的生产厂家的产品。钢筋、成型钢筋进场检验,当满足下列条件之一时,其检验批容量可扩大一倍。

①获得认证的钢筋、成型钢筋。

②同一厂家、同一牌号、同一规格的钢筋,连续三批均一次检验合格。

③同一厂家、同一类型、同一钢筋来源的成型钢筋,连续三批均一次检验合格。

(2)检验项目。钢筋进场后,每批钢筋检验合格后方可使用。检验项目包括标牌查对、外观检查、重量偏差、力学性能、工艺性能。

1)标牌查对。对照产品合格证(质量证明书或质量证明书抄件),逐捆(盘)查对标牌是否一致。

2)外观检查。

①直径检查。用游标卡尺逐捆(盘)检查钢筋直径,测量应精确到 0.1 mm。检查结果应符合表 2-5 的规定。

②表面检查。每批抽取 5%进行外表检查。用目视方法检查,钢筋应平直、无损伤,表面不得有裂纹、油污、颗粒状或片状锈蚀。

3)重量偏差。测量钢筋重量偏差时,试样应从不同根钢筋上截取,数量不少于 5 支,每支试样长度不小于 500 mm。长度应逐支测量,精确到 1 mm。测量试样总重量,钢筋实际重量与理论重量的偏差应符合表 2-5 的规定。如重量偏差大于允许偏差,则应与供应商交涉,以免损害用户利益。

钢筋实际重量与理论重量的偏差(%),按下式计算:

$$重量偏差=\frac{试样实际总重量-(试样总长度\times理论重量)}{试样总长度\times理论重量}\times100\%$$

4)力学性能。每批钢筋中任选 2 根钢筋,每根截取 2 个试件分别进行拉伸试验和弯曲试验,再截取一个试件进行反向弯曲试验。如有一项试验结果不符合表 2-6 的要求,则从同一批中另取双倍数量的试件重作各项试验。如仍有一个试件不合格,则该批钢筋为不合格品。

2.1.3 钢筋原材料质量验收标准

1. 主控项目

(1)钢筋进场时,应按国家现行相关标准的规定抽取试件作屈服强度、抗拉强度、伸长率、弯曲性能和重量偏差检验,检验结果应符合相应标准的规定。

检查数量:按进场批次和产品的抽样检验方案确定。

检验方法：检查质量证明文件和抽样检验报告。

(2)成型钢筋进场时，应抽取试件作屈服强度、抗拉强度、伸长率和重量偏差检验，检验结果应符合国家现行相关标准的规定。

对由热轧钢筋制成的成型钢筋，当有施工单位或监理单位的代表驻厂监督生产过程，并提供原材钢筋力学性能第三方检验报告时，可仅进行重量偏差检验。

检查数量：同一厂家、同一类型、同一钢筋来源的成型钢筋，不超过 30 t 为一批，每批中每种钢筋牌号、规格均应至少抽取 1 个钢筋试件，总数不应少于 3 个。

检验方法：检查质量证明文件和抽样检验报告。

(3)对按一、二、三级抗震等级设计的框架和斜撑构件(含梯段)中的纵向受力普通钢筋应采用 HRB335E、HRB400E、HRB500E、HRBF335E、HRBF400E 或 HRBF500E 钢筋，其强度和最大力下总伸长率的实测值应符合下列规定：

1)抗拉强度实测值与屈服强度实测值的比值不应小于 1.25。

2)屈服强度实测值与屈服强度标准值的比值不应大于 1.30。

3)最大力下总伸长率不应小于 9％。

检查数量：按进场的批次和产品的抽样检验方案确定。

检查方法：检查抽样检验报告。

2. 一般项目

(1)钢筋应平直、无损伤、表面不得有裂纹、油污、颗粒状或片状老锈。

检查数量：全数检查。

检验方法：观察。

(2)成型钢筋的外观质量和尺寸偏差应符合国家现行相关标准的规定。

检查数量：同一厂家、同一类型的成型钢筋，不超过 30 t 为一批，每批随机抽取 3 个成型钢筋试件。

检验方法：观察，尺量。

(3)钢筋机械连接套筒、钢筋锚固板以及预埋件等的外观质量应符合国家现行相关标准的规定。

检查数量：按国家现行相关标准的规定确定。

检验方法：检查产品质量证明文件；观察，尺量。

2.1.4　钢筋原材料验收质量记录及样表

1. 钢筋原材料验收质量记录

钢筋原材料验应形成以下质量记录：

(1)表 C3-4-1　钢材力学性能、重量偏差检测报告。

(2)表 G3-04　钢筋原材料检验批质量验收记录。

注：以上表式采用《河北省建筑工程资料管理规程》[DB13(J)/T 145—2012]所规定的表式。

2. 钢筋原材料验收质量记录样表

(1)《钢材力学性能、重量偏差检测报告》样表见表 C3-4-1。

表 C3-4-1　钢材力学性能、重量偏差检测报告

编号：

委托单位：　　　　　　　　　　　　　　　　　　　　　　　　统一编号：

工程名称						委托日期		
使用部位						报告日期		
取样单位						取 样 人		
见证单位						见 证 人		
试样名称						炉批号		
产 地						代表数量		
样品状态						检验类别		
加工情况								

规格/mm	屈服点/MPa		抗拉强度/MPa		断后伸长率/%		最大力总伸长率/%		弯曲条件	弯曲结果
	标准要求 R_{eL}	实测值 R^0_{eL}	标准要求 R_m	实测值 R^0_m	标准要求 A	实测值 A^0	标准要求 A_{gt}	实测值		

$\dfrac{R^0_m}{R^0_{eL}}$	标准要求 ≥1.25	实测值		$\dfrac{R^0_{eL}}{R_{eL}}$	标准要求 ≤1.3		
重量偏差	标准要求/%			实测值/%			
依据标准							
检验结论							
备注							

检测单位(公章)：　　　　　批准：　　　　　审核：　　　　　检验：

填表说明：

1. 钢筋机械性能试验报告是为保证建筑工程质量，对用于工程中的钢筋机械性能(屈服强度、抗拉强度、伸长率和冷弯)指标进行测试后由试验单位出具的质量证明文件。

2. 结构中所用的受力钢筋应有出厂合格证和复试报告；无出厂合格证时，应同时做机械性能和化学成分检验；预应力筋应冷拉与张拉记录及冷拉后的机械性能试验报告。

3. 钢筋如无出厂合格证复件，有抄件或原件复印件亦可，但抄件或原件复印件上要注明原件存放单位，抄件人和抄件、复印件单位签名并盖公章。

4. 钢筋应先试后用，品种、规格、型号确是所用钢筋且试验合格。

5. 检验、审核、批准签字齐全并加盖检测单位公章。

6. 表列子项：

(1)委托单位：提请检测的单位；

(2)试验编号：由试验室按收到试件的顺序统一排列编号；

(3)工程名称及使用部位：按委托单上的工程名称及使用部位填写；

(4)试样名称：指试验钢筋的型号、种类，如热轧带肋 HRB335 钢筋、热轧光圆 R235 钢筋、热轧盘条 Q235；

(5)检验类别：有委托、仲裁、抽样、监督和对比五种，按实际填写；

(6)代表数量：试件所能代表的用于某一工程的钢筋数量；

(7)规格：指试验钢筋的直径，如 $\phi18$；

(8)检验结论：按实际填写，必须明确合格或不合格。

(2)《钢筋原材料检验批质量验收记录》样表见表 G3-04。

表 G3-04　钢筋原材料检验批质量验收记录

工程名称			分项工程名称			验收部位	
施工单位			项目经理				
施工执行标准名称及编号			《混凝土结构工程施工质量验收规范》(GB 50204—2015)			专业工长	
分包单位			分包项目经理			施工班组长	
检控项目	序号	质量验收规范的规定			施工单位检查评定记录		监理(建设)单位验收记录
主控项目	1	钢筋进场检验		5.2.1条			
	2	成型钢筋进场检验		5.2.2条			
	3	抗震框架结构用钢筋		5.2.3条			
	①	抗拉强度与屈服强度比值		≥1.25			
	②	屈服强度与强度标准值比值		≤1.30			
	③	最大力下总伸长率		≥9%			
一般项目	1	钢筋外观质量		5.2.4条			
	2	成型钢筋外观质量和尺寸偏差		5.2.5条			
	3	钢筋机械连接套筒、钢筋锚固板以及预埋件等的外观质量		5.2.6条			
施工单位检查评定结果		项目专业质量检查员：				年　月　日	
监理(建设)单位验收结论		监理工程师(建设单位项目专业技术负责人)：				年　月　日	

任务 2.2　钢筋配料与代换

2.2.1　钢筋配料

钢筋配料是根据结构施工图，先绘出各种形状和规格的单根钢筋简图并加以编号，然后分别计算钢筋下料长度和根数，填写配料单，申请加工。

(一)钢筋下料长度计算

钢筋因弯曲或弯钩会使其长度变化，在配料中不能直接根据图纸中尺寸下料；必须了解其对混凝土保护层、钢筋弯曲、弯钩等规定，再根据图中尺寸计算其下料长度。各种钢筋下料长度计算如下：

直钢筋下料长度＝构件长度－保护层厚度＋弯钩增加长度

弯起筋下料长度＝直段长度＋斜段长度－弯曲调整值＋弯钩增加长度

箍筋下料长度＝箍筋外包周长－弯曲调整值＋弯钩增加长度

1. 弯曲调整值

结构施工图中注明钢筋的尺寸是钢筋的外包尺寸，钢筋弯曲后，在弯曲处内皮收缩、外皮延伸、中心线长度不变，中心线长度为钢筋下料长度。因此，外包尺寸大于钢筋下料长度，两者之间的差值称为弯曲调整值。

根据《混凝土结构工程施工质量验收规范》(GB 50204—2015)规定："335 MPa 级、400 MPa 级带肋钢筋，钢筋弯折的弯弧内直径不应小于钢筋直径的 4 倍。"因此，当 $D=5d_0$ 时，根据理论推导常见钢筋弯折角度的弯曲量度差值。

(1)钢筋弯折 90°角。钢筋弯折 90°角时，推算弯曲调整值，如图 2-2 所示。

外包尺寸：

$$A'C'+C'B'=2\left(\frac{D}{2}+d\right)=D+2d=7d$$

中心线长：

$$ACB=\frac{\pi\times2\times\left(\frac{D}{2}+\frac{d}{2}\right)}{4}=\frac{\pi}{4}(D+d)=4.71d$$

弯曲调整值：

$$(A'C'+C'B')-ACB=7d-4.71d=2.29d\approx2d$$

实际工作中，为了计算方便常取弯曲调整值为 $2d$。

(2)钢筋弯折 45°角。钢筋弯折 45°角时，推算弯曲调整值，如图 2-3 所示。

外包尺寸：

$$A'C'+C'B'=2\times\tan22.5°\times\left(\frac{D}{2}+d\right)=2.9d$$

中心线长：

$$ACB=\frac{1}{8}\times\pi\times2\times\left(\frac{D}{2}+\frac{d}{2}\right)=2.36d$$

弯曲调整值：

$$(A'C'+C'B')-ACB=2.9d-2.36d=0.54d\approx0.5d$$

实际工作中，为了计算方便常取弯曲调整值为 $0.5d$。

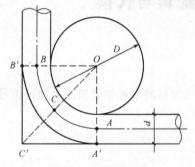

图 2-2　钢筋弯折 90°角

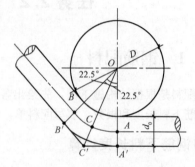

图 2-3　钢筋弯折 45°角

其他角度不再一一推导，根据理论推算并结合实践经验，钢筋弯曲调整值见表2-8。

表2-8　钢筋弯曲调整值

钢筋弯曲角度	30°	45°	60°	90°	135°
钢筋弯曲调整值	0.35d	0.5d	0.85d	2d	2.5d

2. 末端弯钩增加值

（1）光圆钢筋末端弯钩180°角。根据《混凝土结构工程施工质量验收规范》（GB 50204—2015）规定：光圆钢筋末端应作180°弯钩，其弯弧内直径不应小于钢筋直径的2.5倍，弯钩的平直段长度不应小于钢筋直径的3倍。

光圆钢筋末端弯钩180°角时，推算弯钩增加值，如图2-4所示。

中心线长：

$$ABC+CF=\frac{\pi}{2}(D+d)+3d=8.5d$$

弯弧中心至弯弧顶点：

$$AE=\frac{D}{2}+d=2.25d$$

弯钩增加值：

$$(ABC+CF)-AE=8.5d-2.25d=6.25d$$

（2）箍筋末端弯钩135°角。根据《混凝土结构工程施工质量验收规范》（GB 50204—2015）规定：箍筋、拉筋的末端应按设计要求作弯钩，并应符合下列规定：

1）箍筋弯钩的弯弧内直径：光圆钢筋不小于箍筋直径的2.5倍，HRB335、HRB400级钢筋不小于箍筋直径的4倍，且不应小于受力钢筋直径。

2）箍筋弯钩的弯折角度：对一般结构不应小于90°；对有抗震等要求的结构应为135°。

3）箍筋弯后平直部分长度：对一般结构，不宜小于箍筋直径的5倍；对有抗震要求的结构，不应小于箍筋直径的10倍。

箍筋末端弯钩135°角时，推算弯钩增加值，如图2-5所示。

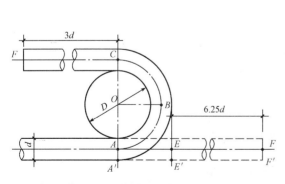

图2-4　光圆钢筋末端弯钩180°角

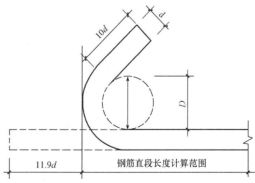

图2-5　抗震结构箍筋末端弯钩135°角

对有抗震要求的结构，矩形箍筋弯钩增加值：

$$\left[\pi\times2\times\left(\frac{2.5d}{2}+\frac{d}{2}\right)\times\frac{135°}{360°}+10d\right]-\left(\frac{2.5d}{2}+d_0\right)=11.9d$$

因此，对有抗震要求的结构，箍筋下料长度：

$$2\times[(b-2c)+(h-2c)]+2\times11.9d-3\times2.29d=2\times[(b-2c)+(h-2c)]+17d$$

对非抗震要求的结构，箍筋弯钩增加值：

$$\left[\pi\times2\times\left(\frac{2.5d}{2}+\frac{d}{2}\right)\times\frac{135°}{360°}+5d\right]-\left(\frac{2.5d}{2}+d_0\right)=6.9d$$

因此，对非抗震要求的结构，矩形箍筋下料长度：

$$2\times[(b-2c)+(h-2c)]+2\times6.9d-3\times2.29d=2\times[(b-2c)+(h-2c)]+7d$$

对非抗震要求的结构，矩形箍筋下料长度也可以按箍筋调整值计算。箍筋调整值即为弯钩增加长度和弯曲调整值两项之和，根据箍筋量外包尺寸或内皮尺寸确定，如图2-6与表2-9所示。

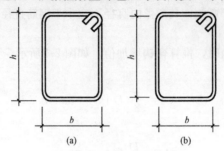

图 2-6　箍筋量度方法

(a)量外包尺寸；(b)量内皮尺寸

表 2-9　箍筋调整值

箍筋量度方法	箍筋直径/mm			
	4~5	6	8	10~12
量外包尺寸	40	50	60	70
量内皮尺寸	80	100	120	150~170

3. 弯起钢筋斜长

弯起钢筋斜长计算简图，如图2-7所示。弯起钢筋斜长系数见表2-10。

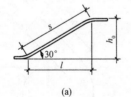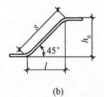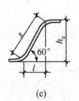

(a) (b) (c)

图 2-7　弯起钢筋斜长计算简图

(a)弯起角度30°；(b)弯起角度45°；(c)弯起角度60°

表 2-10　弯起钢筋斜长系数

弯起角度	$\alpha=30°$	$\alpha=45°$	$\alpha=60°$
斜边长度 s	$2h_0$	$1.41h_0$	$1.15h_0$
底边长度 l	$1.732h_0$	h_0	$0.575h_0$
增加长度 $s-l$	$0.268h_0$	$0.41h_0$	$0.575h_0$
注：h_0 为弯起高度。			

(二)钢筋配料单与料牌

钢筋配料计算完毕,填写配料单,详见表2-11。

列入加工计划的配料单,将每一编号的钢筋制作一块料牌,作为钢筋加工的依据与钢筋安装的标志。钢筋配料单和料牌应严格校核,且必须准确无误,以免返工浪费。

表 2-11 钢筋配料单

构件名称:

钢筋编号	钢筋简图	牌号	直径/mm	下料长度/mm	根数	合计	质量/kg

2.2.2 钢筋代换

当施工中遇有钢筋的品种或规格与设计要求不符时,可参照以下原则进行钢筋代换,钢筋代换应办理设计变更文件。

(1)等强度代换。当构件受强度控制时,钢筋可按强度相等原则进行代换。

(2)等面积代换。当构件按最小配筋率配筋时,钢筋可按面积相等原则进行代换。

(3)当构件受裂缝宽度或挠度控制时,代换后应进行裂缝宽度或挠度验算。

1. 等强度代换

等强度代换,应满足代换后的钢筋拉力大于对于代换前的钢筋拉力,即:

$$A_{s2} \times f_{y2} \geqslant A_{s1} \times f_{y1}$$

即

$$n_2 \geqslant \frac{n_1 d_1^2 f_{y1}}{d_2^2 f_{y2}}$$

式中 n_2——代换钢筋根数;

　　　n_1——原设计钢筋根数;

　　　d_2——代换钢筋直径;

　　　d_1——原设计钢筋直径;

　　　f_{y2}——代换钢筋抗拉强度设计值(表2-12);

　　　f_{y1}——原设计钢筋抗拉强度设计值。

表 2-12 钢筋抗拉、抗压强度设计值　　　　　　　　　　　　　　　N/mm²

项次	钢筋种类		符号	抗拉强度设计值 f_y	抗压强度设计值 f_y'
1	热轧钢筋	HPB300	φ	270	270
		HRB335	Φ	300	300
		HRB400	Φ	360	360
		RRB400	Φ^R	360	360

项次	钢筋种类		符号	抗拉强度设计值 f_y	抗压强度设计值 f'_y
2	冷轧带肋钢筋	LL550		360	360
		LL650		430	380
		LL800		530	380

2. 等面积代换

等面积代换，应满足代换后的钢筋截面面积大于等于代换前的钢筋截面面积，即：

$$A_{s2} \geqslant A_{s1}$$

即

$$n_2 \geqslant n_1 \times \frac{d_1^2}{d_2^2}$$

式中　n_2——代换钢筋根数；

n_1——原设计钢筋根数；

d_2——代换钢筋直径；

d_1——原设计钢筋直径。

3. 钢筋代换注意事项

钢筋代换时，必须充分了解设计意图和代换材料性能，并严格遵守现行《混凝土结构设计规范》(GB 50010—2010)的各项规定；凡重要结构中的钢筋代换，应征得设计单位同意。

(1)对某些重要构件，如吊车梁、薄腹梁、桁架下弦等，不宜用 HPB300 级光圆钢筋代替 HRB335 和 HRB400 级带肋钢筋。

(2)钢筋代换后，应满足配筋构造规定，如钢筋的最小直径、间距、根数、锚固长度等。

(3)同一截面内，可同时配有不同种类和直径的代换钢筋，但每根钢筋的拉力差不应过大(如同品种钢筋的直径差值一般不大于 5 mm)，以免构件受力不匀。

(4)梁的纵向受力钢筋与弯起钢筋应分别代换，以保证正截面与斜截面强度。

(5)偏心受压构件(如框架柱、有吊车厂房柱、桁架上弦等)或偏心受拉构件作钢筋代换时，不取整个截面配筋量计算，应按受力面(受压或受拉)分别代换。

(6)当构件受裂缝宽度控制时，如以小直径钢筋代换大直径钢筋，强度等级低的钢筋代替强度等级高的钢筋，则可不作裂缝宽度验算。

任务 2.3　钢筋加工与检验

2.3.1　钢筋加工设备

(一)钢筋除锈设备

钢筋表层仅有轻微的铁锈薄膜，可以不用除锈直接使用。但是，如果钢筋进场较长时间，尤其历经雨期后，钢筋外表面会形成较厚的锈斑或老锈皮，因此使用前应进行钢筋除锈。

钢筋的除锈，一般可通过以下两个途径实现：一是在钢筋冷拉或钢丝调直过程中除锈，对大量钢筋的除锈较为经济省力；二是用机械方法除锈，如采用电动除锈机除锈，对钢筋的局部除锈较为方便。此外，还可采用手工除锈(用钢丝刷、砂盘)、喷砂和酸洗除锈等。

(二)钢筋调直设备

(1)钢筋调直机。GT6/12 型钢筋调直机外形，如图 2-8 所示。钢筋调直机的技术性能见表 2-13。

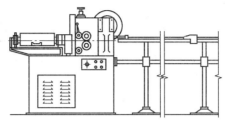

图 2-8　GT6/12 型钢筋调直机

表 2-13　钢筋调直机技术性能

机械型号	钢筋直径 /mm	调直速度 /(m·min⁻¹)	断料长度 /mm	电机功率 /kW	外形尺寸/mm 长×宽×高	机重 /kg
GT3/8	3～8	40、65	300～6 500	9.25	1 854×741×1 400	1 280
GT6/12	6～12	36、54、72	300～6 500	12.6	1 770×535×1 457	1 230

(2)卷扬机调直设备。卷扬机调直设备如图 2-9 所示。两端采用地锚承力。冷拉滑轮组回程采用荷重架，标尺量伸长。该法设备简单，宜用于施工现场。

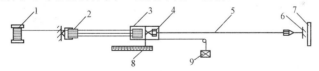

图 2-9　卷扬机调直设备布置

1—卷扬机；2—滑轮组；3—冷拉小车；4—钢筋夹具；5—钢筋；6—地锚；7—防护壁；8—标尺；9—荷重架

(三)钢筋切断设备

(1)钢筋切断机。GQ40 型钢筋切断机外形如图 2-10 所示。钢筋切断机的技术性能，见表 2-14。

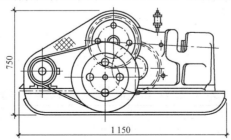

图 2-10　GQ40 型钢筋切断机

表 2-14　钢筋切断机技术性能

机械型号	钢筋直径/mm	每分钟切断次数	切断力/kN	工作压力/(N·mm⁻²)	电机功率/kW	外形尺寸/mm 长×宽×高	质量/kg
GQ40	6~40	40	—	—	3.0	1 150×430×750	600
GQ40B	6~40	40	—	—	3.0	1 200×490×570	450
GQ50	6~50	30	—	—	5.5	1 600×690×915	950
DYQ32B	6~32	—	320	45.5	3.0	900×340×380	145

(2)手动切断器。手动切断器又称压剪，可切断直径 16 mm 以下的钢筋。这种机具体积小，操作简单，便于携带。

(四)钢筋弯曲设备

(1)钢筋弯曲机。GW—40 型钢筋弯曲机外形如图 2-11 所示。GW—40 型钢筋弯曲机每次弯曲根数，见表 2-15。钢筋弯曲机的技术性能，见表 2-16。

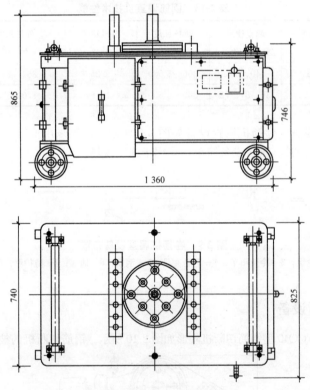

图 2-11　GW—40 型钢筋弯曲机

表 2-15　GW—40 型钢筋弯曲机每次弯曲根数

钢筋直径/mm	10~12	14~16	18~20	22~40
每次弯曲根数	4~6	3~4	2~3	1

表 2-16　钢筋弯曲机技术性能

弯曲机类型	钢筋直径 /mm	弯曲速度 /(r·min⁻¹)	电机功率 /kW	外形尺寸/mm 长×宽×高	质量 /kg
GW—32	6～32	10/20	2.2	875×615×945	340
GW—40	6～40	5	3.0	1 360×740×865	400
GW—40A	6～40	0	3.0	1 050×760×828	450
GW—50	25～50	2.5	4.0	1 450×760×800	580

(2)手工弯曲工具。在缺乏机具设备的条件下，也可采用手摇扳手弯制细钢筋、卡盘与扳头弯制粗钢筋。手动弯曲工具的尺寸，详见表 2-17 与表 2-18。

表 2-17　手摇扳手主要尺寸　　　　　　　　　　　　　　　　　　mm

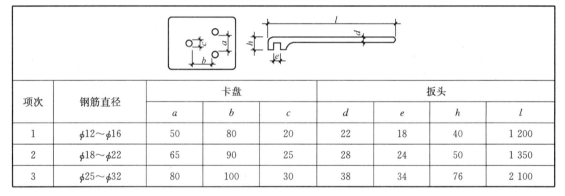

项次	钢筋直径	a	b	c	d
1	φ6	500	18	16	16
2	φ8～φ10	600	22	18	20

表 2-18　卡盘与扳头(横口扳手)主要尺寸　　　　　　　　　　　　mm

项次	钢筋直径	卡盘			扳头			
		a	b	c	d	e	h	l
1	φ12～φ16	50	80	20	22	18	40	1 200
2	φ18～φ22	65	90	25	28	24	50	1 350
3	φ25～φ32	80	100	30	38	34	76	2 100

2.3.2　钢筋加工制作工艺

(一)施工准备

(1)技术准备。熟悉施工图纸，编制钢筋加工技术交底。

(2)材料准备。钢筋的牌号、直径必须符合设计要求，有出厂证明书及复试报告单。

(3)施工机具准备。

1)施工机械。钢筋除锈机、钢筋调直机、钢筋切断机、钢筋弯曲机、对焊机及电弧焊机。

2)工具用具。钢筋加工操作台、钢筋扳子、石笔等。

3)检测设备。钢卷尺、直尺和量角器。

(4)作业条件准备。

1)检查钢筋的出厂合格证，按规定进行复试，并经检验合格。

2)钢筋的规格、数量、几何尺寸经检验合格。

3)钢筋外表面的铁锈，应在绑扎前清除干净，锈蚀严重的钢筋不得使用。

4)钢筋加工场地及设施搭设安装完毕，经验收和试运转符合规定的要求。

(二)施工工艺流程

钢筋加工制作工艺流程，如图 2-12 所示。

(三)施工操作要求

(1)钢筋翻样。根据设计图纸和相关标准图集进行钢筋翻样，并绘制出钢筋加工简图，出具钢筋加工配料单。钢筋加工简图中的各部分尺寸应经过计算应符合设计要求。

(2)钢筋除锈。

1)钢筋表面的油渍、漆污和用锤击时能剥落的铁锈等应在使用前清除干净。

2)钢筋除锈可通过两种途径实现：一是在钢筋冷拉或钢丝调直过程中除锈；二是利用电动除锈机对钢筋局部进行除锈。此外还可采用钢丝刷，砂盘手工除锈。

3)在除锈过程中，发现钢筋表面的氧化铁皮鳞落现象严重并已损伤钢筋截面，或在除锈后钢筋表面有严重的麻坑、斑点伤蚀截面时，应征得设计、监理同意后，降级使用或剔除不用。

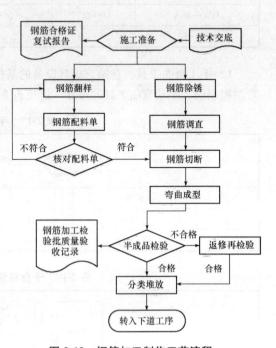

图 2-12　钢筋加工制作工艺流程

(3)钢筋调直。

1)钢筋调直一般采用钢筋调直机进行调直，对局部弯曲可采用人工调直。

2)当采用冷拉方法调直时，HPB300 级钢筋不宜大于 4%，HRB335、HRB400 级钢筋不宜大于 1%，调直后应进行力学性能和重量偏差检验。

3)经调直的钢筋应平直，无局部曲折。

(4)钢筋切断。

1)钢筋切断应以钢筋配料单为依据，钢筋配料单应计算出各种钢筋的下料长度。

2)钢筋切断一般采用钢筋切断机或手动液压切断机进行。

3)将同规格钢筋根据不同长度长短搭配，统筹排料，一般应先断长料，后断短料，减少损耗。

4)断料时应避免用短尺量长料，防止断料过程中产生累积误差，为此，可在工作台上标出尺寸刻度线并设置控制断料尺寸用的挡板。

5)在切断过程中，如发现钢筋有劈裂、缩头严重的弯头等必须切除，如发现钢筋的硬度与该钢种有较大的出入时，应及时向有关人员反映，查明原因。

6)钢筋的断口不得有马蹄形或起弯等现象，钢筋的长度应力求准确，其允许偏差为 ±10 mm 的钢筋。

(5)弯曲成型。

1)钢筋弯曲成型前，对形状复杂的钢筋应根据钢筋配料单上标明的尺寸，用石笔将各弯曲点的位置划出。划线时应注意以下几点。

①根据不同的弯曲角度扣除弯曲调整值，其扣法是从相邻两段长度中各扣一半。

②钢筋端部带半圆弯钩时，该段长度划线时应增加 $0.5d$。

③划线工作宜从钢筋中点开始向两边进行，两边不对称的钢筋也可从钢筋一端开始划线，划到另一端有出入时则应重新调整。

2)钢筋弯曲成型一般采用钢筋弯曲机进行，在缺乏机具设备的条件下，也可采用手摇扳手弯制细钢筋($\phi6 \sim \phi8$)，采用卡盘与横口扳手弯制粗钢筋($\phi12$ 以上)。

(6)钢筋半成品检验。对已经加工成型的钢筋半成品，必须经专职质检员检验合格后，报送监理工程师验收，并填写《钢筋加工检验批质量验收记录》。钢筋半成品应分类堆放，并且挂钢筋半成品检验标识牌。

2.3.3 钢筋加工质量验收标准

(一)主控项目

(1)钢筋弯折的弯弧内直径应符合下列规定：

1)光圆钢筋，不应小于钢筋直径的 2.5 倍。

2)335 MPa 级、400 MPa 级带肋钢筋，不应小于钢筋直径的 4 倍。

3)500 MPa 级带肋钢筋，当直径为 28 mm 以下时不应小于钢筋直径的 6 倍，当直径为 28 mm 及以上时不应小于钢筋直径的 7 倍。

4)箍筋弯折处尚不应小于纵向受力钢筋直径。

检查数量：按每工作班同一类型钢筋、同一加工设备抽查不应少于 3 件。

检验方法：尺量。

(2)纵向受力钢筋的弯折后平直段长度应符合设计要求。光圆钢筋末端作 180°弯钩时，弯钩的平直段长度不应小于钢筋直径的 3 倍。

检查数量：按每工作班同一类型钢筋、同一加工设备抽查不应少于 3 件。

检验方法：尺量。

(3)箍筋、拉筋的末端应按设计要求作弯钩，并应符合下列规定：

1)对一般结构构件，箍筋弯钩的弯折角度不应小于 90°，弯折后平直段长度不应小于箍筋直径的 5 倍；对有抗震设防要求或设计有专门要求的结构构件，箍筋弯钩的弯折角度不应小于135°，弯折后平直段长度不应小于箍筋直径的 10 倍。

2)圆形箍筋的搭接长度不应小于其受拉锚固长度，且两末端弯钩的弯折角度不应小于 135°，弯折后平直段长度对一般结构构件不应小于箍筋直径的 5 倍，对有抗震设防要求的结构构件不应小于箍筋直径的 10 倍。

3)梁、柱复合箍筋中单肢箍筋两端弯钩的弯折角度均不应小于 135°，弯折后平直段长度应符合上述 1)对箍筋的有关规定。

检查数量：按每工作班同一类型钢筋、同一加工设备抽查不应少于 3 件。

检验方法：尺量。

(4)盘卷钢筋调直后应进行力学性能和重量偏差检验，其强度应符合国家现行有关标准的规定，其断后伸长率、重量偏差应符合表 2-19 的规定。力学性能和重量偏差检验应符合下列规定：

1)应对3个试件先进行重量偏差检验，再取其中2个试件进行力学性能检验。

2)重量偏差应按下式计算：

$$\Delta = \frac{W_d - W_0}{W_0} \times 100$$

式中 Δ——重量偏差(%)；

W_d——3个调直钢筋试件的实际重量之和(kg)；

W_0——钢筋理论重量(kg)，取每米理论重量(kg/m)与3个调直钢筋试件长度之和(m)的乘积。

3)检验重量偏差时，试件切口应平滑并与长度方向垂直，其长度不应小于500 mm；长度和重量的量测精度分别不应低于1 mm和1 g。

采用无延伸功能的机械设备调直的钢筋，可不进行本条规定的检验。

表2-19　盘卷钢筋调直后的断后伸长率、重量偏差要求

钢筋牌号	断后断伸长率A /%	重量偏差/%	
		直径6~12 mm	直径14~16 mm
HPB300	≥21	≥-10	—
HRB335、HRBF335	≥16	≥-8	≥-6
HRB400、HRBF400	≥15		
RRB400	≥13		
HRB500、HRBF500	≥14		

注：断后断伸长率A的量测标距为5倍钢筋直径。

检查数量：同一加工设备、同一牌号、同一规格的调直钢筋，重量不大于30 t为一批，每批见证取样3个试件。

检验方法：检查抽样检验报告。

(二)一般项目

钢筋加工的形状、尺寸应符合设计要求，其偏差应符合表2-20的规定。

检查数量：按每工作班同一类型钢筋、同一加工设备抽查不应少于3件。

检验方法：尺量。

表2-20　钢筋加工的允许偏差

项　　目	允许偏差/mm
受力钢筋沿长度方向的净尺寸	±10
弯起钢筋的弯折位置	±20
箍筋外廓尺寸	±5

2.3.4　钢筋加工成品保护措施

(1)加工成型的钢筋应挂牌标识，应将不同规格、不同形状的钢筋分别捆绑堆放。

(2)不得踩踏已加工成型的钢筋。

(3)加工成型的钢筋应堆放整齐，防止受压变形。

2.3.5 钢筋加工安全文明施工措施

(1)配备必要的安全防护装备(防滑鞋、手套、工具袋等),并正确使用。
(2)施工机械应有防护装置,应有可靠接地。
(3)钢筋搬运过程中应注意安全保护,防止钢筋碰伤、挤伤人。

2.3.6 钢筋加工质量记录及样表

1. 钢筋加工质量记录

钢筋加工应形成以下质量记录:

表 G3-5 钢筋加工检验批质量验收记录。

注:以上表式采用《河北省建筑工程资料管理规程》[DB13(J)/T 145—2012]所规定的表式。

2. 钢筋加工检验质量记录样表

(1)《钢筋加工检验批质量验收记录》样表见表 G3-5。

表 G3-5 钢筋加工检验批质量验收记录

工程名称			分项工程名称			验收部位		
施工单位						项目经理		
施工执行标准名称及编号			《混凝土结构工程施工质量验收规范》(GB 50204—2015)			专业工长		
分包单位			分包项目经理			施工班组长		
检控项目	序号	质量验收规范的规定			施工单位检查评定记录		监理(建设)单位验收记录	
主控项目	1	钢筋弯折的弯弧内直径		5.3.1条				
	2	钢筋弯折后平直段长度		5.3.2条				
	3	箍筋、拉筋的末端弯钩		5.3.3条				
	4	盘卷钢筋调直		5.3.4条				
一般项目		项目	允许偏差/mm		量测值/mm			
	1	受力钢筋沿长度方向的净尺寸	±10					
	3	弯起钢筋的弯折位置	±20					
	4	箍筋外廓尺寸	±5					
施工单位检查评定结果		项目专业质量检查员:					年 月 日	
监理(建设)单位验收结论		监理工程师(建设单位项目专业技术负责人):					年 月 日	

任务2.4 钢筋焊接与检验

常用的钢筋焊接方法有电弧焊、闪光对焊、电渣压力焊、气压焊等焊接工艺。钢筋焊接应遵循以下规范规程：

(1)《建筑工程施工质量验收统一标准》(GB 50300—2013)。

(2)《混凝土结构工程施工质量验收规范》(GB 50204—2015)。

(3)《钢筋焊接及验收规程》(JGJ 18—2012)。

2.4.1 电弧焊焊接工艺与接头检验

(一)施工准备

1. 技术准备

(1)从事电弧焊的焊工必须持有电弧焊焊工考试合格证书才能上岗操作。

(2)编制电弧焊钢筋焊接施工技术交底。

(3)选择合适的焊条型号、直径和电焊机。

2. 材料准备

(1)钢筋。钢筋的牌号、直径必须符合设计要求，有出厂证明书及复试报告单。

(2)焊条或焊丝。钢筋电弧焊所用焊条和二氧化碳气体保护焊所用焊丝的型号应符合设计规定，焊条、焊丝必须有出厂合格证。如设计无规定时，可按表2-21选用。

表 2-21 钢筋电弧焊所采用焊条、焊丝型号

钢筋牌号	电弧焊接头形式			
	帮条焊 搭接焊	坡口焊 熔槽帮条焊 预埋件穿孔塞焊	窄间隙焊	钢筋与钢板搭接焊 预埋件T形角焊
HPB300	E4303 ER50—X	E4303 ER50—X	E4316 E4315 ER50—X	E4303 ER50—X
HRB335 HRBF335	E5003 E4303 E5016 E5015 ER50—X	E5003 E5016 E5015 ER50—X	E5016 E5015 ER50—X	E5003 E4303 E5016 E5015 ER50—X
HRB400 HRBF400	E5003 E5516 E5515 ER50—X	E5503 E5516 E5515 ER55—X	E5516 E5515 ER55—X	E5003 E5516 E5515 ER50—X

钢筋牌号	电弧焊接头形式			
	帮条焊 搭接焊	坡口焊 熔槽帮条焊 预埋件穿孔塞焊	窄间隙焊	钢筋与钢板搭接焊 预埋件 T 形角焊
HRB500 HRBF500	E5503 E6003 E6016 E6015 ER55－X	E6003 E6016 E6015	E6016 E6015	E5503 E6003 E6016 E6015 ER55－X
RRB400W	E5003 E5516 E5515 ER50－X	E5503 E5516 E5515 ER55－X	E5516 E5515 ER55－X	E5003 E5516 E5515 ER50－X

注：字母 E(Electrode)表示焊条；前两位数字表示熔敷金属抗拉强度的最小值；第三位数字表示焊条的焊接位置；第三位和第四位数字组合表示焊接电流种类及药皮类型。凡后两位数字为"03"的焊条，为钛钙型药皮焊条，交流、直流焊机均可，工艺性能良好，是最常用的焊条之一。

3. 施工机具准备

(1)施工机械。弧焊机有直流与交流之分，常用的是交流弧焊机。建筑工地常用交流弧焊机的技术性能，见表 2-22。

(2)工具用具。面罩、錾子、钢丝刷、锉刀、尖头、榔头等。

(3)检测设备。钢尺。

表 2-22　常用交流弧焊机的技术性能

项　目		BX₃—12—1	BX₃—300—2	BX₃—500—2	BX₂—1000 (BC—1000)
额定焊接电流/A		120	300	500	1 000
初级电压/V		220/380	380	380	220/380
次级空载电压/V		70～75	70～78	70～75	69～78
额定工作电压/V		25	32	40	42
额定初级电流/A		41/23.5	61.9	101.4	340/196
焊接电流调节范围/A		20～160	40～400	60～600	400～1 200
额定持续率/%		60	60	60	60
额定输入功率/(kV·A)		9	23.4	38.6	76
各持续率时功率	100%/(kV·A)	7	18.5	30.5	—
	额定持续率/(kV·A)	9	23.4	38.6	76

项　　目		BX₃—12—1	BX₃—300—2	BX₃—500—2	BX₂—1000 (BC—1000)
各持续率时焊接电流	100%/(kV·A)	93	232	388	775
	额定持续率/(kV·A)	120	300	500	1 000
功率因数 cosφ		—	—	—	0.62
效率/%		80	82.5	87	90
外形尺寸(长×宽×高)/mm		485×470×680	730×540×900	730×540×900	744×950×1 220
质量/kg		100	183	225	560

4. 作业条件准备

(1)正式焊接前,每个电焊工应对其在工程中准备进行电弧焊的主要规格的钢筋各焊3个模拟试件,做拉伸试验,试验合格后,方可进行焊接作业。

(2)电源应符合要求。

(3)作业场地要有安全防护设施、防火和必要的通风措施。

(二)电弧焊焊接工艺

电弧焊焊接工艺流程,如图2-13所示。

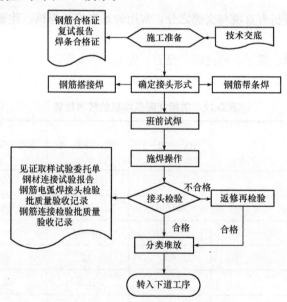

图 2-13　电弧焊焊接工艺流程

(三)电弧焊焊接操作要求

(1)确定接头形式。电弧焊可分为搭接焊、帮条焊、坡口焊、窄间隙焊和熔槽帮条焊5种接头形式,如图2-14所示。其中,搭接焊、帮条焊是钢筋电弧焊常用焊接接头。

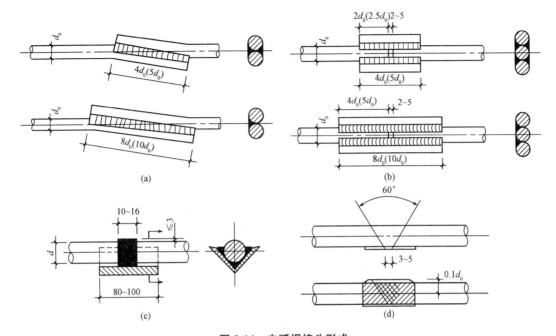

图 2-14 电弧焊接头形式

(a)搭接焊；(b)帮条焊；(c)熔槽帮条焊；(d)坡口焊

1)钢筋帮条焊。

①钢筋帮条焊适用于 HPB300、HRB335、HRBF335、HRB400、HRBF400、HRB500、HRBF500、RRB400W 钢筋。钢筋帮条焊宜采用双面焊，不能进行双面焊时，也可采用单面焊，如图 2-14(b)所示。帮条长度 l 应符合表 2-23 的规定。当帮条牌号与主筋相同时，帮条直径可与主筋相同或小一个规格；当帮条直径与主筋相同时，帮条牌号可与主筋相同或低一个牌号。

表 2-23 钢筋帮条长度

钢筋牌号	焊缝形式	帮条长度 l
HPB300	单面焊	$\geqslant 8d$
	双面焊	$\geqslant 4d$
HRB335，HRBF335，HRB400，HRBF400，HRB500，HRBF500，RRB400W	单面焊	$\geqslant 10d$
	双面焊	$\geqslant 5d$
注：d 为主筋直径(mm)。		

②钢筋帮条焊接头的焊缝厚度 s 不应小于主筋直径 $0.3d$，焊缝宽度 b 不应小于主筋直径 $0.8d$，如图 2-15 所示。

③钢筋帮条焊时，钢筋的装配和焊接应符合下列要求：

a. 帮条焊时，两主筋端面的间隙应留 2～5 mm。

b. 帮条焊时，帮条与主筋之间应用四点定位焊固定，定位焊缝与帮条端部的距离宜大于或等于 20 mm。

c. 焊接时，引弧从帮条的一端开始，收弧在帮条钢筋端头上，

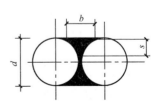

图 2-15 焊缝尺寸示意图

b—焊缝宽度；s—焊缝厚度；
d—钢筋直径

弧坑应填满。第一层焊缝应有足够的熔深，主焊缝与定位焊缝，特别是在定位焊缝的始端与终端，应熔合良好。

2)钢筋搭接焊。

①钢筋搭接焊适用于 HPB300、HRB335、HRBF335、HRB400、HRBF400、HRB500、HRBF500、RRB400W 钢筋。焊接时，宜采用双面焊，不能进行双面焊时，也可采用单面焊，如图 2-14(a)所示。搭接长度 l 与帮条长度相同，见表 2-23。

②钢筋搭接焊接头的焊缝厚度 s 不应小于主筋直径 $0.3d$，焊缝宽度 b 不应小于主筋直径 $0.8d$，如图 2-15 所示。

③搭接焊时，钢筋的装配和焊接应符合下列要求：

a. 搭接焊时，焊接端钢筋应预弯，并应使两钢筋的轴线在同一直线上。

b. 搭接焊时，用两点固定，定位焊缝与搭接端部距离宜大于或等于 20 mm。

c. 焊接时，引弧应在搭接钢筋的一端开始，收弧应在搭接钢筋端头上，弧坑应填满。第一层焊缝应有足够的熔深，主焊缝与定位焊缝，特别是在定位焊缝的始端与终端，应熔合良好。

图 2-15　焊缝尺寸示意图
b—焊缝宽度；s—焊缝厚度；
d—钢筋直径

(2)班前试焊。

1)检查电源、焊机及工具。焊接地线应与钢筋接触良好，防止因起弧而烧伤钢筋。

2)选择焊接参数。根据钢筋级别、直径、接头形式和焊接位置，选择适宜焊条型号、直径、焊接层数和焊接电流，保证焊缝与钢筋熔合良好。

(3)施焊操作。

1)定位。焊接时应先焊定位点再施焊。

2)引弧。带有垫板或帮条的接头，引弧应在钢板或帮条上进行。无钢筋垫板或无帮条的接头，引弧应在形成焊缝的部位，防止烧伤主筋。

3)运条。平焊时，一般采用右焊法，焊条与工作表面成 70°，熔池控制成椭圆形；运条时的直线前进、横向摆动和送进焊条三个动作要协调平稳；焊接过程中应有足够的熔深，避免气孔、夹渣和烧伤缺陷。

4)收弧。收弧时，应将熔池填满，拉灭电弧时，注意不要在工作表面造成电弧擦伤。

5)多层焊。如钢筋直径较大、需要进行多层施焊时，应分层间断施焊，每焊一层后应清渣再焊接下一层。应保证焊缝的高度和长度。

(4)过程检验。在钢筋焊接过程中，首先应由焊工对所焊接头认真进行自检；然后由施工单位专业质量检查员检验，监理(建设)单位进行验收。抽取焊接接头试件时，应在监理人员见证下取样。委托指定试验单位试验，并出具《钢材连接试验报告》。钢筋焊接接头经外观检查和力学性能检验合格后，填写《钢筋电弧焊接头检验批质量验收记录》。焊接钢筋绑扎完成后，经隐蔽验收再填写《钢筋连接检验批质量验收记录》。

(四)电弧焊接头质量检验

1. 验收批划分及接头取样

《钢筋焊接及验收规程》(JGJ 18—2012)规定电弧焊接头检验批划分及接头取样规则如下：

(1)在现浇混凝土结构中，应以 300 个同牌号钢筋、同形式接头作为一批；在房屋结构中，应在不超过两楼层中 300 个同牌号钢筋、同形式接头作为一批。每批随机切取 3 个接头，做拉伸试验。

（2）在装配式结构中，可按生产条件制作模拟试件，每批3个，做拉伸试验。

（3）钢筋与钢板电弧搭接焊接头可只进行外观检查。

（4）当模拟试件试验结果不符合要求时，应进行复验。复验应从现场焊接接头中切取，其数量和要求与初始试验时相同。

注：在同一批中，若有3种不同直径的钢筋焊接接头，应在最大直径钢筋接头和最小直径钢筋接头中分别切取3个试件进行拉伸试验。

2. 主控项目

电弧焊接头试件拉伸试验，应从每一检验批接头中随机切取3个接头进行试验，并按下列规定对试验结果进行评定。

（1）符合下列条件之一的，应评定该检验批接头拉伸试验合格。

1）3个试件均断于钢筋母材，呈延性断裂，其抗拉强度大于或等于钢筋母材抗拉强度标准值。

2）2个试件断于钢筋母材，呈延性断裂，其抗拉强度大于或等于钢筋母材抗拉强度标准值；另一试件断于裂缝，呈脆性断裂，其抗拉强度大于或等于钢筋母材抗拉强度标准值的1.0倍。

注：试件断于热影响区，呈延性断裂，应视作断于钢筋母材等同；试件断于热影响区，呈延性断裂，应视作断于焊缝等同。

（2）符合下列条件之一的，应进行复验。

1）2个试件断于钢筋母材，呈延性断裂，其抗拉强度大于或等于钢筋母材抗拉强度标准值；另一试件断于裂缝或热影响区，呈脆性断裂，其抗拉强度小于钢筋母材抗拉强度标准值的1.0倍。

2）1个试件断于钢筋母材，呈延性断裂，其抗拉强度大于或等于钢筋母材抗拉强度标准值；另2个试件断于裂缝或热影响区，呈脆性断裂，其抗拉强度小于钢筋母材抗拉强度标准值的1.0倍。

（3）3个试件均断于裂缝，呈脆性断裂，其抗拉强度小于钢筋母材抗拉强度标准值的1.0倍，应进行复验。当3个试件中有1个试件抗拉强度小于钢筋母材抗拉强度标准值的1.0倍，应评定该检验批接头拉伸试验不合格。

（4）复验时，应切取6个试件进行试验。试验结果，若有4个或4个以上试件断于钢筋母材，呈延性断裂，其抗拉强度大于或等于钢筋母材抗拉强度标准值，另2个或2个以下试件断于裂缝，呈脆性断裂，其抗拉强度大于或等于钢筋母材抗拉强度标准值的1.0倍，应评定该检验批接头拉伸试验复验合格。

3. 一般项目

电弧焊接头外观检查，其检查结果应符合下列要求：

（1）焊缝表面应平整，不得有凹陷或焊瘤。

（2）焊接接头区域不得有肉眼可见的裂纹。

（3）焊缝余高应为2～4 mm。

（4）咬边深度、气孔、夹渣等缺陷允许值及接头尺寸的允许偏差，应符合表2-24的规定。

焊接接头外观检查时，首先应由焊工对所焊接头或制品进行自检；在自检合格的基础上由施工单位专业质量检查员检查，并填写《钢筋焊接接头检验批质量验收记录》。由监理（建设）单位对检验批有关资料进行检查，组织项目专业质量检查员等进行验收，并填写记录。

表 2-24　钢筋电弧焊接头尺寸偏差及缺陷允许值

名称		单位	接头形式		
			帮条焊	搭接焊、钢筋 与钢板搭接焊	坡口焊、窄间隙焊、 熔槽帮条焊
帮条沿接头中心线的纵向偏移		mm	0.3d	—	—
接头处弯折角度		°	2	2	2
接头处钢筋轴线的偏移		mm	(0.1d, 1)	(0.1d, 1)	(0.1d, 1)
焊缝宽度		mm	+0.1d	+0.1d	
焊缝长度		mm	−0.3d	−0.3d	
横向咬边深度		mm	0.5	0.5	0.5
在长 2d 焊缝表面上的 气孔及夹渣	数量	个	2	2	—
	面积	mm²	6	6	—
在全部焊缝表面上的 气孔及夹渣	数量	个			2
	面积	mm²			6
注：d 为钢筋直径(mm)。					

1)纵向受力钢筋焊接接头外观检查时，每一检验批中应随机抽取 10％ 的焊接接头。检查结果，当外观质量各小项不合格数均小于或等于抽检数的 15％ 时，则该批焊接接头外观质量评为合格。

2)当某一小项不合格数超过抽检数的 15％ 时，应对该批焊接接头该小项逐个进行复检，并剔出不合格接头；对外观检查不合格接头采取修整或焊补措施后，可提交二次验收。

2.4.2　闪光对焊焊接工艺与接头检验

闪光对焊是将两钢筋安放成对接形式，利用电阻热使接触点金属熔化，产生强烈飞溅，形成闪光，迅速施加顶锻力完成的一种压焊方法。闪光对焊既适用于竖向钢筋的连接，又适用于水平钢筋的连接。

(一)施工准备

1. 技术准备

(1)从事闪光对焊的焊工必须持有闪光对焊焊工考试合格证书才能上岗操作。

(2)根据钢筋牌号、直径以及钢筋端面平整情况，选择焊接工艺。

(3)通过班前试焊，合理选择焊接参数。

(4)编制闪光对焊钢筋焊接施工技术交底。

2. 材料准备

钢筋的牌号、直径必须符合设计要求，有出厂证明书及复试报告单。

3. 施工机具准备

(1)施工机械。对焊机及配套的对焊平台。常用的 UN₁—75 型手动对焊机，如图 2-16 所示。

常用对焊机的技术性能，见表2-25。

(2)工具用具。防护深色眼镜、电焊手套、绝缘鞋、钢丝刷。

(3)检测设备。钢尺。

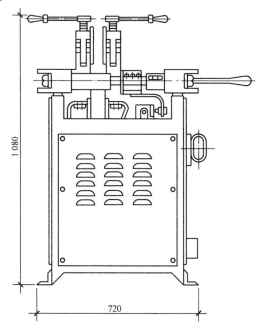

图 2-16 UN₁—75 型手动对焊机

表 2-25 常用对焊机技术性能

项次	项目	单位	焊机型号			
			UN₁—75	UN₁—100	UN₂—150	UN₁₇—150—1
1	额定容量	kV·A	75	100	150	150
2	初级电压	V	220/380	380	380	380
3	次级电压调节范围	V	3.52~7.94	4.5~7.6	4.05~8.1	3.8~7.6
4	次级电压调节级数		8	8	15	15
5	额定持续率	%	20	20	20	50
6	钳口夹紧力	kN	20	40	100	160
7	最大顶锻力	kN	30	40	65	80
8	钳口最大距离	mm	80	80	100	90
9	动钳口最大行程	mm	30	50	27	80
10	动钳口最大烧化行程	mm				20
11	焊件最大预热压缩量	mm			10	
12	连续闪光焊时钢筋最大直径	mm	12~16	16~20	20~25	20~25
13	预热闪光焊时钢筋最大直径	mm	32~36	40	40	40
14	生产率	次/h	75	20~30	80	120
15	冷却水消耗量	L/h	200	200	200	500

项次	项目	单位	焊机型号			
			UN₁—75	UN₁—100	UN₂—150	UN₁₇—150—1
16	压缩空气：压力	N/mm²			5.5	6
	消耗量	m³/h			15	5
17	焊机重量	kg	445	465	2 500	1 900
18	外形尺寸：长	mm	1 520	1 800	2 140	2 300
	宽	mm	550	550	1 360	1 100
	高	mm	1 080	1 150	1 380	1 820

4. 作业条件准备

(1)对焊机及配套装置等应符合要求。

(2)熟悉料单，弄清接头位置，做好技术交底。

(3)作业场地要有安全防护设施、防火和必要的通风措施。

(二)闪光对焊焊接工艺流程

闪光对焊焊接工艺流程，如图 2-17 所示。

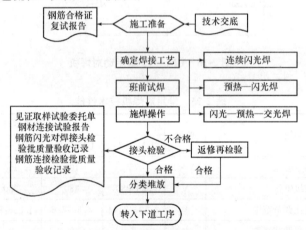

图 2-17　闪光对焊焊接工艺流程

(三)闪光对焊焊接操作要求

1. 确定焊接工艺

焊接工艺方法选择，应符合下列要求：

(1)连续闪光焊。若钢筋直径较小、钢筋牌号较低，可采用连续闪光焊。采用连续闪光焊所能焊接的最大钢筋直径应符合表 2-26 的规定。

表 2-26　连续闪光焊钢筋直径上限

焊机容量/(kV·A)	钢筋牌号	钢筋直径/mm
160 (150)	HPB300	22
	HRB335、HRBF335	22
	HRB400、HRBF400	20

焊机容量/(kV·A)	钢筋牌号	钢筋直径/mm
100	HPB300 HRB335、HRBF335 HRB400、HRBF400	20 20 18
80 (75)	HPB300 HRB335、HRBF335 HRB400、HRBF400	16 14 12

(2)预热—闪光焊。当超过表2-26中规定，且钢筋端面较平整，宜采用预热—闪光焊。

(3)闪光—预热—闪光焊。当超过表2-26中规定，且钢筋端面不够平整，宜采用闪光—预热—闪光焊。

2. 班前试焊

(1)检查电源、焊机及工具。焊接电极应与钢筋接触良好。

(2)选择焊接参数。闪光对焊时，应合理选择调伸长度、烧化留量、顶锻留量以及变压器级数等焊接参数。连续闪光焊的留量如图2-18所示。

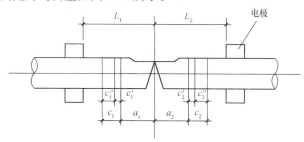

图2-18 连续闪光焊各项留量图解

L_1、L_2—调伸长度；a_1+a_2—闪光留量；c_1+c_2—顶段留量；
$c_1'+c_2'$—有电顶段留量；$c_1''+c_2''$—无电顶段留量

调伸长度是指焊接前，两钢筋端部从电极钳口伸出的长度。调伸长度的选择与钢筋品种和直径有关，应使接头能均匀加热，并使钢筋顶锻时不致发生旁弯。调伸长度取值：HPB300级钢筋为$(0.75\sim1.25)d$（d—钢筋直径），HRB335与HRB400级钢筋为$(1.0\sim1.5)d$；直径小的钢筋取大值。

3. 施焊操作

(1)连续闪光焊。通电后，借助操作杆使两钢筋端面轻微接触，使其产生电阻热，钢筋端面的凸出部分熔化，熔化的金属颗粒向外喷射形成闪光，徐徐不断地移动钢筋形成连续闪光，达到预定的烧化留量，迅速进行顶锻，完成整个连续闪光焊接。

(2)预热—闪光焊。通电后应使两根钢筋端面交替接触和分开，使钢筋端面之间发生间断闪光，形成预热过程。当预热过程完成，应立即转入连续闪光和顶锻。

(3)闪光—预热—闪光焊。通电后，应首先进行闪光，当钢筋端面平整时，应立即进行预热、闪光及顶锻过程。

4. 过程检验

在钢筋焊接过程中，首先应由焊工对所焊接头认真进行自检，然后由施工单位专业质量检查员检验，监理(建设)单位进行验收。抽取焊接接头试件时，应在监理人员见证下取样。委托指定试验单位试验，并出具《钢材连接试验报告》。钢筋焊接接头经外观检查和力学性能检验合格后，填写《钢筋闪光对焊接头检验批质量验收记录》。焊接钢筋绑扎完成后，经隐蔽验收再填写《钢筋连接检验批质量验收记录》。

(四)闪光对焊接头质量检验

1. 检验批划分及接头取样

《钢筋焊接及验收规程》(JGJ 18—2012)规定，闪光对焊检验批划分及接头取样规则。

(1)在同一台班内，由同一焊工完成的 300 个同牌号、同直径钢筋焊接接头应作为一批。当同一台班内焊接的接头数量较少，可在一周之内累计计算；累计仍不足 300 个接头时，应按一批计算。

(2)力学性能检验时，应从每批接头中随机切取 6 个接头，其中 3 个做拉伸试验、3 个做弯曲试验。

(3)异直径钢筋接头可只做拉伸试验。

2. 主控项目

(1)闪光对焊接头试件拉伸试验，其试验结果同电弧焊接头拉伸试验结果。

(2)闪光对焊接头试件弯曲试验，应从每一个检验批接头中随机切取 3 个接头，焊缝应处于弯曲中心点，弯心直径和弯曲角应符合表 2-27 规定。

表 2-27　钢筋闪光对焊接头弯曲试验指标

钢筋牌号	弯心直径	弯曲角/°
HPB300	2d	90
HRB335、HRBF335	4d	90
HRB400、HRBF400、RRB400W	5d	90
HRB500、HRBF500	7d	90

注：1. d 为钢筋直径(mm)。
　　2. 直径大于 25 mm 的钢筋焊接接头，弯心直径应增加 1 倍钢筋直径。

3. 一般项目

闪光对焊接头外观质量检查，其检查结果应符合下列要求：

(1)对焊接头表面应呈圆滑、带毛刺状，不得有肉眼可见的裂纹。

(2)与电极接触处的钢筋表面不得有明显烧伤。

(3)接头处的弯折角不得大于 2°。

(4)接头处的轴线偏移不得大于钢筋直径的 0.1 倍，且不得大于 1 mm。

焊接接头外观检查时，首先应由焊工对所焊接头或制品进行自检；在自检合格的基础上由施工单位专业质量检查员检查，并填写《钢筋焊接接头检验批质量验收记录》。由监理(建设)单位对检验批有关资料进行检查，组织项目专业质量检查员等进行验收并填写记录。

1)纵向受力钢筋焊接接头外观检查时，每一检验批中应随机抽取 10%的焊接接头。检查结果，当外观质量各小项不合格数均小于或等于抽检数的 15%时，则该批焊接接头外观质量评为合格。

2)当某一小项不合格数超过抽检数的 15%时，应对该批焊接接头该小项逐个进行复检，并剔出不合格接头；对外观检查不合格接头采取修整或焊补措施后，可提交二次验收。

(五)箍筋闪光对焊接头质量检验

1．检验批划分及接头取样

《钢筋焊接及验收规程》(JGJ 18—2012)规定，箍筋闪光对焊检验批划分及接头取样规则如下：

(1)在同一台班内，由同一焊工完成的 600 个同牌号、同直径箍筋闪光对焊接头应作为一批；如果超出 600 个接头，其超出部分可以与下一台班完成接头累计计算。

(2)每一检验批中，应随机抽取 5％的接头进行外观质量检查。

(3)每个检验批中，应随机切取 3 个对焊接头做拉伸试验。

2．主控项目

箍筋闪光对焊接头试件拉伸试验，其试验结果同电弧焊接头拉伸试验结果。

3．一般项目

箍筋闪光对焊接头外观质量检查，其检查结果应符合下列要求：

(1)对焊接头表面应呈圆滑、带毛刺状，不得有肉眼可见的裂纹。

(2)接头处的轴线偏移不得大于钢筋直径的 0.1 倍，且不得大于 1 mm。

(3)对焊接头所在直线边的顺直度检验结果凹凸不得大于 5 mm。

(4)对焊箍筋外皮尺寸应符合设计图纸的规定，允许偏差应为±5 mm。

(5)与电极接触处的钢筋表面不得有明显烧伤。

2.4.3 电渣压力焊焊接工艺与接头检验

电渣压力焊是将钢筋安装成竖向对接形式，利用焊接电流通过两钢筋端面间隙，在焊剂层下形成电弧过程和电渣过程，产生电弧热和电阻热，熔化钢筋并加压完成的一种压焊方法。这种焊接方法适用于现浇钢筋混凝土结构中竖向或斜向(倾斜度不大于 10°)钢筋的连接。

(一)施工准备

1．技术准备

(1)从事电渣压力焊的焊工必须持有电渣压力焊焊工考试合格证书才能上岗操作。

(2)通过班前试焊，合理选择焊接参数。

(3)编制电渣压力焊钢筋焊接施工技术交底。

2．材料准备

(1)钢筋。钢筋的牌号、直径必须符合设计要求，有出厂证明书及复试报告单。

(2)焊剂。焊剂必须有出厂合格证。

1)常用焊剂型号 HJ431，为一种高锰高硅低氟焊剂，不涉及填充焊丝。

2)焊剂存放在干燥的仓库内，当受潮时，在使用前应经 250 ℃～300 ℃烘焙 2 h。

3)使用中回收的焊剂，应除去熔渣和杂物，并应与新焊剂混合均匀后使用。

3．施工机具准备

(1)施工机械。电渣压力焊机、控制箱、焊接夹具等。钢筋电渣压力焊设备示意图，如图 2-19 所示。常用电渣压力焊机可采用一般的 BX_3-500 型与 BX_2-1000 型交流弧焊机，也可采用 JSD-600 型与

JSD-1000 型专用焊机。竖向钢筋电渣压力焊电源性能，见表2-28。

(2)工具用具。防护深色眼镜、电焊手套、绝缘鞋、钢丝刷。

(3)检测设备。钢尺。

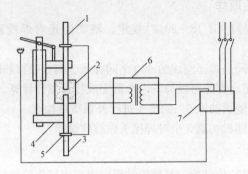

图 2-19　钢筋电渣压力焊设备示意图

1—上钢筋；2—焊剂盒；3—下钢筋；4—焊接机头；5—焊钳；6—焊接电源；7—控制箱

表 2-28　竖向钢筋电渣压力焊电源性能

项　　目	单　　位	JSD-600 型		JSD-1000 型	
电源电压	V	380		380	
相数	相	1		1	
输入容量	kV·A	45		76	
空载电压	V	80		78	
负载持续率	%	60	35	60	35
初级电流	A	116		196	
次级电流	A	600	750	1 000	1 200
次级电压	V	22～45		22～45	
焊接钢筋直径	mm	14～32		22～40	

4. 作业条件准备

(1)电渣压力焊机及配套装置等应符合要求。

(2)熟悉料单，弄清接头位置，做好技术交底。

(二)电渣压力焊焊接工艺

电渣压力焊焊接工艺流程，如图 2-20 所示。

(三)电渣压力焊焊接操作要求

1. 班前试焊

(1)检查电源、焊机及工具。焊接电极应与钢筋接触良好。

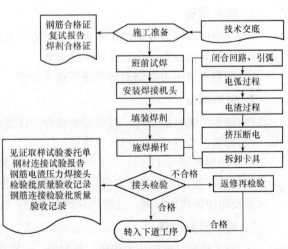

图 2-20　电渣压力焊焊接工艺流程

(2)选择焊接参数。钢筋电渣压力焊的焊接参数主要包括焊接电流、焊接电压和焊接通电时间。采用 HJ431 焊剂时，焊接参数参见表 2-29。

表 2-29　钢筋电渣压力焊焊接参数

钢筋直径/mm	焊接电流/A	焊接电压/V		焊接通电时间/s	
		电弧过程	电渣过程	电弧过程	电渣过程
12	280～320			12	2
14	300～350			13	4
16	300～350			15	5
18	300～350			16	6
20	350～400	35～45	18～22	18	7
22	350～400			20	8
25	350～400			22	9
28	400～450			25	10
32	450～500			30	11

2. 安装焊接机头

(1)夹具下钳口应夹紧于钢筋端部的适当位置，一般为 1/2 焊剂罐高度偏下 5～10 mm，以确保焊接处的焊剂有足够的埋深。

(2)不同直径钢筋焊接时，上下两钢筋轴线应在同一直线上。

(3)上钢筋放入夹具钳口后，调准动夹头起始点，使上下钢筋的焊接部位处于同轴状态，夹紧钢筋。

(4)钢筋一经夹紧，严防晃动，以免上下钢筋错位和夹具变形。

3. 填装焊剂

安放焊剂罐、填装焊剂。

4. 施焊操作

(1)闭合回路、引弧。首先接通电源，再通过操纵杆或操纵盒上的开关，在钢筋端面之间引燃电弧，开始焊接。

(2)电弧过程。引燃电弧后，应控制电弧电压值，借助操纵杆使上下钢筋端面之间保持一定的间距，进行电弧过程，使焊剂不断熔化而形成渣池。

(3)电渣过程。随后逐渐下送钢筋，使上钢筋端部插入渣池，电弧熄灭，进入电渣过程的延时，使钢筋全断面加速熔化。

(4)挤压断电。迅速下送上钢筋，使其端面与下钢筋端面相互接触，挤出熔渣和熔化金属，同时切断焊接电源。

(5)拆卸卡具。接头焊毕，应停歇 20～30 s 后(在寒冷地区，停歇时间应适当延长)，才可回收焊剂和卸下焊接卡具。

5. 过程检验

在钢筋焊接过程中，首先应由焊工对所焊接头认真进行自检；然后由施工单位专业质量检查员检验，监理(建设)单位进行验收。抽取焊接接头试件时，应在监理人员见证下取样。委托指定试验单位试验，并出具《钢材连接试验报告》。钢筋焊接接头经外观检查和力学性能检验合格后，填写《钢筋电渣压力焊接头检验批质量验收记录》。焊接钢筋绑扎完成后，经隐蔽验收再填写《钢筋连接检验批质量验收记录》。

(四)电渣压力焊接头质量检验

1. 检验批划分及接头取样

《钢筋焊接及验收规程》(JGJ 18—2012)规定，电渣压力焊检验批划分及接头取样规则如下：

(1)在现浇钢筋混凝土结构中，应以 300 个同牌号钢筋接头作为一批。

(2)在房屋结构中，应在不超过两楼层中 300 个同牌号钢筋接头作为一批；当不足 300 个接头时，仍应作为一批。

(3)每批随机切取 3 个接头试件做拉伸试验。

2. 主控项目

电渣压力焊接头试件拉伸试验，其试验结果同电弧焊接头拉伸试验结果。

3. 一般项目

电渣压力焊接头外观质量检查，其检查结果应符合下列要求：

(1)四周焊包凸出钢筋表面的高度，当钢筋直径为 25 mm 及以下时，不得小于 4 mm；当钢筋直径为 28 mm 及以上时，不得小于 6 mm。

(2)钢筋与电极接触处，应无烧伤缺陷。

(3)接头处的弯折角不得大于 2°。

(4)接头处的轴线偏移不得大于 1 mm。

焊接接头外观检查时，首先应由焊工对所焊接头或制品进行自检；在自检合格的基础上由施工单位专业质量检查员检查，并填写《钢筋焊接接头检验批质量验收记录》。由监理(建设)单位对检验批有关资料进行检查，组织项目专业质量检查员等进行验收，并填写记录。

纵向受力钢筋焊接接头外观检查时，每一检验批中应随机抽取 10% 的焊接接头。检查结果，当外观质量各小项不合格数均小于或等于抽检数的 15% 时，则该批焊接接头外观质量评为合格。当某一小项不合格数超过抽检数的 15% 时，应对该批焊接接头该小项逐个进行复检，并剔出不合格接头；对外观检查不合格接头采取修整或焊补措施后，可提交二次验收。

2.4.4 气压焊焊接工艺与接头检验

钢筋气压焊是采用氧-乙炔火焰把两钢筋接合部位加热，至塑性状态(固态)或熔化状态(熔态)后，加压完成的一种压焊方法。这种焊接方法既适用于竖向钢筋的连接，又适用于水平钢筋的连接。

(一)施工准备

1. 技术准备

(1)从事气压焊的焊工必须持有气压焊焊工考试合格证书才能上岗操作。

(2)编制气压焊钢筋焊接施工技术交底。

2. 材料准备

(1)钢筋。钢筋的牌号、直径必须符合设计要求，有出厂证明书及复试报告单。

(2)氧气。所使用的瓶装氧气(O_2)纯度必须在99.5％以上。

(3)乙炔。宜使用瓶装乙炔气(C_2H_2)，其纯度必须在98％以上。

3. 施工机具准备

(1)施工机械。加压器(油缸、油泵)、无齿锯等。气压焊设备工作简图，如图2-21所示。

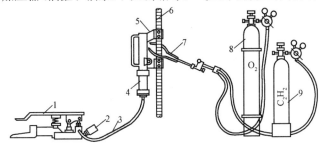

图 2-21　气压焊设备工作简图

1—脚踏液压泵；2—压力表；3—液压胶管；4—活动油缸；5—钢筋卡具；
6—被焊接钢筋；7—多火口烤枪；8—氧气瓶；9—乙炔瓶

(2)工具用具。防护深色眼镜、钢丝刷、多嘴环管加热器、焊接夹具(固定卡其、活动卡其)等。

(3)检测设备。钢尺、塞尺。

4. 作业条件准备

(1)气压焊配套装置等应符合要求。

(2)熟悉料单，弄清接头位置，做好技术交底。

(3)施焊前搭好操作架子。

(二)气压焊焊接工艺流程

气压焊焊接工艺流程，如图2-22所示。

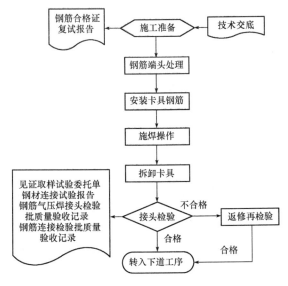

图 2-22　气压焊焊接工艺流程

(三)气压焊焊接操作要求

(1)钢筋端头处理。进行气压焊的钢筋端头不得形成马蹄形、压变形、凹凸不平或弯曲,焊前钢筋端面应切平、打磨露出金属光泽,必要时用无齿锯切割;清除钢筋端头100 mm范围内的锈蚀、油污、水泥等。

(2)安装卡具、钢筋。先将卡具卡在已处理好的两根钢筋上,接好的钢筋上下(或前后)要同心,固定卡具应将顶丝上紧,活动卡具要施加一定的初压力,初压力的大小要根据钢筋直径粗细决定,宜为15~20 MPa。

(3)施焊操作。焊接开始时,火焰应采用碳化焰,以防止钢筋端面氧化。火焰中心对准压焊面缝隙,使钢筋表面温度达到炽白状态(1 100 ℃~1 300 ℃),同时增大对钢筋的轴向压力,按钢筋截面面积计为30~40 MPa,使压焊面间隙闭合。

确认压焊面间隙完全闭合后,在钢筋轴向适当再加压,同时,将火焰调整为中性焰,对钢筋压焊面沿钢筋长度的上下约两倍钢筋直径范围内进行宽幅加热,使温度均匀上升,随后进行最终加压至30~40 MPa,使压焊部位的镦粗直径达到钢筋直径的1.4倍以上,镦粗区长度为钢筋直径为钢筋直径的1.0倍以上。压焊区两钢筋轴线相对偏心量不得超过钢筋直径的0.15倍,且不得大于4 mm。镦粗区形状平缓、圆滑,没有明显凸起和塌陷。

(4)拆卸卡具。将火焰熄灭后,加压并稍延滞,红色消失后即可卸卡具。焊件在空气中自然冷却,不得水冷。

(5)过程检验。在钢筋焊接过程中,首先应由焊工对所焊接头认真进行自检,然后由施工单位专业质量检查员检验,监理(建设)单位进行验收。抽取焊接接头试件时,应在监理人员见证下取样。委托指定试验单位试验,并出具《钢材连接试验报告》。钢筋焊接接头经外观检查和力学性能检验合格后,填写《钢筋气压焊接头检验批质量验收记录》。焊接钢筋绑扎完成后,经隐蔽验收再填写《钢筋连接检验批质量验收记录》。

(四)气压焊接头质量检验

1. 检验批划分及接头取样

《钢筋焊接及验收规程》(JGJ 18—2012)规定,气压焊检验批划分及接头取样规则如下:

(1)在现浇钢筋混凝土结构中,应以300个同牌号钢筋接头作为一批;在房屋结构中,应在不超过两楼层中300个同牌号钢筋接头作为一批;当不足300个接头时,仍应作为一批。

(2)在柱、墙的竖向钢筋连接中,应从每批接头中随机切取3个接头做拉伸试验;在梁、板的水平钢筋连接中,应另切取3个接头做弯曲试验。

(3)在同一批中,异径钢筋气压焊接头可只做拉伸试验。

2. 主控项目

(1)气压焊接头试件拉伸试验,其试验结果同电弧焊接头拉伸试验结果。
(2)气压焊接头试件弯曲试验,其试验结果同闪光对焊接头弯曲试验结果。

3. 一般项目

气压焊接头外观检查,其检查结果应符合表2-30的要求。钢筋气压焊接头外观质量图解,如图2-23所示。

表 2-30　气压焊接头外观检查的允许偏差

名称		允许偏差	检查方法	超偏处理
接头处的轴线偏移 e 不同直径钢筋焊接，按较小钢筋直径计算		$\leqslant 0.1d$ $\leqslant 1$ mm	尺量	当大于规定值，但小于 $0.3d$ 时，可加热矫正； 当大于 $0.3d$ 时，应切除重焊
接头处表面不得有肉眼可见的裂纹		—	观察	若有肉眼可见的裂纹，应切除重焊
接头处的弯折角		$\leqslant 2°$	尺量	当大于规定值时，应重新加热矫正
镦粗直径 d_c	固态气压焊	$\geqslant 1.4d$	尺量	当小于规定值时，应重新加热镦粗
	熔态气压焊	$\geqslant 1.2d$	尺量	
镦粗长度 L_c		$\geqslant 1.0d$	尺量	凸起部分平缓圆滑； 当小于规定值时，应重新加热镦长

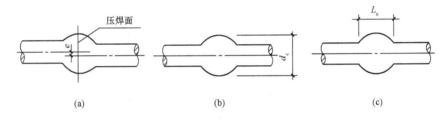

图 2-23　钢筋气压焊接头外观质量图解

(a)轴线偏移 e；(b)镦粗直径 d_c；(c)镦粗长度 L_c

焊接接头外观检查时，首先应由焊工对所焊接头或制品进行自检；在自检合格的基础上由施工单位专业质量检查员检查，并填写《钢筋焊接接头检验批质量验收记录》。由监理(建设)单位对检验批有关资料进行检查，组织项目专业质量检查员等进行验收，并填写记录。

纵向受力钢筋焊接接头外观检查时，每一检验批中应随机抽取10%的焊接接头。检查结果，当外观质量各小项不合格数均小于或等于抽检数的15%时，则该批焊接接头外观质量评为合格。当某一小项不合格数超过抽检数的15%时，应对该批焊接接头该小项逐个进行复检，并剔出不合格接头；对外观检查不合格接头采取修整或焊补措施后，可提交二次验收。

2.4.5　钢筋焊接冬期施工

(1)在环境温度低于−5 ℃的条件下进行焊接时，为钢筋低温焊接。低温焊接应调整焊接工艺参数，使焊缝和热影响区缓慢冷却；风力超过4级时，应有挡风措施；焊后未冷却的接头应避免碰到冰雪。

(2)当环境温度低于−20 ℃时，不宜进行施焊。

2.4.6　钢筋焊接安全规定

(1)操作人员必须按焊接设备的操作说明书或有关规程，正确使用设备和实施焊接操作。

(2)焊接操作机配合人员应按规定穿戴劳动防护用品。

(3)焊接作业区和焊机周围 6 m 以内，严禁堆放装饰材料、油料、氧气瓶、溶解乙炔瓶、液化石油气瓶等易燃易爆物品。

(4)除必须在施工作业面焊接外，钢筋应在专门搭设的防雨、防潮、防晒的工房内焊接；工房的屋顶应有安全防护和排水设施，地面应干燥，应有防止飞溅的金属火花伤人的设施。

(5)高空作业的下方和焊接火星所及范围内，必须彻底清除易燃、易爆物品。

(6)焊接作业区应配置足够的灭火设备。

(7)氧气瓶、乙炔瓶上必须装有防震橡皮圈，在搬运和使用过程中应严格避免撞击。

2.4.7　钢筋焊接质量记录及样表

1. 钢筋焊接质量记录

钢筋焊接应形成以下质量记录：

(1)表 C2-4　技术交底记录。

(2)表 C1-5　施工日志。

(3)表 C4-2　钢材连接检测报告。

(4)表 G3-6-1　钢筋电弧焊接头检验批质量验收记录。

(5)表 G3-6-2　钢筋闪光对焊接头检验批质量验收记录。

(6)表 G3-6-3　钢筋电渣压力焊接头检验批质量验收记录。

(7)表 G3-6-4　钢筋气压焊接头检验批质量验收记录。

(8)表 G3-6　钢筋连接检验批质量验收记录。

注：以上表式采用《河北省建筑工程资料管理规程》[DB13(J)/T 145—2012]所规定的表式；《钢筋焊接及验收规程》(JGJ 18—2012)附录 A 的表式。

2. 钢筋焊接检验质量记录样表

(1)《钢材连接检测报告》样表见表 C4-2。

表 C4-2　钢材连接检测报告

编号：
统一编号：

委托单位：

工程名称			委托日期	
使用部位			报告日期	
取样单位			取样人	
见证单位			见证人	
钢材类别		原材料检测统一编号		样品状态	
接头类型		接头级别		代表数量	
操作人		检验类别			

公称直径 /mm	标准要求 /MPa	抗拉强度 /MPa	断口特征 及位置	冷弯 角度 / 冷弯 直径	冷弯结果
依据标准					
检验结论					
备　注					

检测单位(公章)：　　　　批准：　　　　审核：　　　　检验：

填表说明：

1. 钢材连接试验报告是指为保证建筑工程质量，由试验单位对工程中钢材连接(焊接和机械连接)后的机械性能(屈服强度、抗拉强度、伸长率和冷弯)指标进行测试后出具的质量证明文件。

2. 钢材必须经试验合格后，再进行连接。

3. 电焊条、焊丝和焊剂的品种、牌号和规格应符合设计要求和规范规定，并有出厂合格证，需烘焙的焊条应填写烘焙记录。

4. 进口钢材必须按照标准规定进行焊接工艺试验。

5. 连接操作人员必须有上岗证。

6. 检验、审核、批准签字齐全并加盖检测单位公章。

7. 表列子项：

(1)委托单位：提请检测的单位；

(2)试验编号：由试验室接收到试件的顺序统一排列的编号；

(3)工程名称及使用部位：按委托单上的工程名称及使用部位填写；

(4)钢材类别：指钢材合格证书或试验报告中所注的钢材类别，如热轧带肋 HRB335 钢筋、热轧光圆 R235 钢筋、热轧盘条 Q235；

(5)原材料试验编号：指钢材试验报告的编号；

(6)检验类别：有委托、仲裁、抽样、监督和对比五种，按实际填写；

(7)代表数量：试件所能代表用于某一工程钢筋接头数量；

(8)接头类型：指连接的方式，如闪光对焊、电渣压力焊、气压焊、电弧焊、锥螺纹连接等；

(9)操作人：填写钢材连接的人员，必须有上岗证；

(10)公称直径：指钢材的直径，如 $\phi 18$；

(11)检验结论：按实际填写，并必须明确合格或不合格。

(2)《钢筋电弧焊接头检验批质量验收记录》样表见表 G3-6-1。

表 G3-6-1　钢筋电弧焊接头检验批质量验收记录

工程名称			验收部位		
施工单位			批号及批量		
施工执行标准名称及编号		《钢筋焊接及验收规程》(JGJ 18—2012)	钢筋牌号及直径 /mm		
项目经理			施工班组长		

检控项目	序号	质量验收规程的规定		施工单位检查评定记录	监理(建设)单位验收记录
主控项目	1	接头试件拉伸试验	5.1.7条		

检控项目	序号	质量验收规程的规定		施工单位检查评定记录			监理(建设)单位验收记录
				抽检数	合格数	不合格	
一般项目	1	焊缝表面应平整,不得有凹陷或焊瘤	5.5.2条				
	2	焊接接头区域不得有肉眼可见的裂纹	5.5.2条				
	3	咬边深度、气孔、夹渣等缺陷允许值及接头尺寸的允许偏差	表5.5.2				
	4	焊缝余高不得大于2～4 mm	5.5.2条				

施工单位检查评定结果	项目专业质量检查员:　　　　　　　　　　　　　　　　年 月 日
监理(建设)单位验收结论	监理工程师(建设单位项目专业技术负责人):　　　　　年 月 日

注: 1. 一般项目各小项检查评定不合格时,在小格内打"×"号。

　　 2. 本表由施工单位项目专业检查员填写,监理工程师(建设单位项目专业技术负责人)组织项目专业质量检查员等进行验收。

(3)《钢筋闪光对焊接头检验批质量验收记录》样表见表 G3-6-2。

表 G3-6-2　钢筋闪光对焊接头检验批质量验收记录

<table>
<tr><td>工程名称</td><td></td><td>验收部位</td><td colspan="4"></td></tr>
<tr><td>施工单位</td><td></td><td>批号及批量</td><td colspan="4"></td></tr>
<tr><td>施工执行标准
名称及编号</td><td>《钢筋焊接及验收
规程》(JGJ 18—2012)</td><td>钢筋牌号及直径
/mm</td><td colspan="4"></td></tr>
<tr><td>项目经理</td><td></td><td>施工班组长</td><td colspan="4"></td></tr>
<tr><td>检控
项目</td><td>序
号</td><td colspan="2">质量验收规程的规定</td><td colspan="2">施工单位检查评定记录</td><td>监理(建设)单位
验收记录</td></tr>
<tr><td rowspan="3">主控
项目</td><td>1</td><td colspan="2">接头试件拉伸试验</td><td colspan="2">5.1.7 条</td><td rowspan="9"></td></tr>
<tr><td>2</td><td colspan="2">接头试件弯曲试验</td><td colspan="2">5.1.8 条</td></tr>
<tr><td></td><td colspan="2"></td><td colspan="2"></td></tr>
<tr><td rowspan="6">一般
项目</td><td rowspan="2"></td><td rowspan="2" colspan="2">质量验收规程的规定</td><td colspan="3">施工单位检查评定记录</td></tr>
<tr><td>抽检数</td><td>合格数</td><td>不合格</td></tr>
<tr><td>1</td><td colspan="2">对焊接头表面应呈圆滑、
带毛刺状,不得有肉眼可见
的裂纹</td><td>5.3.2 条</td><td></td><td></td></tr>
<tr><td>2</td><td colspan="2">与电极接触处的钢筋表面
不得有明显烧伤</td><td>5.3.2 条</td><td></td><td></td></tr>
<tr><td>3</td><td colspan="2">接头处的弯折角≤2°</td><td>5.3.2 条</td><td></td><td></td></tr>
<tr><td>4</td><td colspan="2">接头处的轴线偏移≤0.1
倍钢筋直径,且≤1 mm</td><td>5.3.2 条</td><td></td><td></td></tr>
<tr><td></td><td colspan="2"></td><td></td><td></td><td></td></tr>
<tr><td colspan="2">施工单位
检查评定结果</td><td colspan="5">项目专业质量检查员:

年　月　日</td></tr>
<tr><td colspan="2">监理(建设)单位
验收结论</td><td colspan="5">监理工程师(建设单位项目专业技术负责人):

年　月　日</td></tr>
</table>

注:1. 一般项目各小项检查评定不合格时,在小格内打"×"号。

　　2. 本表由施工单位项目专业检查员填写,监理工程师(建设单位项目专业技术负责人)组织项目专业质量检查员等进行验收。

(4)《箍筋闪光对焊接头检验批质量验收记录》样表见表 G3-6-3。

表 G3-6-3　箍筋闪光对焊接头检验批质量验收记录

工程名称				验收部位		
施工单位				批号及批量		
施工执行标准 名称及编号		《钢筋焊接及验收 规程》(JGJ 18—2012)		钢筋牌号及直径 /mm		
项目经理				施工班组长		

检控 项目	序 号	质量验收规程的规定		施工单位检查评定记录	监理(建设)单位 验收记录
主控 项目	1	接头试件拉伸试验	5.1.7条		

检控 项目	序 号	质量验收规程的规定		施工单位检查评定记录			监理(建设)单位 验收记录
				抽检数	合格数	不合格	
一 般 项 目	1	对焊接头表面应呈圆滑、带毛刺状，不得有肉眼可见的裂纹	5.4.2条				
	2	接头处的轴线偏移不大于0.1倍钢筋直径，且≤1 mm	5.4.2条				
	3	直线边的顺直度检验结果凹凸不得大于5 mm	5.4.2条				
	4	箍筋外皮尺寸应符合设计图纸的规定，允许偏差应为±5 mm	5.4.2条				
	5	与电极接触处的钢筋表面不得有明显烧伤	5.4.2条				

施工单位 检查评定结果	项目专业质量检查员：　　　　　　　　　　　　　　　年　月　日
监理(建设)单位 验收结论	监理工程师(建设单位项目专业技术负责人)：　　　　　年　月　日

注：1. 一般项目各小项检查评定不合格时，在小格内打"×"号。
　　2. 本表由施工单位项目专业检查员填写，监理工程师(建设单位项目专业技术负责人)组织项目专业质量检查员等进行验收。

(5)《钢筋电渣压力焊接头检验批质量验收记录》样表见表 G3-6-4。

表 G3-6-4　钢筋电渣压力焊接头检验批质量验收记录

工程名称			验收部位	
施工单位			批号及批量	
施工执行标准名称及编号		《钢筋焊接及验收规程》(JGJ 18—2012)	钢筋牌号及直径/mm	
项目经理			施工班组长	

检控项目	序号	质量验收规程的规定		施工单位检查评定记录				监理(建设)单位验收记录
主控项目	1	接头试件拉伸试验	5.1.7条					

一般项目		质量验收规程的规定		施工单位检查评定记录			
				抽检数	合格数	不合格	
	1	四周焊包凸出钢筋表面的高度,当钢筋直径为 25 mm 及以下时,不得小于 4 mm;当钢筋直径为 28 mm 及以上时,不得小于 6 mm	5.6.2条				
	2	钢筋与电极接触处,应无烧伤缺陷	5.6.2条				
	3	接头处的弯折角≤2°	5.6.2条				
	4	接头处的轴线偏移≤1 mm	5.6.2条				

施工单位检查评定结果	项目专业质量检查员:　　　　　　　　　　　　　　　年　月　日
监理(建设)单位验收结论	监理工程师(建设单位项目专业技术负责人):　　　　　　年　月　日

注:1. 一般项目各小项检查评定不合格时,在小格内打"×"号。

2. 本表由施工单位项目专业检查员填写,监理工程师(建设单位项目专业技术负责人)组织项目专业质量检查员等进行验收。

（6）《钢筋气压焊接头检验批质量验收记录》样表见表 G3-6-5。

表 G3-6-5　钢筋气压焊接头检验批质量验收记录

工程名称			验收部位					
施工单位			批号及批量					
施工执行标准 名称及编号		《钢筋焊接及验收 规程》(JGJ 18—2012)	钢筋牌号及直径 /mm					
项目经理			施工班组长					

检控 项目	序号	质量验收规程的规定		施工单位检查评定记录				监理(建设)单位 验收记录
主控 项目	1	接头试件拉伸试验	5.1.7条					
	2	接头试件弯曲试验	5.1.8条					

检控 项目	序号	质量验收规程的规定		施工单位检查评定记录				监理(建设)单位 验收记录
				抽检数	合格数	不合格		
一般项目	1	接头处的轴线偏移 $e \leqslant 0.1d$， 且 $\leqslant 1$ mm	5.7.2条					
	2	接头处表面不得有肉眼可见 的裂纹	5.7.2条					
	3	接头处的弯折角 $\leqslant 2°$	5.7.2条					
	4	固态气压焊镦粗直径 $\geqslant 1.4d$ 熔态气压焊镦粗直径 $\geqslant 1.2d$	5.7.2条					
	5	镦粗长度 $\geqslant 1.0$ 倍钢筋直径	5.7.2条					

施工单位 检查评定结果	项目专业质量检查员：　　　　　　　　　　　　　　　年　月　日
监理(建设)单位 验收结论	监理工程师(建设单位项目专业技术负责人)：　　　　　年　月　日

注：1. 一般项目各小项检查评定不合格时，在小格内打"×"号。

　　2. 本表由施工单位项目专业检查员填写，监理工程师(建设单位项目专业技术负责人)组织项目专业质量检查员等进行验收。

（7）《钢筋连接检验批质量验收记录》样表见表 G3-6。

表 G3-6　钢筋连接检验批质量验收记录

工程名称			分项工程名称		验收部位	
施工单位					项目经理	
施工执行标准名称及编号			《混凝土结构工程施工质量验收规范》（GB 50204—2015）		专业工长	
分包单位			分包项目经理		施工班组长	
检控项目	序号	质量验收规范的规定		施工单位检查评定记录		监理(建设)单位验收记录
主控项目	1	纵向受力钢筋连接		5.4.1 条		
	2	接头的试件检验		5.4.2 条		
	3	螺纹接头拧紧扭矩、挤压接头压痕直径		5.4.3 条		
一般项目	1	钢筋接头位置的设置		5.4.4 条		
	2	接头的外观检查		5.4.5 条		
	3	钢筋连接头的设置规定		5.4.6 条		
	4	钢筋绑扎接头		5.4.7 条		
	5	梁、柱类构件的箍筋配置		5.4.8 条		
施工单位检查评定结果		项目专业质量检查员：　　　　　　　　　　　　　　　　　年　月　日				
监理(建设)单位验收结论		监理工程师(建设单位项目专业技术负责人)：　　　　　　　年　月　日				

任务 2.5 钢筋机械连接与检验

钢筋机械连接是指通过连接件的机械咬合作用或钢筋端面的承压作用,将一根钢筋中的力传递至另一根钢筋的连接方法。常用的钢筋机械连接方法有套筒挤压钢筋接头、直螺纹钢筋接头等机械连接工艺。

2.5.1 套筒挤压连接工艺与接头检验

套筒挤压连接是将两根需连接的带肋钢筋插入钢套筒,利用压钳沿径向压缩钢套筒,使之产生塑性变形,靠变形后的钢套筒与被连接的钢筋紧密咬合为整体的连接。套筒挤压钢筋接头适用于 $\phi16\sim\phi40$ 的 HRB335、HRB400、HRB500 级钢筋连接。

带肋钢筋套筒挤压连接应遵循以下规范规程:

(1)《建筑工程施工质量验收统一标准》(GB 50300—2013)。

(2)《混凝土结构工程施工质量验收规范》(GB 50204—2015)。

(3)《钢筋机械连接技术规程》(JGJ 107—2010)。

(4)《钢筋机械连接用套筒》(JG/T 163—2013)。

(一)施工准备

1. 技术准备

(1)施工单位必须提供有效的套筒挤压连接《接头试件形式检验报告》,明确连接工艺参数:套筒长度、外径、内径、挤压道次、压痕总宽度、压痕平均直径、挤压后套筒长度。

(2)操作人员应经专业技术人员培训合格后才能上岗,必须持证上岗。

(3)钢筋连接工程开始前,对不同钢筋生产厂的进场钢筋进行接头工艺检验,以确定工艺参数是否与本工程中的进场钢筋相适应。

2. 材料准备

(1)钢筋。钢筋的牌号、直径必须符合设计要求,有出厂证明书及复试报告单。

(2)套筒。套筒应有出厂合格证。施工现场主要检查套筒合格证是否内容齐全,套筒表面是否有可以追溯产品原材料力学性能和加工质量的生产批号。套筒在运输和储存中,按不同规格分别堆放整齐,不得露天堆放,防止锈蚀和沾污。

3. 施工机具

(1)施工机械。超高压油泵、油管、压钳、钢筋挤压压模等。

(2)工具用具。平衡器、角向砂轮、画标志工具等。

(3)检测设备。钢尺、压痕卡板卡尺。

4. 作业条件准备

(1)清除钢筋挤压部位和套筒的锈污、砂浆等杂物。

(2)钢筋与套筒试套,如钢筋有马蹄、飞边、弯折或纵肋尺寸超大者,应先矫正或用角向砂轮修磨，禁止用电气焊切割超大部分。

（3）挤压作业前，检查挤压设备是否能正常工作，经试压符合要求后，方可开始作业。

（二）套筒挤压连接工艺流程

套筒挤压连接工艺流程，如图 2-24 所示。

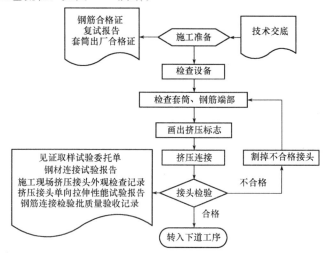

图 2-24　套筒挤压连接工艺流程

（三）套筒挤压连接操作要求

（1）检查设备。检查设备、电源，确保随时处于正常状态。

（2）检查套筒、钢筋端部。对套筒、钢筋挤压部位进行检查，清除表面上的锈斑、油污；钢筋端部若有弯折、扭曲，应予以矫直或切除，但不得用电气焊切割。

（3）画出压接标志。画出钢筋端头压接标志，以确保钢筋伸入套筒的深度。压接标志距钢筋端部的距离是套筒长度的 1/2。

（4）挤压连接。钢筋应按标记插入套筒，钢筋的轴心与套筒轴心应保持同一轴线，防止偏心和弯折。启动超高压油泵，打开下压模卡板，将压钳套入被挤压的钢筋连接套筒中，插入下压模，锁死卡板，压钳口对准钢套筒所需压接的标记处，控制挤压机换向阀进行挤压。

挤压时，压钳的压接应对准套筒压痕标志，并垂直于被挤压钢筋的横肋。挤压应从套筒中央逐道向端部压接，最后检查压痕。为减少高处作业并加快施工进度，宜先挤压一端套筒，在施工作业区插入待接钢筋后，再挤压另一端。钢筋套筒挤压连接，如图 2-25 所示。

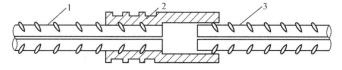

图 2-25　钢筋套筒挤压连接
1—已挤压的钢筋；2—套筒；3—未挤压的钢筋

（5）接头检验。在套筒挤压连接过程中，首先应由操作人员对套筒挤压连接认真进行自检；然后由施工单位专业质量检查员检验；监理（建设）单位进行验收。抽取钢筋套筒挤压连接接头试件时，应在监理人员见证下取样。委托指定试验单位试验，并出具《钢材连接试验报告》。钢筋绑扎完成后，经隐蔽验收再填写《钢筋连接检验批质量验收记录》。

(四)套筒挤压连接接头质量检验

《钢筋机械连接技术规程》(JGJ 107—2010)规定，套筒挤压连接应进行连接套筒的检验、钢筋连接前的工艺检验、接头安装质量检验和接头抗拉强度试验。

1. 连接套筒的检验

接头安装前，应检查连接件产品合格证及套筒表面生产批号标识；产品合格证应包括适用钢筋直径和接头性能等级、套筒类型、生产单位、生产日期以及可追溯产品原材料力学性能和加工质量的生产批号。

(1)挤压套筒的外观应符合以下要求：

1)套筒外表面可为加工表面或无缝钢管、圆钢的自然表面。

2)应无肉眼可见裂纹。

3)套筒表面不应有明显起皮的严重锈蚀。

4)套筒外圆及内孔应有倒角。

5)套筒表面应有挤压标识和符合规定的标记和标志。

(2)挤压套筒的尺寸偏差应符合表 2-31 的规定。

表 2-31 标准型挤压套筒尺寸允许偏差   mm

外径 D	允许偏差		
	外径 D	壁厚 t	长度 L
≤50	±0.5	+0.12t −0.10t	±2.0
>50	±0.01	+0.12t −0.10t	±2.0

2. 钢筋连接前的工艺检验

钢筋连接工程开始前，应对不同钢筋生产厂的进场钢筋进行接头工艺检验；施工过程中，更换钢筋生产厂时，应补充进行工艺检验。工艺检验应符合下列规定：

(1)每种规格钢筋的接头试件不应少于 3 根。

(2)每根试件的抗拉强度和 3 根接头试件的残余变形的平均值均应符合《钢筋机械连接技术规程》(JGJ 107—2010)的规定。

(3)接头试件在测量残余变形后可再进行抗拉强度试验，并宜按《钢筋机械连接技术规程》(JGJ 107—2010)附录 A 中的单向拉伸加载制度进行试验。

(4)第一次工艺检验中，1 根试件抗拉强度或 3 根试件的残余变形平均值不合格时，允许再抽 3 根试件进行复检，复检仍不合格时判为工艺检验不合格。

3. 接头安装质量检验

套筒挤压钢筋接头的安装质量应符合下列要求：

(1)钢筋端部不得有局部弯曲，不得有严重锈蚀和附着物。

(2)钢筋端部应有检查插入套筒深度的明显标记，钢筋端头离套筒长度中点不宜超过 10 mm。

(3)挤压应从套筒中央开始，依次向两端挤压，压痕直径的波动范围应控制在供应商认定的允许波动范围内，并提供专用量规进行检验。

(4)挤压后的套筒不得有肉眼可见裂纹。

4. 接头抗拉强度试验

(1)接头验收批。接头的现场检验应按验收批进行。同一施工条件下，采用同一批材料的同等级、同形式、同规格接头，应以 500 个为一个验收批进行检验与验收，不足 500 个也应作为一个验收批。

现场检验连续 10 个验收批抽样试件抗拉强度试验 1 次合格率为 100％时，验收批接头数量可以扩大 1 倍。

(2)接头取样及合格性判定。对接头的每一验收批，必须在工程结构中随机截取 3 个接头试件作抗拉强度试验，按设计要求的接头等级进行评定。当 3 个接头试件的抗拉强度均符合表 2-32 中相应等级的强度要求时，该验收批应评为合格。如有 1 个试件的抗拉强度不符合要求，应再取 6 个试件进行复检。复检中如仍有 1 个试件的抗拉强度不符合要求，则该验收批应评为不合格。

表 2-32　接头的抗拉强度

接头等级	Ⅰ级		Ⅱ级	Ⅲ级
抗拉强度	$f_{mst}^0 \geq f_{stk}$ 或 $f_{mst}^0 \geq 1.10 f_{stk}$	断于钢筋 断于接头	$f_{mst}^0 \geq f_{stk}$	$f_{mst}^0 \geq 1.25 f_{yk}$

注：f_{mst}^0——接头试件实际抗拉强度；f_{stk}——钢筋抗拉强度标准值；f_{yk}——钢筋屈服强度标准值。

(3)现场截取试件后的补接方法。现场截取抽样试件后，原接头位置的钢筋可采用同等规格的钢筋进行搭接连接，或采用焊接及机械连接方法补接。

(五)套筒挤压连接接头质量记录及样表

1. 套筒挤压连接接头质量记录

套筒挤压连接接头应形成以下质量记录：

(1)表 C2-4　技术交底记录。

(2)表 C1-5　施工日志。

(3)表 C4-2　钢材连接检测报告。

(4)表 G3-6　钢筋连接检验批质量验收记录。

(5)附表 5-1　接头试件形式检验报告。

注：以上表式采用《河北省建筑工程资料管理规程》[DB13(J)/T 145—2012]所规定的表式；《钢筋机械连接技术规程》(JGJ 107—2010)附录 B 的表式。

2. 套筒挤压连接质量记录样表

《接头试件形式检验报告》样表见附表 5-1。

附表 5-1　接头试件形式检验报告

接头名称		送检数量			送检日期		
送检单位				设计接头等级		Ⅰ级　Ⅱ级　Ⅲ级	
接头基本参数	连接件示意图			钢筋牌号		HRB335　HRB400 HRB500	
				连接件材料			
				连接工艺参数			
钢筋试验结果	钢筋母材编号			NO.1	NO.2	NO.3	要求指标
	钢筋直径/mm						
	屈服强度/(N·mm⁻²)						
	抗拉强度/(N·mm⁻²)						
接头试验结果	单向拉伸	单向拉伸试件编号		NO.1	NO.2	NO.3	
		抗拉强度/(N·mm⁻²)					
		残余变形/mm					
		最大力总伸长率/%					
	高应力反复拉压	高应力反复拉压试件编号		NO.4	NO.5	NO.6	
		抗拉强度/(N·mm⁻²)					
		残余变形/mm					
	大变形反复拉压	大变形反复拉压试件编号		NO.7	NO.8	NO.9	
		抗拉强度/(N·mm⁻²)					
		残余变形/mm					
评定结论							

负责人：　　　　　　　　　　校核：　　　　　　　　　　试验员：

试验日期：　　年　月　日　　　　　　　　　　　　　　　试验单位：

注：1. 接头试件基本参数应详细记载。套筒挤压接头应包括套筒长度、外径、内径、挤压道次、压痕总宽度、压痕平均直径、挤压后套筒长度；螺纹接头应包括连接套筒长度、外径、螺纹规格、牙形角、镦粗直螺纹过渡段长度、锥螺纹锥度、安装时拧紧扭矩等。

　　2. 破坏形式可分为三种：钢筋拉断、连接件破坏、钢筋与连接件拉脱。

2.5.2　滚轧直螺纹连接工艺与接头检验

滚轧直螺纹连接是将两根钢筋端头直接滚轧或剥肋后滚轧制作的直螺纹和连接件螺纹咬合形成的接头，按规定的力矩值连接成一体的连接。直螺纹连接接头适用于 $\phi16\sim\phi40$ 的 HRB335、HRB400、HRB500 级钢筋连接。

直螺纹连接应遵循以下规范规程：

(1)《建筑工程施工质量验收统一标准》(GB 50300—2013)。

(2)《混凝土结构工程施工质量验收规范》(GB 50204—2015)。

(3)《钢筋机械连接技术规程》(JGJ 107—2010)。

(4)《钢筋机械连接用套筒》(JG/T 163—2013)。

(一)施工准备

1. 技术准备

(1)施工单位必须提供有效的直螺纹连接《接头试件形式检验报告》，明确连接工艺参数：连接套筒长度、外径、螺纹规格、牙形角、安装时拧紧扭矩等。

(2)操作人员应经专业技术人员培训合格后才能上岗，必须持证上岗。

(3)钢筋连接工程开始前，对不同钢筋生产厂的进场钢筋进行接头工艺检验，以确定工艺参数是否与本工程中的进场钢筋相适应。

2. 材料准备

(1)钢筋。钢筋的牌号、直径必须符合设计要求，有出厂证明书及复试报告单。

(2)套筒。连接套筒应有出厂合格证。施工现场主要检查套筒合格证内容是否齐全，套筒表面是否有可以追溯产品原材料力学性能和加工质量的生产批号。

专用塞规检验：随机抽取同规格接头数的10%进行外观检验，应与钢筋连接套筒的规格匹配，接头丝扣无完整丝扣外露。

连接套筒在运输和储存中应分类包装存放，妥善保护，避免雨淋、沾污或损伤。

3. 施工机具

(1)施工机械。切割机、钢筋剥肋滚丝机(型号：GHG40、GHG50)。GHG40型钢筋剥肋滚丝机主要技术性能见表2-33。

表 2-33   GHG40 型钢筋剥肋滚丝机技术性能

滚丝头型号	40 型[或 Z40 型(左旋)]			
滚丝轮型号	A20	A25	A30	A35
滚压螺纹螺距/mm	2	2.5	3.0	3.5
钢筋规格	16	18、20、22	25、28、32	36、40
整机质量/kg	590			
主电机功率/kW	4			
水泵电机功率/kW	0.09			
工作电压及频率	380 V 50 Hz			
减速机输出转速/(r·min^{-1})	50/60			
外形尺寸/mm	(长×宽×高)1 200×600×1 200			

(2)工具用具。钢丝刷、管钳扳手、扭力扳手等。

扭力扳手：校核用扭力扳手的准确度级别可选用10级。力矩扳手需定期经计量管理部门批准生产的扭力仪检定，检定合格后方准使用。检定期限每年一次，且新开工工程必须先进行检定方可使用。

(3)检测设备。钢尺、专用直螺纹量规(环通规、环止规)。

4. 作业条件准备

(1)切割机、钢筋滚轧直螺纹机安装就位，且正常运行。

(2)钢筋连接用的套筒已检查合格，进入现场挂牌，整齐码放。

(3)施工准备已完成，施工人员到位，钢筋连接施工要求等已进行技术交底。

(二)滚轧直螺纹连接工艺流程

钢筋滚轧直螺纹连接工艺流程，如图 2-26 所示。

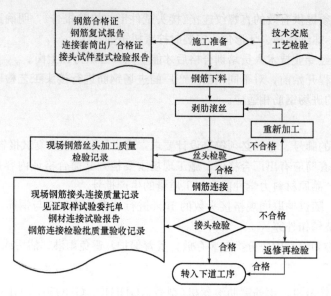

图 2-26　钢筋滚轧直螺纹连接工艺流程

(三)滚轧直螺纹连接操作要求

(1)钢筋下料。钢筋下料可用钢筋切断机或砂轮锯，不得用气割下料。钢筋下料时，要求钢筋端面与钢筋轴线垂直，端头不得弯曲、不得出现马蹄形。

(2)剥肋滚丝。将钢筋夹持在台钳上，扳动手柄减速机向前移动，剥肋机构对钢筋进行剥肋，到调定长度后，停止剥肋。减速机继续向前，涨刀触头缩回，滚丝头开始滚轧螺纹，滚轧到设定长度后，设备自动停机并延时反转，将螺纹钢筋退出滚丝头，扳动手柄后退，减速机退到后极限位置、完成螺纹的加工。直螺纹丝头示意图，如图 2-27 所示。

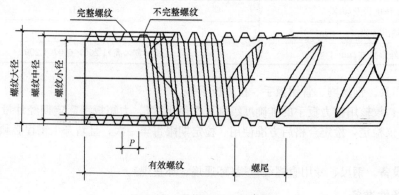

图 2-27　直螺纹丝头示意图

(3)丝头检验。

1)外观质量。丝头表面不得有影响接头性能的损坏及锈蚀。

2)外形质量。丝头有效螺纹数量不得少于设计规定；牙顶宽度大于0.3P的不完整螺纹累计长度不得超过两个螺纹周长；标准型接头的丝头有效螺纹长度应不小于1/2连接套筒长度，且允许误差为+2P；其他连接形式应符合产品设计要求。

3)丝头尺寸的检验。用专用的螺纹环规检验，其环通规应能顺利地旋入，环止规旋入长度不得超过3P。抽检数量10%，检验合格率不应小于95%，直螺纹丝头检验示意图，如图2-28所示。

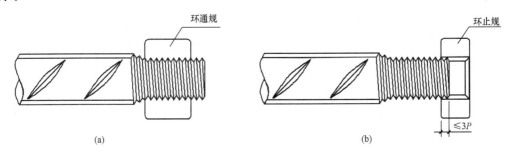

(a)   (b)

图 2-28　钢筋丝环规检验示意图

(a)环通规检验；(b)环止规检验

已检验合格的丝头，应立即将一端拧上塑料保护帽，按规格分类，堆放整齐待用。检验完成后，填写《现场钢筋丝头加工质量检验记录》。

(4)钢筋连接。

1)检查连接套筒是否与被连接钢筋规格相符；检查钢筋丝头螺纹和连接套筒内螺纹是否干净、完好无损；检查钢筋丝头有效螺纹长度是否符合产品设计的要求。

2)将连接套筒旋入被连接钢筋一端的丝头。

3)将另一根被连接钢筋的钢筋丝头旋入套筒，并使两根钢筋端头在连接套筒中对顶。

4)反向旋转连接套筒，调整连接套筒两端钢筋丝头外露有效螺纹数量不超过2P。

5)用管钳扳手旋转钢筋，使两根被连接钢筋的钢筋丝头在连接套筒中间对顶锁紧。标准型接头的连接，如图2-29所示。

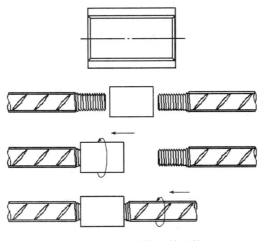

图 2-29　标准型接头的连接

6)连接完的接头必须立即用油漆做上标记，防止漏拧。

(5)接头检验。

1)拧紧扭矩检验。钢筋连接完成后，应使两个丝头在套筒中央位置相互顶紧，用扭力扳手校核拧紧扭矩，拧紧扭矩值应符合表2-34的规定。检验完成后，填写《现场钢筋接头连接质量记录》。

表 2-34 直螺纹接头安装时的最小拧紧扭矩值

钢筋直径/mm	12～16	18～20	22～25	28～32	36～40	50
拧紧力矩/(N·m^{-1})	100	200	260	320	360	460

抽检数量：每一验收批抽取10%的接头进行拧紧扭矩校核，拧紧扭矩值不合格数超过被校核接头数的5%时，应重新拧紧全部接头，直到合格为止。

2)抗拉强度检验。钢筋连接完成后，每一验收批必须在工程结构中随机截取3个接头试件作抗拉强度试验，按设计要求的接头等级进行评定。

(四)直螺纹连接接头质量检验

《钢筋机械连接技术规程》(JGJ 107—2010)规定，直螺纹连接应进行连接套筒的检验、钢筋连接前的工艺检验、加工和安装质量检验和抗拉强度试验。

1. 直螺纹连接套筒的检验

接头安装前应检查连接件产品合格证及套筒表面生产批号标识；产品合格证应包括适用钢筋直径和接头性能等级、套筒类型、生产单位、生产日期以及可追溯产品原材料力学性能和加工质量的生产批号。

(1)螺纹套筒的外观应符合以下要求：

1)套筒外表面可为加工表面或无缝钢管、圆钢的自然表面。

2)应无肉眼可见裂纹或其他缺陷。

3)套筒表面允许有锈斑或浮锈，不应有锈皮。

4)套筒外圆及内孔应有倒角。

5)套筒表面应有规定的标记和标志。

(2)螺纹套筒的尺寸偏差应符合表2-35的规定。

表 2-35 圆柱形直螺纹套筒尺寸允许偏差   mm

外径(D)允许偏差		螺纹公差	长度(L)允许偏差
加工表面	非加工表面		
±0.5	$20<D≤30$，±0.5 $30<D≤50$，±0.6 $D>50$，±0.80	应符合 GB/T 197中 6H 的规定	±1.0

2. 钢筋连接前的工艺检验

钢筋连接工程开始前，应对不同钢筋生产厂的进场钢筋进行接头工艺检验；施工过程中，更换钢筋生产厂时，应补充进行工艺检验。工艺检验应符合下列规定：

(1)每种规格钢筋的接头试件不应少于3根。

(2)每根试件的抗拉强度和3根接头试件的残余变形的平均值均应符合《钢筋机械连接技术规程》(JGJ 107—2010)的规定。

(3)接头试件在测量残余变形后，可再进行抗拉强度试验，并宜按《钢筋机械连接技术规程》(JGJ 107—2010)附录A中的单向拉伸加载制度进行试验。

(4)第一次工艺检验中，1根试件抗拉强度或3根试件的残余变形平均值不合格时，允许再抽3根试件进行复检，复检仍不合格时，判为工艺检验不合格。

3. 接头加工质量要求

直螺纹接头的现场加工应符合下列规定：

(1)钢筋端部应切平或镦平后加工螺纹。

(2)镦粗头不得有与钢筋轴线相垂直的横向裂纹。

(3)钢筋丝头长度应满足企业标准中产品设计要求，公差应为$(0\sim2)P$(P为螺距)。

(4)钢筋丝头宜满足$6f$级精度要求，应用专用直螺纹量规检验，环通规能顺利旋入并达到要求的拧入长度，环止规旋入不得超过$3P$。抽检数量10%，检验合格率不应小于95%。

4. 接头安装质量要求

直螺纹钢筋接头的安装质量应符合下列要求：

(1)安装接头时可用管钳扳手拧紧，应使钢筋丝头在套筒中央位置相互顶紧。标准型接头安装后的外露螺纹不宜超过$2P$。

(2)安装后应用扭力扳手校核拧紧扭矩，拧紧扭矩值应符合表2-34的规定。

(3)校核用扭力扳手的准确度级别可选用10级。

5. 接头抗拉强度试验

(1)接头验收批。接头的现场检验应按验收批进行。同一施工条件下采用同一批材料的同等级、同形式、同规格接头，应以500个为一个验收批进行检验与验收，不足500个也应作为一个验收批。

现场检验连续10个验收批抽样试件抗拉强度试验1次合格率为100%时，验收批接头数量可以扩大1倍。

(2)接头取样及合格性判定。对接头的每一验收批，必须在工程结构中随机截取3个接头试件作抗拉强度试验，按设计要求的接头等级进行评定。当3个接头试件的抗拉强度均符合表2-32相应等级的强度要求时，该验收批应评为合格。如有1个试件的抗拉强度不符合要求，应再取6个试件进行复检。复检中如仍有1个试件的抗拉强度不符合要求，则该验收批应评为不合格。

(3)现场截取试件后的补接方法。现场截取抽样试件后，原接头位置的钢筋可采用同等规格的钢筋进行搭接连接，或采用焊接及机械连接方法补接。

(五)直螺纹连接接头质量记录及样表

1. 直螺纹连接接头质量记录

直螺纹连接接头应形成以下质量记录：

(1)表C2-4 技术交底记录。

(2)表C1-5 施工日志。

(3)表C4-2 钢材连接检测报告。

(4)表G3-6 钢筋连接检验批质量验收记录。

(5)附表5-2 现场钢筋丝头加工质量检验记录。

(6)附表5-3 现场钢筋接头连接质量记录。

注：以上表式采用《河北省建筑工程资料管理规程》[DB13(J)/T 145—2012]所规定的表式。

2. 直螺纹连接接头质量记录样表

(1)《现场钢筋丝头加工质量检验记录》样表见附表 5-2。

附表 5-2　现场钢筋丝头加工质量检验记录

工程名称		钢筋规格		抽检数量	
工程部位		生产班次		代表数量	
提供单位		生产日期		接头类型	

序号	钢筋直径	丝头螺纹检验		丝头外观检验			备注
		环通规	环止规	有效螺纹长度	不完整螺纹	外观检查	

质检负责人：　　　　　　　　　　检验员：　　　　　　　　　　检验日期：

注：1. 螺纹尺寸检验应按相关规定，选用专用的螺纹环规检验。

　　2. 相关尺寸检验合格后，在相应的格内打"√"，不合格时打"×"，并在备注栏加以标注。

(2)《现场钢筋接头连接质量记录》样表见附表 5-3。

附表 5-3　现场钢筋接头连接质量记录

工程名称		钢筋规格		抽检数量	
工程部位		生产班次		代表数量	
提供单位		生产日期		接头类型	

序号	钢筋直径	拧紧力矩值检验	外露有效螺纹检验		备注
			左	右	

质检负责人：　　　　　　　　　　检验员：　　　　　　　　　　检验日期：

注：1. 拧紧力矩值检验应按表 2-34 的规定进行检验。

　　2. 外露有效螺纹检验按(0～2)P 的规定检验。

　　3. 相关检验合格后，在相应的格内打"√"，不合格时打"×"，并在备注栏加以标注。

任务2.6 常见构件钢筋绑扎与检验

在现浇结构主体工程中，常见的钢筋混凝土构件有柱、墙、梁、板等构件。钢筋绑扎应遵循以下规范规程：

(1)《建筑工程施工质量验收统一标准》(GB 50300—2013)。

(2)《混凝土结构工程施工质量验收规范》(GB 50204—2015)。

(3)《混凝土结构工程施工规范》(GB 50666—2011)。

2.6.1 柱钢筋绑扎工艺

(一)施工准备

1. 技术准备

(1)准备工程所需的图纸、规范、标准等技术资料，并确定其是否有效。

(2)熟悉相应的钢筋施工图和钢筋配料单，并认真核对配料单是否正确。

(3)编制钢筋绑扎施工技术交底。

2. 材料准备

(1)钢筋。钢筋的牌号、直径必须符合设计要求，有出厂证明书及复试报告单。

(2)成型钢筋。按配料单核对成型钢筋的规格、尺寸、形状、数量。

(3)绑丝。钢筋绑扎用的钢丝，可采用20～22号钢丝，其中22号钢丝只用于绑扎直径12 mm以下的钢筋。钢丝长度可参考表2-36的数值采用。

表2-36 钢筋绑扎钢丝长度参考表   mm

钢筋直径/mm	3～5	6～8	10～12	14～16	18～20	22	25	28	32
3～5	120	130	150	170	190				
6～8		150	170	190	220	250	270	290	320
10～12			190	220	250	270	290	310	340
14～16				250	270	290	310	330	360
18～20					290	310	330	350	380
22						330	350	370	400

(4)垫块。水泥砂浆垫块厚度等于保护层厚度，垫块的平面尺寸50 mm×50 mm。当在垂直方向使用垫块时，可在垫块中埋入20号钢丝。

塑料卡的形状有两种：塑料垫块和塑料环圈，如图2-30所示。塑料垫块用于水平构件(如梁、板)，在两个方向均有凹槽，以便适应两种保护层厚度。塑料环圈用于垂直构件(如柱、墙)，使用时钢筋从卡嘴进入卡腔；由于塑料环圈有弹性，可使卡腔的大小能适应钢筋直径的变化。

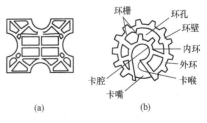

图2-30 控制混凝土保护层用的塑料卡

(a)塑料垫块；(b)塑料环圈

3. 施工机具准备

(1)施工机械。塔吊、龙门架等。

(2)工具用具。钢筋钩、小撬棍、钢筋扳子、绑扎架、钢丝刷子、石笔、墨斗、手推车等。

(3)检测设备。钢卷尺。

4. 作业条件准备

(1)做好抄平放线工作，弹好水平标高线，墙、柱外皮尺寸线。

(2)根据弹好的外皮尺寸线，检查下层预留搭接钢筋的位置、数量、长度，如不符合要求时，应进行处理。绑扎前，先整理调直下层伸出的搭接筋，并将锈蚀、水泥砂浆等污垢清理干净。

(3)根据标高检查下层伸出搭接筋处的混凝土表面标高(柱顶、墙顶)是否符合图纸要求，如有松散不实之处，应剔除并清理干净。

(4)钢筋绑扎用的脚手架操作台已搭设完毕。

(二)柱钢筋绑扎工艺流程

柱钢筋绑扎工艺流程，如图 2-31 所示。

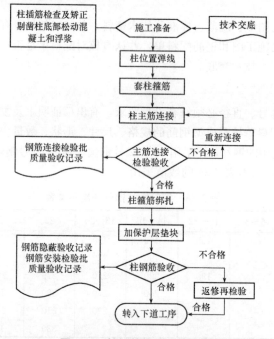

图 2-31　柱钢筋绑扎工艺流程

(三)柱钢筋绑扎操作要求

(1)套柱箍筋。按图纸要求间距，计算好每根柱箍筋数量，先将箍筋套在下层伸出的搭接筋上。如果柱子主筋采用光圆钢筋搭接时，角部弯钩应与模板成45°，中间钢筋的弯钩应与模板成90°角。

(2)柱主筋连接。

1)柱主筋采用绑扎连接。在搭接长度内，绑扣不少于 3 个；绑扎接头的搭接长度、接头面积百分率应符合设计要求。

2)柱主筋采用焊接或机械连接。将全部主筋连接完成，连接接头质量经验收合格；接头位置、接头面积百分率应符合《混凝土结构工程施工质量验收规范》(GB 50204—2015)的规定。

(3)柱箍筋绑扎。

1)画箍筋间距。在立好的柱子竖向钢筋上,按图纸要求用粉笔画箍筋间距线。

2)按已画好的箍筋位置线,将已套好的箍筋往上移动,由上往下绑扎,宜采用缠扣绑扎。

3)箍筋的弯钩叠合处应沿柱子竖筋螺旋布置,箍筋转角处与主筋交点均要绑扎,主筋与箍筋非转角部分的相交点成梅花交错绑扎。

4)有抗震要求的地区,柱箍筋端头应弯成135°,平直部分长度不小于10d(d为箍筋直径)。如箍筋采用90°搭接,搭接处应焊接,焊缝长度单面焊缝不小于10d。

5)柱基、柱顶、梁柱交接处箍筋间距应按设计要求加密。加密区长度及加密区内箍筋间距应符合设计图纸要求。如设计要求箍筋设拉筋时,拉筋应钩住箍筋。

(4)加保护层垫块。柱筋保护层厚度应符合规范要求,垫块应绑在柱竖筋外皮上,间距一般为1 000 mm(或用塑料卡卡在外竖筋上),以保证主筋保护层厚度准确。

2.6.2 墙钢筋绑扎工艺

1. 施工准备

墙钢筋绑扎施工准备同前述"柱钢筋绑扎"的施工准备。

2. 墙钢筋绑扎工艺流程

墙钢筋绑扎工艺流程,如图 2-32 所示。

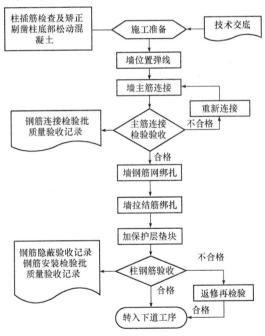

图 2-32 墙钢筋绑扎工艺流程

3. 墙钢筋绑扎操作要求

(1)墙主筋连接。

1)墙主筋采用绑扎连接。立2~4根主筋，将主筋与下层伸出的搭接筋绑扎，在搭接长度内，绑扣不少于3个；在主筋上画好水平筋分档标志，在下部及齐胸处绑两根水平筋定位，并在水平筋上画好主筋分档标志，接着绑其余主筋，最后再绑其余横筋。

2)墙主筋采用焊接或机械连接。将全部主筋连接完成，连接接头质量经验收合格；接头位置、接头面积百分率应符合《混凝土结构工程施工质量验收规范》(GB 50204—2015)的规定。

(2)墙钢筋网绑扎。

1)剪力墙全部钢筋的相交点都要扎牢，绑扎时相邻绑扎点的钢丝扣成八字形，以免网片歪斜变形。

2)地下挡土墙水平筋在主筋内侧；剪力墙水平筋在主筋外侧或内侧。

3)剪力墙与框架柱连接处，剪力墙的水平横筋应锚固到框架柱内，其锚固长度要符合设计要求。

(3)墙拉结筋绑扎。按设计要求绑扎拉结筋，以保证双排钢筋之间设计间距；在墙钢筋绑扎中，用梯子筋的方法效果很好，采用比墙体水平筋大一规格钢筋作梯子筋，在原位替代墙体水平筋，竖向间距1 500 mm左右。

(4)加保护层垫块。控制钢筋保护层厚度一般采用塑料卡，以保证主筋保护层厚度准确。合模后对伸出的竖向钢筋应进行修整，宜在搭接处绑一道横筋定位，浇筑混凝土时应有专人看管，浇筑后再次调整以保证钢筋位置。

2.6.3 梁钢筋绑扎工艺

1. 施工准备

梁钢筋绑扎施工准备同前述"柱钢筋绑扎"的施工准备。

2. 梁钢筋绑扎工艺流程

梁钢筋绑扎工艺流程，如图2-33所示。

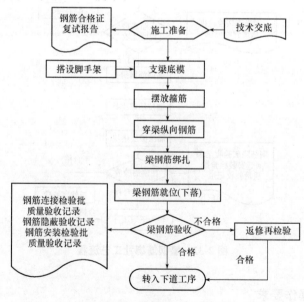

图2-33 梁钢筋绑扎工艺流程

3. 梁钢筋绑扎操作要求

(1)摆放箍筋。搭设脚手架，支梁底模；在梁底模上画出箍筋间距，在梁端两侧摆放箍筋。

(2)穿纵向钢筋。先穿梁的下部纵向受力钢筋及弯起钢筋，将箍筋按已画好的间距逐个分开；再放梁的架立筋；隔一定间距将架立筋与箍筋绑扎牢固。

(3)梁钢筋绑扎。

1)用支杠将架立筋架起，调整箍筋间距，梁端第一个箍筋应设置在距离柱节点边缘50 mm处。梁端与柱交接处箍筋应加密，其间距与加密区长度均要符合设计要求。

2)先绑梁上部纵向筋的箍筋，再绑下部纵向钢筋，宜用套扣法绑扎。

3)框架梁上部纵向钢筋应贯穿中间节点，梁下部纵向钢筋伸入中间节点锚固长度及伸过中心线的长度要符合设计要求。框架梁纵向钢筋在端节点内的锚固长度也要符合设计要求。

4)箍筋的弯钩叠合处应沿梁交错布置，简支梁、连续梁设置在梁上部，悬挑梁设置在梁下部；箍筋弯钩为135°，平直部分长度为10d。

5)板、次梁与主梁交叉处，板的钢筋在上，次梁的钢筋居中，主梁的钢筋在下，如图2-34所示。

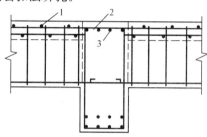

图2-34 板、次梁与主梁交叉处钢筋
1—板的钢筋；2—次梁钢筋；3—主梁钢筋

(4)梁钢筋就位。拆除支杠，将梁钢筋就位；在主、次梁受力筋下均应垫垫块，以保证保护层的厚度。受力筋为双排时，可用ϕ25短钢筋垫在两层钢筋之间，钢筋排距应符合设计要求。

2.6.4 板钢筋绑扎工艺

1. 施工准备

板钢筋绑扎施工准备同前述"柱钢筋绑扎"的施工准备。

2. 板钢筋绑扎工艺流程

板钢筋绑扎工艺流程，如图2-35所示。

3. 板钢筋绑扎操作要求

(1)清理模板。清理模板上面的杂物，用石笔在模板上画好主筋、分布筋间距，板边第一个主筋距梁边缘50 mm。

(2)画线摆筋。按画好的间距，先摆放受力主筋、后放分布筋。预埋件、电线管、预留孔等及时配合安装。

(3)绑板下层受力筋。绑扎板筋时一般用顺扣绑扎或八字扣绑扎，除外围两根筋的相交点应全部绑扎外，其余各点可交错绑扎(双向板相交点须全部绑扎)。

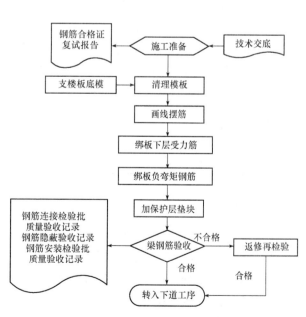

图2-35 板钢筋绑扎工艺流程

(4)绑板负弯矩钢筋。如板为双层钢筋，两层筋之间须加钢筋马凳，以确保上部钢筋的位置。负弯矩钢筋每个相交点均要绑扎。

(5)加保护层垫块。在钢筋的下面垫好砂浆垫块，间距1.5 m。垫块的厚度等于保护层厚度，应满足设计要求，如设计无要求时，板的保护层厚度应为15 mm。

2.6.5 钢筋工程质量验收标准

在浇筑混凝土之前，应进行隐蔽工程验收，并填写相关验收记录，其内容包括：

(1)纵向受力钢筋的牌号、规格、数量、位置。

(2)钢筋的连接方式、接头位置、接头质量、接头面积百分率、搭接长度、锚固方式及锚固长度。

(3)箍筋、横向钢筋的牌号、规格、数量、位置，箍筋的弯折角度及平直段长度；

(4)预埋件的规格、数量、位置。

(一)钢筋连接质量验收标准

1. 主控项目

(1)钢筋的连接方式应符合设计要求。

检查数量：全数检查。

检验方法：观察。

(2)钢筋采用机械连接或焊接连接时，钢筋机械连接接头、焊接接头的力学性能、弯曲性能应符合国家现行相关标准的规定。接头试件应从工程实体中截取。

检查数量：按现行行业标准《钢筋机械连接技术规程》(JGJ 107—2010)和《钢筋焊接及验收规程》(JGJ 18—2012)的规定确定。

检验方法：检查质量证明文件和抽样检验报告。

(3)螺纹接头应检验拧紧扭矩值，挤压接头应量测压痕直径，检验结果应符合现行行业标准《钢筋机械连接技术规程》(JGJ 107—2010)的相关规定。

检查数量：现行行业标准《钢筋机械连接技术规程》(JGJ 107—2010)的相关规定。

检验方法：采用专用力矩扳手或专用量规检查。

2. 一般项目

(1)钢筋接头的位置应符合设计和施工方案要求。有抗震设防要求的结构中，梁端、柱端箍筋加密区内不应进行钢筋搭接。接头末端至钢筋弯起点的距离不应小于钢筋直径的10倍。

检查数量：全数检查。

检验方法：观察，尺量。

(2)钢筋机械连接接头、焊接接头的外观质量应符合现行行业标准《钢筋机械连接技术规程》(JGJ 107—2010)和《钢筋焊接及验收规程》(JGJ 18—2012)的规定。

检查数量：按现行行业标准《钢筋机械连接技术规程》(JGJ 107—2010)和《钢筋焊接及验收规程》(JGJ 18—2012)的规定确定。

检验方法：观察，尺量。

(3)当纵向受力钢筋采用机械连接接头或焊接接头时，同一连接区段内纵向受力钢筋的接头面积百分率应符合设计要求；当设计无具体要求时，应符合下列规定：

1)受拉接头，不宜大于50%；受压接头，可不受限制。

2)直接承受动力荷载的结构构件中，不宜采用焊接；当采用机械连接时，不应超过50%。

检查数量：在同一检验批内，对梁、柱和独立基础，应抽查构件数量的10%，且不应少于3件；对墙和板，应按有代表性的自然间抽查10%，且不应少于3间；对大空间结构，墙可按相邻轴线间高度5m左右划分检查面，板可按纵横轴线划分检查面，抽查10%，且均不应少于3面。

检验方法：观察，尺量。

注：①接头连接区段是指长度为35d且不小于500 mm的区段，d为相互连接两根钢筋的直径较小值。

②同一连接区段内纵向受力钢筋接头面积百分率为接头中心点位于该连接区段内的纵向受力钢筋截面面积与全部纵向受力钢筋截面面积的比值。

(4)当纵向受力钢筋采用绑扎搭接接头时，接头的设置应符合下列规定：

1)接头的横向净距不应小于钢筋直径，且不应小于25 mm。

2)同一连接区段内，纵向受拉钢筋的接头面积百分率应符合设计要求；当设计无具体要求时，应符合下列规定：

①梁类、板类及墙类构件，不宜超过25%；基础筏板，不宜超过50%。

②柱类构件，不宜超过50%。

③当工程中确有必要增大接头面积百分率时，对梁类构件，不应大于50%。

检查数量：在同一检验批内，对梁、柱和独立基础，应抽查构件数量的10%，且不少于3件；对墙和板，应按有代表性的自然间抽查10%，且不少于3间；对大空间结构，墙可按相邻轴线间高度5m左右划分检查面，板可按纵、横轴线划分检查面，抽查10%，且均不少于3面。

检验方法：观察，尺量。

注：①接头连接区段是指长度为1.3倍搭接长度的区段，搭接长度取相互连接两根钢筋中较小直径计算。

②同一连接区段内纵向受力钢筋接头面积百分率为接头中心点位于该连接区段内的纵向受力钢筋截面面积与全部纵向受力钢筋截面面积的比值。

(5)梁、柱类构件的纵向受力钢筋搭接长度范围内箍筋的设置应符合设计要求；当设计无具体要求时，应符合下列规定：

1)箍筋直径不应小于搭接钢筋较大直径的1/4。

2)受拉搭接区段的箍筋间距不应大于搭接钢筋较小直径的5倍，且不应大于100 mm。

3)受压搭接区段的箍筋间距不应大于搭接钢筋较小直径的10倍，且不应大于200 mm。

4)当柱中纵向受力钢筋直径大于25 mm时，应在搭接接头两个端面外100 mm范围内各设置两个箍筋，其间距宜为50 mm。

检查数量：在同一检验批内，应抽查构件数量的10%，且不应少于3件。

检验方法：观察，尺量。

(二)钢筋安装质量验收标准

1. 主控项目

(1)钢筋安装时，受力钢筋的牌号、规格、数量必须符合设计要求。

检查数量：全数检查。

检验方法：观察，尺量。

(2)受力钢筋的安装位置、锚固方式应符合设计要求。

检查数量：全数检查。

检验方法：观察，尺量。

2. 一般项目

钢筋安装位置的偏差应符合表 2-37 的规定。

梁板类构件上部受力钢筋保护层厚度的合格点率应达到 90％ 及以上，且不得有超过表中数值 1.5 倍的尺寸偏差。

检查数量：在同一检验批内，对梁、柱和独立基础，应抽查构件数量的 10％，且不应少于 3 件；对墙和板，应按有代表性的自然间抽查 10％，且不应少于 3 间；对大空间结构，墙可按相邻轴线间高度 5 m 左右划分检查面，板可按纵、横轴线划分检查面，抽查 10％，且均应不少于 3 面。

表 2-37　钢筋安装位置的允许偏差和检验方法

项　目		允许偏差/mm	检验方法
绑扎钢筋网	长、宽	±10	尺量
	网眼尺寸	±20	尺量连续三档，取最大偏差值
绑扎钢筋骨架	长	±10	尺量
	宽、高	±5	尺量
绑扎受力钢筋	锚固长度	−20	尺量
	间距	±10	尺量两端、中间各一点，取最大偏差值
	排距	±5	
受力钢筋、箍筋的混凝土保护层厚度	基础	±10	尺量
	柱、梁	±5	尺量
	板、墙、壳	±3	尺量
绑扎箍筋、横向钢筋间距		±20	尺量连续三档，取最大偏差值
钢筋弯起点位置		20	尺量，沿纵、横两个方向量测，并取其中偏差的较大值
预埋件	中心线位置	5	尺量
	水平高差	+3，0	塞尺量测

2.6.6　钢筋工程施工质量记录及样表

1. 钢筋工程施工质量记录

钢筋工程施工应形成以下质量记录：

(1) 表 C2-4　技术交底记录。

(2) 表 C1-5　施工日志。

(3) 表 G3-6　钢筋连接检验批质量验收记录。

(4) 表 G3-7　钢筋安装检验批质量验收记录。

注：以上表式采用《河北省建筑工程资料管理规程》[DB13(J)/T 145—2012] 所规定的表式。

2. 钢筋工程施工质量记录样表

《钢筋安装检验批质量验收记录》样表见表 G3-7。

表 G3-7　钢筋安装检验批质量验收记录

工程名称			分项工程名称			验收部位	
施工单位						项目经理	
施工执行标准		《混凝土结构工程施工质量验收规范》(GB 50204—2015)				专业工长	
分包单位			分包项目经理			施工班组长	

检控项目	序号	质量验收规范的规定			施工单位检查评定记录		监理(建设)单位验收记录
主控项目	1	受力钢筋的牌号、规格、数量		5.5.1条			
	2	受力钢筋安装位置、锚固方式		5.5.2条			
一般项目		项　目		允许偏差/mm	量测值/mm		
	1	绑扎钢筋网	长、宽	±10			
			网眼尺寸	±20			
	2	绑扎钢筋骨架	长	±10			
			宽、高	±5			
	3	纵向受力钢筋	锚固长度	−20			
			间距	±10			
			排距	±5			
		纵向受力钢筋、箍筋保护层厚度	基础	±10			
			柱、梁	±5			
			板、墙、壳	±3			
	4	绑扎钢筋、横向钢筋间距		±20			
	5	钢筋弯起点位置		20			
	6	预埋件	中心线位置	5			
			水平高差	+3，0			
	注：1. 检查预埋件中心线位置时，应沿纵、横两个方向量测，并取其中的较大值； 2. 表中梁类、板类构件上部纵向受力钢筋保护层厚度的合格点率应达到90%及以上，且不得有超过表中数值1.5倍的尺寸偏差。						
施工单位检查评定结果			项目专业质量检查员：			年　月　日	
监理(建设)单位验收结论			监理工程师(建设单位项目专业技术负责人)：			年　月　日	

单元 3　混凝土工程施工

任务 3.1　混凝土原材料与检验

3.1.1　通用硅酸盐水泥

通用硅酸盐水泥是以硅酸盐水泥熟料和适量的石膏及规定的混合材料制成的水硬性胶凝材料。它按混合材料的品种和掺量分为：硅酸盐水泥、普通硅酸盐水泥、矿渣硅酸盐水泥、火山灰质硅酸盐水泥、粉煤灰硅酸盐水泥和复合硅酸盐水泥。

通用硅酸盐水泥应符合国家标准《通用硅酸盐水泥》(GB 175—2007)的规定。

1. 主要物理指标

(1)强度。不同品种不同强度等级的通用硅酸盐水泥，其各龄期的强度应符合表 3-1 的规定。

表 3-1　通用硅酸盐水泥强度

品种	强度等级	抗压强度/MPa		抗折强度/MPa	
		3 d	28 d	3 d	28 d
硅酸盐水泥	42.5	≥17.0	≥42.5	≥3.5	≥6.5
	42.5R	≥22.0		≥4.0	
	52.5	≥23.0	≥52.5	≥4.0	≥7.0
	52.5R	≥27.0		≥5.0	
	62.5	≥28.0	≥62.5	≥5.0	≥8.0
	62.5R	≥32.0		≥5.5	
普通硅酸盐水泥	42.5	≥17.0	≥42.5	≥3.5	≥6.5
	42.5R	≥22.0		≥4.0	
	52.5	≥23.0	≥52.5	≥4.0	≥7.0
	52.5R	≥27.0		≥5.0	
矿渣硅酸盐水泥 火山灰质硅酸盐水泥 粉煤灰硅酸盐水泥 复合硅酸盐水泥	32.5	≥10.0	≥32.5	≥2.5	≥5.5
	32.5R	≥15.0		≥3.5	
	42.5	≥15.0	≥42.5	≥3.5	≥6.5
	42.5R	≥19.0		≥4.0	
	52.5	≥21.0	≥52.5	≥4.0	≥7.0
	52.5R	≥23.0		≥4.5	

(2)安定性。沸煮法合格。参见《水泥压蒸安定性试验方法》(GB/T 750—1992)。

(3)凝结时间。硅酸盐水泥初凝不小于 45 min，终凝不大于 390 min；普通硅酸盐水泥、矿渣硅酸盐水泥、火山灰质硅酸盐水泥、粉煤灰硅酸盐水泥和复合硅酸盐水泥初凝不小于 45 min，终凝不大于 600 min。

2. 交货与验收

交货时水泥的质量验收，一般以抽取实物试样的检验结果为验收依据以抽取实物试样的检验结果为验收依据时，买卖双方应在发货前或交货地共同取样和签封。

代表批量：按同一生产厂家、同一等级、同一品种、同一批号且连续进场的水泥，袋装不超过 200 t 为一批，散装不超过 500 t 为一批，每批抽样不少于一次。

取样方法：采用取样管随机从 20 个以上不同部位取等量样品，取样数量为 20 kg，缩分为二等份。一份由卖方保存 40 d，一份由买方按标准规定的项目和方法进行检验。

检验项目：水泥进场时应对其品种、级别、包装或散装仓号、出厂日期等进行检查，并应对其强度、安定性及其他必要的性能指标进行复验。

3. 包装与标志

(1)包装。水泥可以散装或袋装，袋装水泥每袋净含量为 50 kg，且应不少于标志质量的 99%；随机抽取 20 袋其总质量(含包装袋)应不少于 1 000 kg。其他包装形式由供需双方协商确定，但有关袋装质量要求应符合上述规定。水泥包装袋应符合《水泥包装袋》(GB 9774—2010)的规定。

(2)标志。水泥包装袋上应清楚标明：执行标准、水泥品种、代号、强度等级、生产者名称、生产许可证标志(QS)及编号、出厂编号、包装日期、净含量。包装袋两侧应根据水泥的品种采用不同的颜色印刷水泥名称和强度等级，硅酸盐水泥和普通硅酸盐水泥采用红色，矿渣硅酸盐水泥采用绿色，火山灰质硅酸盐水泥、粉煤灰硅酸盐水泥和复合硅酸盐水泥采用黑色或蓝色。

散装发运时应提交与袋装标志相同内容的卡片。

3.1.2　普通混凝土用砂石

普通混凝土用天然砂和碎石应符合行业标准《普通混凝土用砂、石质量及检验方法标准》(JGJ 52—2006)的规定。

1. 砂的质量要求

(1)细度模数。砂的粗细程度按细度模数 μ_f 分为粗、中、细、特细四级，其范围应符合下列规定：

粗砂 $\mu_f=3.7\sim3.1$；中砂 $\mu_f=3.0\sim2.3$；细砂 $\mu_f=2.2\sim1.6$；特细砂 $\mu_f=1.5\sim0.7$。

配制普通混凝土，宜选用中砂。

(2)含泥量。天然砂中含泥量应符合表 3-2 的规定。

表 3-2　天然砂中含泥量

混凝土强度等级	≥C60	C55~C30	≤C25
含泥量(按质量计，%)	≤2.0	≤3.0	≤5.0
注：对于有抗冻、抗渗或其他特殊要求的小于或等于 C25 混凝土用砂，其含泥量不应大于 3.0%。			

(3)泥块含量。砂中泥块含泥量应符合表3-3的规定。

表 3-3　砂中泥块含量

混凝土强度等级	≥C60	C55～C30	≤C25
泥块含量(按质量计,%)	≤0.5	≤1.0	≤2.0

注：对于有抗冻、抗渗或其他特殊要求的小于或等于 C25 混凝土用砂,其泥块含量不应大于 1.0%。

2. 石的质量要求

(1)颗粒级配。碎石或卵石的颗粒级配,应符合表3-4的要求。混凝土用石应采用连续粒级。

单粒级宜用于组合成满足要求的连续粒级；也可与连续粒级混合使用,以改善其级配或配成较大粒度的连续粒级。

表 3-4　碎石或卵石的颗粒级配范围

级配情况	公称粒级/mm	累计筛余(按质量计,%)											
		方孔筛筛孔边长尺寸/mm											
		2.36	4.75	9.5	16.0	19.0	26.5	31.5	37.5	53	63	75	90
连续粒级	5～10	95～100	80～100	0～15									
	5～16	95～100	85～100	30～60	0～10								
	5～20	95～100	90～100	40～80		0～10	0						
	5～25	95～100	90～100		30～70		0～5	0					
	5～31.5	95～100	90～100	70～90		15～45		0～5	0				
	5～40		95～100	70～90		30～65			0～5	0			
单粒级	10～20	—	95～100	85～100	—	0～15		—	—				
	16～31.5	—	95～100	—	85～100	—	—	0～10	0				
	20～40	—	—	95～100	—	80～100		—	0～10	0			
	31.5～63	—	—	—	95～100	—	—	75～100	45～75	—	0～10	0	
	40～80	—	—	—	—	95～100		—	70～100	—	30～60	0～10	0

(2)针、片状颗粒含量。碎石或卵石中针、片状颗粒含量应符合表3-5的规定。

表 3-5　针、片状颗粒含量

混凝土强度等级	≥C60	C55～C30	≤C25
针、片状颗粒含量(按质量计,%)	≤8	≤15	≤25

(3)含泥量。碎石或卵石中含泥量应符合表3-6的规定。

表 3-6　碎石或卵石中含泥量

混凝土强度等级	≥C60	C55～C30	≤C25
含泥量(按质量计,%)	≤0.5	≤1.0	≤2.0

注：对于有抗冻、抗渗或其他特殊要求的混凝土,其所用碎石或卵石中含泥量不应大于 1.0%。

(4)泥块含量。碎石或卵石中泥块含量应符合表 3-7 的规定。

表 3-7 碎石或卵石中泥块含量

混凝土强度等级	≥C60	C55～C30	≤C25
泥块含量(按质量计,%)	≤0.2	≤0.5	≤0.7

注：对于有抗冻、抗渗或其他特殊要求的小于 C30 的混凝土,其所用碎石或卵石中泥块含量不应大于 0.5%。

3. 砂、石的验收

(1)砂、石质量验收。供货单位应提供砂或石的产品合格证及质量检验报告,使用单位应按砂或石的同产地、同规格分批验收。

代表批量：采用大型工具(如火车、货船或汽车)运输的,应以 400 m³ 或 600 t 为一个验收批。采用小型工具(如拖拉机等)运输的,应以 200 m³ 或 300 t 为一个验收批。不足上述量者,应按一个验收批进行验收。

取样方法：每验收批取样方法应按下列规定执行：

1)从料堆上取样时,取样部位应均匀分布。取样前应先将取样部位表层铲除,然后由各部位抽取大致相等的砂 8 份、石子 16 份,组成各自一组样品。

2)从皮带运输机上取样时,应在皮带运输机机尾的出料处用接料器定时抽取砂 4 份、石子 8 份、组成各自一组样品。

3)从火车、汽车、货船上取样时,应从不同部位和深度抽取大致相等的砂 8 份、石子 16 份组成各自一组样品。

对于每一单项检验项目,砂、石的每组样品取样数量应分别满足表 3-8 和表 3-9 的规定。

表 3-8 每一单项检验项目所需砂的最少取样质量

检验项目	最少取样质量/kg	检验项目	最少取样质量/kg
筛分析	4.4	含泥量	4.4
氯离子含量	2.0	泥块含量	20.0

表 3-9 每一单项检验项目所需碎石或卵石的最少取样质量　　　kg

检验项目	最大公称粒径/mm							
	10.0	16.0	20.0	25.0	31.5	40.0	63.0	80.0
筛分析	8	15	16	20	25	32	50	64
含泥量	8	8	24	24	40	40	80	80
泥块含量	8	8	24	24	40	40	80	80
针、片状颗粒含量	1.2	4	8	12	20	40	—	—

检验项目：每验收批砂石至少应进行颗粒级配、含泥量、泥块含量检验。对于碎石或卵石,还应检验针、片状颗粒含量；对于海砂或有氯离子污染的砂,还应检验其氯离子含量；对于海砂,还应检验贝壳含量；对于人工砂及混合砂,还应检验石粉含量。对于重要工程或特殊工程,应根据工程要求增加检测项目。对其他指标的合格性有怀疑时,应予检验。

(2)砂、石数量验收。砂或石的数量验收,可按质量计算,也可按体积计算。测定质量可用汽车地量衡或船舶吃水线为依据；测定体积，可按车皮或船舶的容积为依据。采用其他小型运输工具时，可按量方确定。

（3）砂、石的堆放。砂、石应按产地、种类和规格分别堆放。碎石或卵石的堆料高度不宜超过 5 m，对于单粒级或最大粒径不超过 20 mm 的连续粒级，其堆料高度可增加到 10 m。

3.1.3　混凝土原材料质量验收标准

1. 主控项目

（1）水泥进场时，应对其品种、代号、强度等级、包装或散装仓号、出厂日期等进行检查，并应对水泥的强度、安定性和凝结时间进行检验，检验结果应符合现行国家标准《通用硅酸盐水泥》（GB 175—2007）的规定。

检查数量：按同一厂家、同一品种、同一代号、同一强度等级、同一批号且连续进场的水泥，袋装不超过 200 t 为一批，散装不超过 500 t 为一批，每批抽样数量不应少于一次。

检验方法：检查质量证明文件和抽样检验报告。

（2）混凝土外加剂进场时，应对其品种、性能、出厂日期等进行检查，并应对外加剂的相关性能进行检验，检验结果应符合现行国家标准《混凝土外加剂》（GB 8076—2008）和《混凝土外加剂应用技术规范》（GB 50119—2013）的规定。

检查数量：按同一厂家、同一品种、同一性能、同一批号且连续进场的混凝土外加剂，不超过 50 t 为一批，每批抽样数量不应少于一次。

检验方法：检查质量证明文件和抽样检验报告。

（3）水泥、外加剂进场检验，当满足下列条件之一时，其检验批容量可扩大一倍。

1）获得认证的产品。

2）同一厂家、同一品种、同一规格的产品，连续三次进场检验均一次检验合格。

2. 一般项目

（1）混凝土用矿物掺合料进场时，应对其品种、性能、出厂日期等进行检查，并应对矿物掺合料的相关性能进行检验，检验结果应符合国家现行有关标准的规定。

检查数量：按同一厂家、同一品种、同一批号且连续进场的矿物掺合料，粉煤灰、矿渣粉、磷渣粉、钢铁渣粉和复合矿物掺合料不超过 200 t 为一批，沸石粉不超过 120 t 为一批，硅灰不超过 30 t 为一批，每批抽样数量不应少于一次。

检验方法：检查质量证明文件和抽样检验报告。

（2）混凝土原材料中的粗骨料、细骨料质量应符合现行行业标准《普通混凝土用砂、石质量及检验方法标准》（JGJ 52—2006）的规定，使用经过净化处理的海砂应符合现行行业标准《海砂混凝土应用技术规范》（JGJ 206—2010）的规定，再生混凝土骨料应符合现行国家标准《混凝土用再生粗骨料》（GB/T 25177—2010）和《混凝土和砂浆用再生细骨料》（GB/T 25176—2010）的规定。

检查数量：按现行行业标准《普通混凝土用砂、石质量及检验方法标准》（JGJ 52—2006）的规定确定。

检验方法：检查抽样检验报告。

（3）混凝土拌制及养护用水应符合现行行业标准《混凝土用水标准》（JGJ 63—2006）的规定。采用饮用水作为混凝土用水时，可不检验；采用中水、搅拌站清洗水、施工现场循环水等其他水源时，应对其成分进行检验。

检查数量：同一水源检查不应少于一次。

检验方法：检查水质检验报告。

3.1.4 混凝土原材料验收质量记录及样表

1. 混凝土原材料检验质量记录

混凝土原材料检验应形成以下质量记录：

(1)表 C3-4-2 水泥检测报告。

(2)表 C3-4-3 砂子检测报告。

(3)表 C3-4-4 石子检测报告。

(4)表 G3-12 混凝土原材料检验批质量验收记录。

注：以上表式采用《河北省建筑工程资料管理规程》[DB13(J)/T 145—2012]所规定的表式。

2. 混凝土原材料检验质量记录样表

(1)《水泥检测报告》样表见表 C3-4-2。

表 C3-4-2 水泥检测报告

编号：

委托单位：

统一编号：

工程名称				委托日期		
使用部位		检验类别		报告日期		
取样单位				取 样 人		
见证单位				见 证 人		
生产厂家				批 号		
水泥品种				代表批量		
强度等级				样品状态		
检测项目		标准要求		实测结果		单项判定
细度						
初凝时间/min						
终凝时间/min						
安定性						
氯离子/%						
强度检验	抗折强度/MPa			抗压强度/MPa		
	( )d	28 d		( )d		28 d
标准要求						
测定值						
代表值						

依据标准	
检验结论	
备　注	

检测单位(公章)：　　　　　批准：　　　　　审核：　　　　　检验：

填表说明：

1. 水泥试验报告是为了保证建筑工程质量，对用于工程中的水泥的强度、安定性和凝结时间等指标进行测试后由试验单位出具的质量证明文件。

2. 所有进场水泥必须进行复试，结构中用的水泥必须复试抗压强度、抗折强度、凝结时间和安定性等项目，其他用水泥(如抹灰)必须复试安定性指标，进口水泥还应对其水泥的有害成分含量进行试验，能否使用以复试报告为准。

3. 水泥贮存时间一般不应超过3个月，超过3个月时应重新检验，确定强度等级。

4. 水泥应先试后用，重点工程或设计有品种、强度等级要求的水泥必须符合要求。

5. 水泥复试可出具3 d、7 d或快测强度，以适应施工需要，但必须补做28 d水泥强度。

6. 检验、审核、批准签字齐全并加盖检测单位公章。

7. 表列子项：

(1)委托单位：提请试验的单位；

(2)试验编号：由试验室按收到的顺序统一排列编号；

(3)工程名称及使用部位：按委托单上的工程名称及使用部位填写；

(4)水泥品种：指所试验水泥的种类，如：硅酸盐水泥、普通硅酸盐水泥、矿渣硅酸盐水泥、矿渣硅酸盐水泥、粉煤灰硅酸盐水泥、火山灰硅酸盐水泥，复合硅酸盐水泥等；

(5)强度等级：如32.5、42.5、52.5等；

(6)检验类别：有委托、仲裁、抽样、监督和对比五种，按实际填写；

(7)代表批量：试样所能代表的用于某一工程的水泥数量；

(8)强度检验：单个强度值必须注明；

(9)检验结论：按实际填写，必须明确合格或不合格；

(10)水泥批号：水泥出厂时的编号。

(2)《砂子检测报告》样表见表 C3-4-3。

表 C3-4-3　砂子检测报告

编号：

委托单位：　　　　　　　　　　　　　　　　　　　　　　　　　　统一编号：

工程名称			委托日期	
使用部位			报告日期	
取样单位			取 样 人	
见证单位			见 证 人	
种　类		产　地		代表批量
样品状态		检测类别		
检验项目	标准要求	实测结果	检验项目	标准要求	实测结果
表观密度/(kg·m⁻³)			石粉含量/%		
堆积密度/(kg·m⁻³)			氯盐含量/%		

检验项目	标准要求		实测结果		检验项目		标准要求		实测结果
紧密密度 /(kg·m⁻³)					吸水率/%				
含泥量/%					云母含量/%				
泥块含量/%					空隙率/%				
硫酸盐硫化物/%					坚固性				
轻物质含量/%					碱活性				
筛孔尺寸/mm	9.50	4.75	2.36	1.18	0.600	0.300	0.150	筛分结果	细度模数
标准下限/%									
标准上限/%									级配区属
累计筛余/%									
依据标准									
检验结论									
备注									

检测单位(公章)： 批准： 审核： 检验：

填表说明：

1. 砂子试验报告是为保证建筑工程质量，对用于工程中的砂子的筛分以及含泥量、泥块含量等指标进行测试后由试验单位出具的质量证明文件。

2. 砂子进场后应进行测试，一般测试项目为筛分析、含泥量、泥块含量，人工砂还应测试石粉含量、坚固性。

3. 检验、审核、批准签字齐全并加盖检测单位公章。

4. 表列子项：

(1)委托单位：提请试验的单位；

(2)试验编号：由实验室按收到试件的顺序统一排列编号；

(3)工程名称及使用部位：按委托单上的工程名称及使用部位填写；

(4)砂种类：一般指河砂、海砂、山砂、人工砂等；

(5)混凝土强度等级：指用此批砂所制备的确良混凝土的强度等级，如有两个或两个以上强度等级时，填写较高的强度等级；

(6)检验类别：有委托、仲裁、抽样、监督和对比五种，按实际填写；

(7)代表批量：试样所能代表用于某一工程砂子的数量；

(8)检验结论：按实测填写，必须明确合格或不合格。

(3)《石子检测报告》样表见表 C3-4-4。

表 C3-4-4 石子检测报告

编号：

统一编号：

委托单位：

工程名称		委托日期	
使用部位		报告日期	
取样单位		取 样 人	
见证单位		见 证 人	

种　类			产　地		代表批量		
样品状态			检测类别				
检验项目	标准要求	实测结果		检验项目	标准要求		实测结果
表观密度 /(kg·m^{-3})				有机物含量/%			
堆积密度 /(kg·m^{-3})				坚固性			
紧密密度 /(kg·m^{-3})				岩石强度/MPa			
含泥量/%				压碎指标/%			
泥块含量/%				SO$_3$含量/%			
吸水率/%				碱活性			
针片状颗粒含量/%				空隙率/%			
筛孔尺寸/mm	53.0	37.5	31.5	26.5	19.0	16.0	9.50	4.75	2.36
标准下限/%							
标准上限/%							
累计筛余/%							
依据标准							
检验结论							
备　注							

检测单位(公章)：　　　　批准：　　　　　审核：　　　　　检验：

填表说明：

1. 石子检测报告是为保证建筑工程质量，对用于工程中的石子的筛分以及含泥量、泥块含量、针片状含量、压碎指标等指标进行测试后由试验单位出具的质量证明文件。

2. 石子进场后应进行测试，一般测试项目为筛分量、含泥量、泥块含量、针片状含量、压碎指标。

3. 检验、审核、批准签字齐全并加盖检测单位公章。

4. 表列子项：

(1)委托单位：提请试验的单位；

(2)试验编号：由试验室按收到试件的顺序统一排列编号；

(3)工程名称及使用部位：按委托单上的工程名称及使用部位填写；

(4)石子种类：一般指碎石、卵石等；

(5)混凝土强度等级：指用此批砂所配制的混凝土的强度等级，如有两个或两个以上强度等级时，填写较高的强度等级；

(6)检验类别：有委托、仲裁、抽样、监督和对比五种，按实际填写；

(7)代表批量：试样所能代表的用于某一工程的石子的数量；

(8)检验结论：按实际填写，必须明确合格或不合格。

(4)《混凝土原材料检验批质量验收记录》样表见表 G3-12。

表 G3-12　混凝土原材料检验批质量验收记录

工程名称			分项工程名称			验收部位		
施工单位						项目经理		
施工执行标准名称及编号			《混凝土结构工程施工质量验收规范》(GB 50204—2015)			专业工长		
分包单位			分包项目经理			施工班组长		
检控项目	序号	质量验收规范的规定			施工单位检查评定记录		监理(建设)单位验收记录	
主控项目	1	水泥进场检验		7.2.1 条				
	2	外加剂进场检验		7.2.2 条				
	3	水泥、外加剂检验批容量扩大的规定		7.2.3 条				
一般项目	1	矿物掺合料进场检验		7.2.4 条				
	2	粗、细骨料进场检验		7.2.5 条				
	3	拌制混凝土用水		7.2.6 条				
施工单位检查评定结果		项目专业质量检查员：　　　　　　　　　　　　　　　　年　　月　　日						
监理(建设)单位验收结论		监理工程师(建设单位项目专业技术负责人)：　　　　　　年　　月　　日						

任务 3.2　混凝土现场拌制

3.2.1　混凝土现场拌制工艺

(一)准备工作

1. 技术准备

(1)对所有原材料的规格、品种、产地、牌号及质量进行检查，并与混凝土施工配合比进行核对。

(2)现场测定砂、石含水率，及时调整好混凝土施工配合比，并公布于搅拌配料地点的标牌上。

(3)首次使用新的混凝土配合比时，应进行开盘鉴定。开盘鉴定结果符合要求。

2. 材料准备

(1)根据工程量的大小、施工进度计划安排情况，提前做出原材料需求计划、复试计划。

(2)按计划组织原材料进场，并及时取样进行原材料的复试工作。

3. 施工机具准备

(1)施工机械。混凝土搅拌机、装载机、自动砂石输料设备(采用电子计量设备)。

(2)工具用具。手推车、铁锹等。

(3)检测设备。台称、磅秤、坍落度筒、试模。

4. 作业条件准备

(1)需浇筑混凝土的部位已办理隐、预检手续，混凝土浇筑申请单已经批准。

(2)搅拌机和配套设备、上料设备应运转灵活，安全可靠。

(3)磅秤下面及周围的砂、石清理干净。计量器具灵敏可靠，并设专人按施工配合比定磅、监磅。

(二)混凝土现场拌制工艺流程

普通混凝土现场拌制工艺流程，如图 3-1 所示。

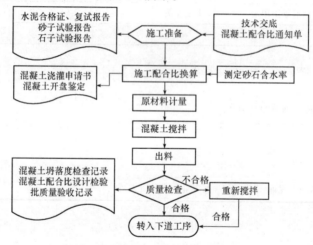

图 3-1 普通混凝土现场拌制工艺流程

(三)混凝土现场拌制操作要求

1. 施工配合比换算

(1)测定现场砂、石含水率，根据《混凝土配合比通知单》换算成施工配合比，并填写《混凝土浇灌申请书》。同时，将换算结果和需拌制的混凝土的强度、浇筑部位、日期等写在标识牌上，挂于混凝土搅拌站醒目位置处。

换算方法：将实验室提供的混凝土配合比用料数量，由每立方用量换算为每盘用量。同时，通过测定现场砂、石的含水率，调整每盘原材料的实际用量。其中，每盘水泥用量一般为每袋水泥质量(50 kg)的整数倍。

$$m'_c = m_c$$
$$m'_s = m_s(1+a\%)$$
$$m'_g = m_g(1+b\%)$$
$$m'_w = m_w - m_s \times a\% - m_g \times b\%$$

式中　　　　$a\%$、$b\%$——现场砂、石的含水率；

m_c、m_s、m_g、m_w——设计配合比每盘用量(kg)；

m'_c、m'_s、m'_g、m'_w——施工配合比每盘用量(kg)。

(2)当遇雨天或砂、石等材料的含水率有显著变化时，应增加含水率检测次数，并及时调整混凝土中所用的砂、石、水用量。

(3)首次使用新的混凝土配合比时，应进行开盘鉴定，并填写《混凝土开盘鉴定》记录单。开始生产时，应至少留置一组标准养护试件，作为验证配合比的依据。

2. 原材料计量

(1)各种计量用器具使用前，应进行零点校核，保持计量准确。原材料的计量应按重量计，水和外加剂溶液可按体积计，其允许偏差应符合表3-10的规定。

表3-10　混凝土原材料计量允许偏差

原材料品种	水泥	细骨料	粗骨料	水	矿物掺合料	外加剂
每盘计量允许偏差	±2%	±3%	±3%	±1%	±2%	±1%
累计计量允许偏差	±1%	±2%	±2%	±1%	±1%	±1%
注：1. 每盘计量允许偏差适用于现场搅拌时原材料计量； 　　2. 累计计量允许偏差适用于计算机控制计量的搅拌站； 　　3. 骨料含水率应经常测定，雨雪天施工应增加测定次数。						

(2)砂石计量。用手推车上料，磅秤计量时，必须车车过磅；当采用自动计量设备时，宜采用小型装载机填料；采用自动或半自动上料时，需调整好斗门关闭的提前量，以保证计量准确。

(3)水泥计量。采用袋装水泥时，应对每批进场水泥进行抽检10袋的重量，取实际重量的平均值，少于标定重量的要开袋补足；采用散装水泥时，应每盘精确计量。

(4)外加剂计量。对于粉状的外加剂，应按施工配合比每盘的用料，预先在仓库中进行计量，并以小包装运到搅拌地点备用；液态外加剂要随用随搅拌，并用比重计检查其浓度，用量筒计量。

(5)水计量。水必须每盘计量，一般根据水泵流量和时间计时器控制。

3. 混凝土搅拌

(1)投料顺序。

1)当无外加剂、混合料时，依次进入上料斗的顺序为：石子→水泥→砂子。

2)当掺混合料时，其顺序为：石子→水泥→混合料→砂子。

3)当掺干粉外加剂时，其顺序为：石子→水泥→砂子→外加剂。

(2)第一盘混凝土拌制。每次拌制第一盘混凝土时，先加水使搅拌筒空转数分钟，搅拌筒被充分湿润后，将剩余积水倒净。搅拌第一盘时，由于砂浆粘筒壁而损失。因此，石子的用量应按配合比减10%。

(3)从第二盘开始，按确定的施工混凝土配合比投料。

(4)搅拌时间。混凝土应搅拌均匀，宜采用强制式搅拌机搅拌。混凝土搅拌的最短时间可按

表 3-11 采用，当能保证搅拌均匀时可适当缩短搅拌时间。搅拌强度等级 C60 及以上的混凝土时，搅拌时间应适当延长。

表 3-11 混凝土搅拌的最短时间 s

混凝土坍落度/mm	搅拌机机型	搅拌机出料量/L		
		<250	250～500	>500
≤40	强制式	60	90	120
>40，且<100	强制式	60	60	90
≥100	强制式	60	60	60
注：1. 混凝土搅拌时间指全部材料装入搅拌筒中起，到开始卸料止的时间段； 　　2. 当掺有外加剂与矿物掺合料时，搅拌时间应适当延长； 　　3. 采用自落式搅拌机时，搅拌时间宜延长 30 s； 　　4. 当采用其他形式的搅拌设备时，搅拌的最短时间也可按设备说明书的规定或经试验确定。				

4. 出料

出料时，先少许出料，目测拌合物的外观质量，如目测合格，方可出料。每盘混凝土拌合物必须出尽。

5. 质量检查

(1)混凝土在生产前应检查混凝土所用原材料的品种、规格是否与施工配合比一致。在生产过程中应检查原材料实际称量误差是否满足要求，每一工作班应至少两次。

(2)混凝土的搅拌时间应随时检查。

(3)混凝土拌合物的工作性检查每 100 m³ 不应少于一次，且每一工作班不应少于两次，必要时可增加检查次数，混凝土拌合物的坍落度允许偏差应符合表 3-12 的要求。

(4)骨料含水率的检验每工作班不应少于一次；当雨雪天气等外界影响导致混凝土骨料含水率变化时，应及时检验。

表 3-12 混凝土拌合物的坍落度允许偏差

坍落度/mm	≤40	50～90	≥100
允许偏差/mm	±10	±20	±30

3.2.2 混凝土拌合物质量验收标准

1. 主控项目

(1)预拌混凝土进场时，其质量应符合现行国家标准《预拌混凝土》(GB/T 14902—2012)的规定。

检查数量：全数检查。

检验方法：检查质量证明文件。

(2)混凝土拌合物不应离析。

检查数量：全数检查。

检验方法：观察。

(3)混凝土中氯离子含量和碱含量应符合现行国家标准《混凝土结构设计规范》(GB 50010—2010)的规定和设计要求。

检查数量：同一配合比混凝土检查不应少于一次。

检验方法：检查原材料试验报告和氯离子、碱的总含量计算书。

(4)首次使用的混凝土配合比应进行开盘鉴定，其原材料、强度、凝结时间、稠度等应满足设计配合比的要求。

检查数量：同一配合比混凝土检查不应少于一次。

检验方法：检查开盘鉴定资料和强度试验报告。

2. 一般项目

(1)混凝土拌合物稠度应满足施工方案的要求。

检查数量：对同一配合比混凝土，取样应符合下列规定：

1)每拌制 100 盘且不超过 100 m³ 时，取样不得少于一次。

2)每工作班拌制不足 100 盘时，取样不得少于一次。

3)每次连续浇筑超过 1 000 m³ 时，每 200 m³ 取样不得少于一次。

4)每一楼层取样不得少于一次。

检验方法：检查稠度抽样检查记录。

(2)混凝土有耐久性指标要求时，应在施工现场随机抽取试件进行耐久性检验，其检验结果应符合国家现行有关标准的规定和设计要求。

检查数量：同一配合比的混凝土，取样不应少于一次，留置试件数量应符合国家现行标准《普通混凝土长期性能和耐久性能试验方法标准》(GB/T 50082—2009)、《混凝土耐久性检验评定标准》(JGJ/T 193—2009)的规定。

检验方法：检查试件耐久性试验报告。

(3)混凝土有抗冻要求时，应在施工现场进行混凝土含气量检验，其检验结果应符合国家现行有关标准的规定和设计要求。

检查数量：同一配合比的混凝土，取样不应少于一次，取样数量应符合现行国家标准《普通混凝土拌合物性能试验方法标准》(GB/T 50080—2002)的规定。

检验方法：检查混凝土含气量检验报告。

3.2.3 混凝土现场拌制质量记录及样表

1. 混凝土现场拌制质量记录

混凝土现场拌制应形成以下质量记录：

(1)表 C2-4 技术交底记录。

(2)表 C1-5 施工日志。

(3)表 C4-9 混凝土配合比通知单。

(4)表 C5-2-7 混凝土浇灌申请书。

(5)表 C5-2-8 混凝土开盘鉴定。

(6)表 C5-2-10 混凝土坍落度检查记录。

(7)表 G3-13 混凝土拌合物检验批质量验收记录。

注：以上表式采用《河北省建筑工程资料管理规程》[DB13(J)/T 145—2012]所规定的表式。

2. 混凝土现场拌制质量记录样表

(1)《混凝土配合比通知单》样表见表 C4-9。

表 C4-9　混凝土配合比通知单

编号：

委托单位：　　　　　　　　　　　　　　　　　　　　　　　　　　　　　　　　　统一编号：

工程名称					委托日期	
使用部位					报告日期	
取样单位					取 样 人	
见证单位					见 证 人	
混凝土种类		设计等级			要求稠度	
水泥品种强度等级		生产厂家			统一编号	
砂产地、粗细					统一编号	
石子产地、品种、粒级					统一编号	
外加剂厂家、品种					统一编号	
					统一编号	
掺合料厂家、品种					统一编号	
					统一编号	

配　　合　　比						
材料名称	水泥	砂子	石子	水	外加剂	掺合料
用量/(kg·m⁻³)						
质量配合比						
搅拌方法		捣固方法			养护条件	
砂率/%		水胶比			试配稠度	
依据标准						
备　注						

检测单位(公章)：　　　　　批准：　　　　　审核：　　　　　检验：

填表说明：

1. 混凝土配合比通知单是施工单位根据设计要求的混凝土强度等级提请试验单位进行混凝土试配，根据试配结果出具的报告单。

2. 不论混凝土工程量大小、强度高低，均应进行试配，并按照配比单拌制混凝土。严禁使用经验配合比。

3. 申请试配应提供混凝土的技术要求、原材料的有关性能、混凝土的搅拌与施工方法和养护方法，设计有特殊要求的混凝土应特别予以详细说明。

4. 混凝土试配应在原材料试验合格后进行。

5. 检验、审核、批准签字齐全并加盖检测单位公章。

6. 表列子项：

(1)委托单位：提请试验的单位；

(2)试验编号：由试验室按收到试件的顺序统一排列编号，表栏内试验编号指材料进场复(测)试试验报告编号；

(3)工程名称及使用部位：按委托单上的工程名称及使用部位填写；

(4)混凝土种类：一般有塑性、流动性、大流动性、泵送、抗渗等；

(5)要求稠度：设计或施工时要求的混凝土的坍落度；

(6)试配稠度：试验室实际测得的坍落度；

(7)养护条件：该组配合比成型的试件在试验室的养护方法，一般为标养。

（2）《混凝土浇灌申请书》样表见表 C5-2-7。

表 C5-2-7　混凝土浇灌申请书

编号：

工程名称：　　　　　　　　　　　　　　　　　　　　　　　　　　　　　施工单位：

申请浇灌时间				申请浇灌混凝土的部位			
混凝土强度等级				混凝土配比单编号			
材料用量	水泥	水	砂	石	外加剂		掺合料	
用量/m³	kg	kg	kg	kg	kg	kg	kg	kg
每盘用量	kg	kg	kg	kg	kg	kg	kg	kg
准备工作情况								
施工单位意见							项目经理： 　　年　月　日	
监理(建设)单位意见							总监/专业监理工程师 　　年　月　日	

填表说明：

1. 混凝土浇灌申请书是指为保证混凝土工程质量，对承重结构混凝土、防水混凝土和有特殊要求的混凝土，浇筑前的准备工作就绪(如人员安排、工艺布置、计量设备各工序配合等)，请求开盘浇灌的申请。

2. 混凝土浇灌申请由施工单位填写、项目经理签字批准后申报，监理(建设)单位批准后方可浇灌混凝土。

3. 表列子项

(1)混凝土强度等级：按实际试配的混凝土强度等级填写，不得低于设计的混凝土强度等级；

(2)材料用量：

水泥：应按每立方米用量、每盘用量分别填写水泥的用量；

水：应按每立方米用量、每盘用量分别填写水的用量；

砂：应按每立方米用量、每盘用量分别填写砂的用量；

石：应按每立方米用量、每盘用量分别填写石子的用量；

外加剂和掺合料：应按每立方米用量、每盘用量分别填写掺加的用量。

(3)《混凝土开盘鉴定》样表见表 C5-2-8。

表 C5-2-8 混凝土开盘鉴定

编号：

工程名称：　　　　　　　　　　　　　　　　　　　　　　　　　　施工单位：

混凝土施工部位				混凝土配合比编号				
混凝土设计强度			水胶比			砂率		
材料		水泥/kg	水/kg	砂/kg	石/kg			要求坍落度
试验室配合比	/(kg·m⁻³)							
	/(kg/盘)							
施工配合比	/(kg/盘)							
	砂子含水率：　　　　％				石子含水率：　　　　％			
鉴定项目	混凝土拌合物			原材料品种、规格、型号是否与通知单相符				
	坍落度	保水性		水泥	砂	石	掺合料	外加剂
设计								
实际								
鉴定意见： 参加开盘鉴定单位代表								
签字栏	监理(建设)单位 代表				施工单位项目 技术负责人			

填表说明：

1. 混凝土开盘鉴定是指现场对于首次使用的混凝土配合比，不论混凝土浇筑工程量大小，浇筑前均必须对混凝土配合比、拌合物和易性及原料计量准确度进行鉴定。

2. 混凝土开盘鉴定必须在混凝土搅拌现场进行。

3. 混凝土开盘鉴定要有施工单位项目负责人、监理机构、搅拌单位的技术负责人参加，为大型工程及重要部位出具配合比的试验室也应派人参加开盘鉴定。

4. 鉴定同意后方可开盘。

5. 混凝土开盘鉴定主要内容：

(1)混凝土所用原材料检验，包括水泥、砂、石、外加剂等，应与试配所用的原材料相符合。应测定砂、石、材料的实际含水率。其计量允许偏差应符合规范规定；

(2)鉴定施工配合比并计算每罐实际用料的称重；

(3)鉴定拌合物的和易性，应用坍落度法或维勃稠度试验；

(4)鉴定掺合料的用量。

(4)《混凝土坍落度检查记录》样表见表 C5-2-10。

表 C5-2-10 混凝土坍落度检查记录

编号：

工程名称：　　　　　　　　　　　　　　　　　　　　　　　　　　　　　　　施工单位：

混凝土强度等级			搅拌方式	
时　间 （ 年　月　日　时 ）	施工部位	要求坍落度	实测坍落度	备注
签字栏		项目技术负责人：		试验员：

填表说明：

1. 混凝土坍落度检查记录是指为保证混凝土质量在浇筑时对混凝土坍落度的检查记录。

2. 混凝土坍落度在浇筑地点进行检查，每一工作班至少两次。

3. 表列子项：

(1)要求坍落度：指混凝土试配的坍落度；

(2)实测坍落度：指混凝土施工时的现场检查的坍落度。

（5）《混凝土拌合物检验批质量验收记录》样表见表 G3-13。

表 G3-13　混凝土拌合物检验批质量验收记录

工程名称			分项工程名称		验收部位	
施工单位					项目经理	
施工执行标准名称及编号		《混凝土结构工程施工质量验收规范》（GB 50204—2015）			专业工长	
分包单位			分包项目经理		施工班组长	
检控项目	序号	质量验收规范的规定		施工单位检查评定记录		监理（建设）单位验收记录
主控项目	1	预拌混凝土进场检验				
	2	混凝土拌合物不应离析				
	3	混凝土中氯离子含量和碱含量				
	4	首次使用混凝土配合比开盘鉴定				
一般项目	1	混凝土拌合物稠度				
	2	混凝土耐久性检验				
	3	混凝土含气量检验				
施工单位检查评定结果		项目专业质量检查员：				年　月　日
监理（建设）单位验收结论		监理工程师（建设单位项目专业技术负责人）：				年　月　日

任务 3.3　混凝土浇筑与检验

3.3.1　混凝土浇筑

（一）混凝土浇筑准备工作

1. 技术准备

（1）熟悉设计施工图纸，编制详细的施工技术方案。

（2）认真做好技术交底工作和班前交底工作。

2. 材料准备

(1)当采用现场拌制混凝土进行浇筑时，请参见前述"普通混凝土现场拌制施工工艺"。

(2)当采用预拌混凝土进行浇筑时，应提前与预拌混凝土供应厂家签订供应合同，混凝土质量必须符合国家现行规范及设计文件的要求，进场时对混凝土质量严格检查验收。

(3)准备好混凝土养护用塑料布、养护毡或养护液等。

3. 施工机具准备

(1)施工机械。塔式起重机、龙门架、混凝土泵送设备、布料机、插入式振捣棒、平板振动器等。

(2)工具用具。手推车、刮杠、铁锹、胶皮水管等。

(3)检测设备。坍落度筒、试模、卷尺、经纬仪、靠尺、塞尺等。

4. 作业条件准备

(1)需浇筑混凝土的部位已办理隐、预检手续，混凝土浇筑申请单已经批准。

(2)浇筑前应将模板内木屑、泥土等杂物及钢筋上的水泥浆清除干净。

(3)施工缝处已将混凝土表面的软弱层剔凿、清理干净，并洒水湿润。

(4)浇筑混凝土用的架子、马道及操作平台已搭设完毕，并经检验合格。

(5)夜间施工还需配备照明灯具。

(二)混凝土浇筑工艺流程

混凝土浇筑工艺流程，如图 3-2 所示。

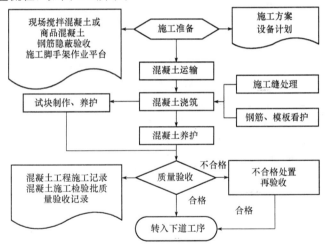

图 3-2　混凝土浇筑工艺流程

(三)混凝土浇筑操作要求

1. 混凝土运输

(1)水平运输。当混凝土为现场拌制时，混凝土浆的水平运输宜优先采用混凝土输送泵或塔吊。当采用预拌混凝土时，混凝土浆的水平运输宜采用混凝土罐车和混凝土输送泵。

(2)垂直运输。当混凝土为现场拌制时，混凝土浆的垂直运输宜优先采用混凝土输送泵。当条件受限时，可采用塔吊或物料提升机进行混凝土垂直运输；当采用预拌混凝土时，混凝土浆的垂直运输宜采用混凝土输送泵，应合理确定泵管及布料杆的位置。

2. 混凝土浇筑

在浇筑过程中，应及时填写《混凝土工程施工记录》。

（1）墙、柱混凝土浇筑。

1）墙、柱浇筑混凝土之前，底部应先垫一层 50 mm 左右厚与混凝土配合比相同的减石的水泥砂浆，混凝土应分层浇筑，使用插入式振捣器时，每层厚度不大于 500 mm，分层厚度用标尺杆控制，振捣棒不得触动钢筋和预埋件。

2）墙、柱高度在 3.0 m 之内，可直接在顶部下料浇筑，超过 3.0 m 时，采用串桶、软管等辅助浇筑。

3）振捣时，特别注意钢筋密集处（如墙体拐角处及门洞两侧）及洞口下方混凝土的振捣，宜采用小直径振捣棒，且需在洞口两侧同时振捣，浇筑高度也要大体一致。宽大洞口的下部模板应开口，再补充浇筑振捣。

4）浇筑过程中，随时将外露的钢筋整理到位。

5）施工缝留置：墙体施工缝宜留置在门洞口过梁跨中 1/3 范围内也可留在纵横墙的交接处。柱施工缝可留置在基础顶面、主梁下面、无梁楼板柱帽下面，如图 3-3 所示。

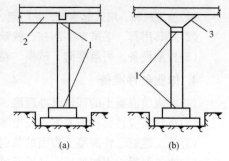

图 3-3 柱施工缝留置位置

（a）肋形楼板柱；（b）无梁楼板柱
1—施工缝；2—梁；3—柱帽

（2）梁、板混凝土浇筑。

1）梁、板与柱、墙连续浇筑时，应在柱、墙浇筑完毕后停歇 1～1.5 h。

2）梁、板应同时浇筑，浇筑方法应由一端开始用"赶浆压槎法"，即先浇筑梁，根据梁高分层浇筑成阶梯形，当达到板底位置时再与板混凝土一起浇筑，向前推进。大截面梁也可单独浇筑，施工缝可留置在板底面以下 20～30 mm 处。

3）浇筑板混凝土的虚铺厚度略大于板厚，用平板振捣器垂直浇筑方向来回振捣，厚板可用插入式振捣棒顺浇筑方向拖拉振捣，振捣完毕后先用刮杠初次找平，然后再用木抹子找平压实，在顶板混凝土达到初凝前，进行二次找平压实，用木抹子拍打混凝土表面直至泛浆，用力搓压平整。

4）使用插入式振动棒应快插慢拔，插点要均匀排列，逐点移动，顺序进行，振捣密实。移动间距不大于振动棒作用半径的 1.5 倍（400～500 mm），振捣上一层时应插入下层 50 mm 左右，以消除层间接缝。每一振点的延续时间应以混凝土表面呈现浮浆为止，防止漏振、欠振及过振。平板振捣器的移动间距，应保证振捣器的平板边缘覆盖已振实部分的边缘。

5）浇筑混凝土应连续进行，如必须间歇，间歇时间应尽量缩短，并应在混凝土初凝之前将次层混凝土浇筑完毕。否则，需按施工缝处理。

6）顶板混凝土浇筑标高应拉对角水平线控制，边找平边测量，尤其注意墙、柱根部混凝土表面的找平，为模板支设创造有利条件。

7）施工缝位置：宜沿次梁方向浇筑楼板，施工缝应留置在次梁跨度的中间 1/3 范围内，施工缝表面应与梁轴线或板面垂直，不得留斜槎，施工缝宜用多层板或钢丝网封堵，如图 3-4 所示。

（3）楼梯混凝土浇筑。

1）楼梯段混凝土自下而上浇筑，先振实底板混凝土，

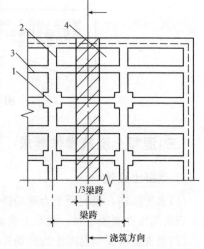

图 3-4 有梁板施工缝位置

1—柱；2—主梁；3—次梁；4—板

达到踏步位置时再与踏步混凝土一起浇筑，向上推进，并随时用木抹子将踏步上表面抹平。

2)施工缝位置：应留置在楼梯段的1/3内范围，一般留置在第3步台阶处即可。

(4)施工缝处理。待已浇筑的混凝土强度达1.2 N/mm²后，先将已硬化混凝土表面的水泥薄膜或松散混凝土及砂浆软弱层剔凿，用水冲洗干净并充分湿润。再铺一层与混凝土成分相同的水泥砂浆，然后浇筑混凝土，仔细捣实，保证新旧混凝土结合密实。

3. 混凝土养护

常温施工混凝土一般采用自然养护，自然养护可分为洒水养护和涂刷养护剂两种方法。

(1)洒水养护。楼板混凝土宜采用铺养护毡浇水养护的方法。应在浇筑后12 h以内采取覆盖保湿养护措施，防止脱水、裂缝。养护时间一般不得少于7 d，对于有抗渗要求的混凝土，养护时间不得少于14 d。养护期间应能保证混凝土始终处于湿润状态。

(2)涂刷养护剂。柱、墙混凝土可采用涂刷养护剂的养护方法。柱、墙混凝土拆模后，立即在混凝土表面涂刷过氯乙烯树脂塑料溶液，溶剂挥发后形成一层塑料薄膜，使混凝土与空气隔绝，阻止水分蒸发，以保证水化作用正常进行。

混凝土必须养护至其强度达到1.2 N/mm²以上，才准在上面行人和架设支架、安装模板，但不得冲击混凝土。当日平均气温低于5 ℃时，不得浇水。

3.3.2 混凝土试块留置与强度评定

(一)混凝土试块留置

试块应在混凝土浇筑地点随机抽取制作。标准养护试块的取样与留置组数应根据浇筑数量、部位、配合比等情况确定，同条件养护试块的留置组数应根据实际需要确定，此外还需针对涉及混凝土结构安全的重要部位留置同条件养护结构实体检验试块。

(1)混凝土强度试块留置要求。

1)每拌制100盘且不超过100 m³的同配合比的混凝土，取样不得少于一次。

2)每工作班拌制的同一配合比的混凝土不足100盘时，取样不得少于一次。

3)当一次连续浇筑超过1 000 m³时，同一配合比的混凝土每200 m³取样不得少于一次。

4)对房屋建筑，每一楼层、同一配合比的混凝土，取样不得少于一次。

5)每次取样应至少留置一组标准养护试件，同条件养护试件的留置组数应根据实际需要确定。

检验评定混凝土强度用的混凝土试件的尺寸及强度的尺寸换算系数应按表3-13取用。

表3-13 混凝土试件尺寸及强度的尺寸换算系数

骨料最大粒径/mm	试件尺寸/mm	强度的尺寸换算系数
≤31.5	100×100×100	0.95
≤40	150×150×150	1.00
≤63	200×200×200	1.05
注：对强度等级为C60及以上的混凝土试件，其强度的尺寸换算系数可通过试验确定。		

(2)混凝土抗渗试块留置要求。抗渗试块的留置，在同一工程、同一配合比取样不应少于一次，组数可根据实际需要确定。

(二)混凝土强度评定

根据《混凝土强度检验评定标准》(GB/T 50107—2010)的规定，混凝土强度应分批进行检验评定，并填写《混凝土强度评定表》。

1. 混凝土检验批

一个检验批的混凝土应由强度等级相同、试验龄期相同、生产工艺条件和配合比基本相同的混凝土组成。

2. 标准试件强度代表值

用于评定的混凝土强度试件，应采用标准方法成型，之后置于标准养护条件下进行养护，直到设计要求的龄期。当采用非标准尺寸试件时，应将其抗压强度乘以尺寸折算系数，折算成边长为 150 mm 的标准尺寸试件抗压强度。

每组混凝土试件强度代表值的确定，应符合下列规定：

(1)取 3 个试件强度的算术平均值作为每组试件的强度代表值。

(2)当一组试件中强度的最大值或最小值与中间值之差超过中间值的 15％时，取中间值作为该组试件的强度代表值。

(3)当一组试件中强度的最大值和最小值与中间值之差均超过中间值的 15％时，该组试件的强度不应作为评定的依据。

注：对掺矿物掺合料的混凝土进行强度评定时，可根据设计规定，可采用大于 28 d 龄期的混凝土强度。

3. 混凝土强度评定

由于施工现场无法维持基本相同的生产条件，或生产周期较短，无法积累强度数据以资计算可靠的标准差。因此，混凝土强度评定采用标准差未知方案。当同一检验批的样本数量不少于10组时，采用统计方法评定；当同一检验批的样本数量少于 10 组时，采用统计方法评定非统计方法评定。

(1)采用统计方法评定混凝土强度。当用于评定的样本容量不少于 10 组时，应采用统计方法评定混凝土强度。其强度应同时符合下列要求：

$$m_{f_{cu}} \geqslant f_{cu,k} + \lambda_1 \cdot S_{f_{cu}}$$

$$f_{cu,min} \geqslant \lambda_2 \cdot f_{cu,k}$$

同一检验批混凝土立方体抗压强度的标准差应按下式计算：

$$S_{f_{cu}} = \sqrt{\frac{\sum_{i=1}^{n} f_{cu,i}^2 - n m_{f_{cu}}^2}{n-1}}$$

式中　$f_{cu,k}$——混凝土立方体抗压强度标准值(N/mm²)，精确到 0.1 N/mm²；

　　　　$m_{f_{cu}}$——同一检验批混凝土立方体抗压强度平均值(N/mm²)，精确到 0.1 N/mm²；

　　$f_{cu,min}$——同一检验批中混凝土立方体抗压强度最小值(N/mm²)，精确到 0.1 N/mm²；

　　　$f_{cu,i}$——同一检验批中第 i 组混凝土立方体抗压强度代表值(N/mm²)，精确到 0.1 N/mm²；

　　　　$S_{f_{cu}}$——同一检验批混凝土立方体抗压强度的标准差，(N/mm²)，精确到 0.1 N/mm²；

　　　　　　当当检验批混凝土强度标准差 $S_{f_{cu}}$ 计算值小于 2.5 N/mm² 时，取 $S_{f_{cu}} = 2.5$ N/mm²；

　λ_1、λ_2——合格评定系数，按表 3-14 取用。

表 3-14　混凝土强度的合格评定系数

试件组数	10~14	15~19	≥20
λ_1	1.15	1.05	0.95
λ_2	0.90	0.85	

（2）采用非统计方法评定混凝土强度。当用于评定的样本容量小于10组时，应采用非统计方法评定混凝土强度。其强度应同时符合下列规定：

$$m_{f_{cu}} \geq \lambda_3 \cdot f_{cu,k}$$
$$f_{cu,min} \geq \lambda_4 \cdot f_{cu,k}$$

式中　λ_3、λ_4——合格评定系数，按表3-15取用。

表 3-15　混凝土强度的非统计法合格评定系数

混凝土强度等级	＜C60	≥C60
λ_3	1.15	1.10
λ_4	0.95	

（3）混凝土强度的合格性评定。当检验结果满足上述（1）或（2）的规定时，则该批混凝土强度应评定为合格；当不能满足上述规定时，该批混凝土强度应评定为不合格。

对评定为不合格批的混凝土，可按现行国家的有关标准进行处理。

3.3.3　现浇结构外观质量缺陷与处理

1. 现浇结构外观质量缺陷

现浇结构的外观质量缺陷，应由监理（建设）单位、施工单位等各方根据其对结构性能和使用功能影响的严重程度，按表3-16确定。

表 3-16　现浇结构外观质量缺陷

名称	现象	严重缺陷	一般缺陷
露筋	构件内钢筋未被混凝土包裹而外露	纵向受力钢筋有露筋	其他钢筋有少量露筋
蜂窝	混凝土表面缺少水泥砂浆而形成石子外露	构件主要受力部位有蜂窝	其他部位有少量蜂窝
孔洞	混凝土中孔穴深度和长度均超过保护层厚度	构件主要受力部位有孔洞	其他部位有少量孔洞
夹渣	混凝土中夹有杂物且深度超过保护层厚度	构件主要受力部位有夹渣	其他部位有少量夹渣
疏松	混凝土中局部不密实	构件主要受力部位有疏松	其他部位有少量疏松
裂缝	缝隙从混凝土表面延伸至混凝土内部	构件主要受力部位有影响结构性能或使用功能的裂缝	其他部位有少量不影响结构性能或使用功能的裂缝
连接部位缺陷	构件连接处混凝土缺陷及连接钢筋、连接件松动	连接部位有影响结构传力性能的缺陷	连接部位有基本不影响结构传力性能的缺陷
外形缺陷	缺棱掉角、棱角不直、翘曲不平、飞边凸肋等	清水混凝土构件有影响使用功能或装饰效果的外形缺陷	其他混凝土构件有不影响使用功能的外形缺陷

名称	现象	严重缺陷	一般缺陷
外表缺陷	构件表面麻面、掉皮、起砂、沾污等	具有重要装饰效果的清水混凝土构件有外表缺陷	其他混凝土构件有不影响使用功能的外表缺陷

现浇结构拆模后，应由监理(建设)单位、施工单位对外观质量和尺寸偏差进行检查，做出记录，并应及时按施工技术方案对缺陷进行处理。

2. 外观质量缺陷处理方法

(1)抹水泥砂浆修补。对数量不多的蜂窝、麻面、露筋、露石的混凝土表面，可用1:2～1:2.5水泥砂浆抹面修整，主要是保护钢筋和混凝土不受侵蚀。

(2)细石混凝土填补。当蜂窝比较严重、露筋较深或夹渣时，应剔凿掉不密实的混凝土，用清水洗净并充分湿润后，再用比原强度等级高一级的细石混凝土填补并仔细捣实。

3.3.4 混凝土施工质量验收标准

(一)混凝土浇筑质量验收标准

1. 主控项目

(1)混凝土的强度等级必须符合设计要求。用于检验混凝土强度的试件应在浇筑地点随机抽取。

检查数量：对同一配合比混凝土，取样与试件留置应符合下列规定：

1)每拌制100盘且不超过100 m³时，取样不得少于一次。

2)每工作班拌制不足100盘时，取样不得少于一次。

3)连续浇筑超过1 000 m³时，每200 m³取样不得少于一次。

4)每一楼层取样不得少于一次。

5)每次取样应至少留置一组试件。

检验方法：检查施工记录及试件强度试验报告。

2. 一般项目

(1)后浇带的留置位置应符合设计要求，后浇带和施工缝的留设及处理方法应符合施工方案要求。

检查数量：全数检查。

检验方法：观察。

(2)混凝土浇筑完毕后应及时进行养护，养护时间以及养护方法并应符合施工方案要求。

检查数量：全数检查。

检验方法：观察，检查混凝土养护记录。

(二)现浇结构外观质量验收标准

1. 主控项目

现浇结构的外观质量不应有严重缺陷。

对已经出现的严重缺陷，应由施工单位提出技术处理方案，并经监理单位认可后进行处理；对裂缝、连接部位出现的严重缺陷及其他影响结构安全的严重缺陷，技术处理方案尚应经设计单位认可。对经处理的部位应重新验收。

检查数量：全数检查。

检验方法：观察，检查处理记录。

2. 一般项目

现浇结构的外观质量不应有一般缺陷。

对已经出现的一般缺陷，应由施工单位按技术处理方案进行处理。对经处理的部位应重新验收。

检查数量：全数检查。

检验方法：观察，检查处理记录。

(三)现浇结构尺寸偏差验收标准

1. 主控项目

现浇结构不应有影响结构性能或使用功能的尺寸偏差；混凝土设备基础不应有影响结构性能或设备安装的尺寸偏差。

对超过尺寸允许偏差且影响结构性能或安装、使用功能的部位，应由施工单位提出技术处理方案，并经监理、设计单位认可后进行处理。对经处理的部位应重新验收。

检查数量：全数检查。

检验方法：量测，检查处理记录。

2. 一般项目

(1)现浇结构的位置、尺寸偏差及检验方法应符合表 3-17 的规定。

检查数量：按楼层、结构缝或施工段划分检验批。在同一检验批内，对梁、柱和独立基础，应抽查构件数量的 10%，且不应少于 3 件；对墙和板，应按有代表性的自然间抽查 10%，且不应少于 3 间；对大空间结构，墙可按相邻轴线高度 5 m 左右划分检查面，板可按纵、横轴线划分检查面，抽查 10%，且均不少于 3 面；对于电梯井，应全数检查。

表 3-17 现浇结构位置、尺寸允许偏差及检验方法

项　目			允许偏差/mm	检验方法
轴线位置	整体基础		15	经纬仪及尺量
	独立基础		10	经纬仪及尺量
	墙、柱、梁		8	尺量
垂直度	层高	≤6 m	10	经纬仪或吊线、尺量
		>6 m	12	经纬仪或吊线、尺量
	全高(H)≤300 m		$H/30\,000+20$	经纬仪、尺量
	全高(H)>300 m		$H/10\,000$ 且≤80	经纬仪、尺量
标高	层高		±10	水准仪或拉线、尺量
	全高		±30	水准仪或拉线、尺量

项 目		允许偏差/mm	检验方法
截面尺寸	基础	+15, −10	尺量
	柱、梁、板、墙	+10, −5	尺量
	楼梯相邻踏步高差	±6	尺量
电梯井	中心位置	10	尺量
	长、宽尺寸	+25, 0	尺量
表面平整度		8	2 m 靠尺和塞尺量测
预埋件中心位置	预埋板	10	尺量
	预埋螺栓	5	尺量
	预埋管	5	尺量
	其他	10	尺量
预留洞、孔中心线位置		15	尺量

注：1. 检查轴线、中心线位置时，沿纵、横两个方向量测，并取其中偏差的较大值。
2. H 为全高，单位为 mm。

（2）现浇设备基础的位置、尺寸应符合设计和设备安装的要求。其位置和尺寸允许偏差及检验方法应符合表 3-18 的规定。

检查数量：全数检查。

表 3-18 现浇设备基础位置和尺寸允许偏差及检验方法

项 目		允许偏差/mm	检验方法
坐标位置		20	经纬仪及尺量
不同平面标高		0, −20	水准仪或拉线、尺量
平面外形尺寸		±20	尺量
凸台上平面外形尺寸		0, −20	尺量
凹槽尺寸		+20, 0	尺量
平面水平度	每米	5	水平尺、塞尺量测
	全长	10	水准仪或拉线、尺量
垂直度	每米	5	经纬仪或吊线、尺量
	全高	10	经纬仪或吊线、尺量
预埋地脚螺栓	中心线位置	2	尺量
	顶标高	+20, 0	水准仪或拉线、尺量
	中心距	±2	尺量
	垂直度	5	吊线、尺量

项　　目		允许偏差/mm	检验方法
预埋地脚螺栓孔	中心线位置	10	尺量
	截面尺寸	+20, 0	尺量
	深度	+20, 0	尺量
	垂直度	$h/100$ 且≤10	吊线、尺量
预埋活动地脚螺栓锚板	中心线位置	5	尺量
	标高	+20, 0	水准仪或拉线、尺量
	带槽锚板平整度	5	直尺、塞尺量测
	带螺纹孔锚板平整度	2	直尺、塞尺量测

注：1. 检查坐标、中心线位置时，应沿纵、横两个方向量测，并取其中偏差的较大值。

　　2. h 为预埋地脚螺栓孔孔深，单位为 mm。

3.3.5　成品保护措施

(1)保护钢筋及其定位卡具和垫块的位置准确，不碰动预埋件和插筋，不得踩踏楼板尤其是悬挑板的负弯矩筋、楼梯的弯起钢筋。

(2)不在楼梯踏步模板吊帮上蹬踩，应搭设跳板，保护模板的牢固和严密。

(3)已浇筑楼板、楼梯踏步混凝土要加以养护，在混凝土强度达到 1.2 MPa 后，方可上人作业。

(4)冬期施工浇筑的混凝土，工作人员在覆盖保温材料和初期测温时，要在铺好的脚手板上操作，防止踩踏混凝土。

(5)墙、柱阳角拆模后，必要时在 2 m 高度范围内采用护角保护。

3.3.6　混凝土施工质量记录及样表

1. 混凝土施工质量记录

混凝土施工应形成以下质量记录：

(1)表 C2-4　技术交底记录。

(2)表 C1-5　施工日志。

(3)表 C5-2-9　混凝土工程施工记录。

(4)表 C4-10　混凝土试块抗压强度试验报告。

(5)表 C4-8　混凝土强度评定表。

(6)表 G3-14　混凝土施工检验批质量验收记录。

(7)表 G3-15　现浇结构外观质量检验批质量验收记录。

(8)表 G3-16　现浇结构尺寸允许偏差检验批质量验收记录。

注：以上表式采用《河北省建筑工程资料管理规程》[DB13(J)/T 145—2012]所规定的表式。

2. 混凝土施工质量记录样表

(1)《混凝土工程施工记录》样表见表 C5-2-9。

表 C5-2-9　混凝土工程施工记录

工程名称：　　　　　　　　　施工单位：　　　　　　　　　　　　　编号：

浇筑部位				设计强度等级			浇筑日期		
操作班组				天气情况			温度/℃	最高	
								最低	
混凝土搅拌类别	商品混凝土		供货厂名				合同号		
			供货强度等级				配比单编号		
	现场搅拌	混凝土配合比	配合比通知单编号						
			材料名称	规格产地	每 m³ 用量/kg		每盘用量/kg		实际每盘用量/kg
			水泥						
			石子						
			砂子						
			水						
			外掺料						
			外加剂						
开始时间			年　月　日　　时			完成时间		年　月　日　　时	
本次浇筑数量/m³				试块留置情况					
备　注									
签字栏	监理(建设)单位			施工单位					
				技术负责人		施工员		试验员	

填表说明：

1. 混凝土工程施工记录是指不论混凝土浇筑工程量大小，对环境条件、混凝土配合比、浇筑部位、坍落度、试块结果等进行全面真实记录。

2. 混凝土的运输、浇筑、振捣、养护必须符合质量验收规范要求。

3. 凡是进行混凝土施工，不论工程量大小均必须按当班工作日填报混凝土施工记录。

4. 表列子项：

(1)混凝土强度等级：按设计要求的混凝土强度等级；

(2)混凝土配合比单编号：指试验室提供的混凝土配合比通知单编号；

(3)配合比：指试验室下达的配合比；

(4)开始、终止浇筑时间：指当班工作日起止时间；

(5)天气情况：指当日最高、最低气温及气候情况。

(2)《混凝土试块抗压强度试验报告》样表见表C4-10。

表C4-10 混凝土试块抗压强度试验报告

编号：

委托单位：

统一编号：

工程名称					委托日期		
结构部位					报告日期		
取样单位					取 样 人		
见证单位					见 证 人		
强度等级					试块规格		
配合比编号					养护方法		
样品状态					检验类别		
试样编号	成型日期	破型日期	龄期 /d	强度值 /MPa		强度代表值 /MPa	达设计强度 /%
依据标准							
备注							

试验单位(公章)：   批准：   审核：   试验：

填表说明：

1. 混凝土试块试验报告是保证建筑工程质量，由试验单位对工程中留置的混凝土试块的强度指标进行测试后出具的质量证明文件。

2. 用于现浇结构构件混凝土质量的试块，应在混凝土浇筑地点随机取样制作，并在标准条件下养护，试件的留置应符合相应标准的规定。

3. 用于预制结构构件混凝土质量的试块，应在混凝土浇筑地点随机取样制作，并在标准条件下养护，试件的留置应符合相应标准的规定。

4. 试验、审核、技术负责人签字齐全并加盖试验单位公章。

5. 表列子项：

(1)委托单位：提请试验的单位；

(2)试验编号：由试验室按收到试件的顺序统一排列编号；

(3)工程名称及结构部位：按委托单上的工程名称及结构部位填写；

(4)试块边长：有100、150、200 mm三种正方形；

(5)检验类别：有委托、仲裁、抽样、监督和对比五种，按实际填写；

(6)配合比编号：指生产该批混凝土所使用的混凝土强度委托试验单的编号；

(7)养护方法：指该组混凝土试件的养护方法，一般有：标养、蒸养、自然养护、同条件养护；

(8)试样编号：指该组混凝土试件的编号。

(3)《混凝土强度评定表》样表见表 C4-8。

表 C4-8　混凝土强度评定表

工程名称：　　　　　　　　　施工单位：　　　　　　　　　编号：

混凝土强度等级		结构部位	
配合比编号		养护条件	

验收组数 $n=$	合格评定系数 $\lambda_1=$	$\lambda_2=$	$\lambda_3=$	$\lambda_4=$

同一检验批混凝土立方体抗压强度平均值　$m_{f_{cu}}=$

同一检验批混凝土立方体抗压强度最小值　$f_{cu,min}=$

前一检验期强度标准差　$\sigma_0=$

同一检验批混凝土立方体抗压强度标准差　$S_{f_{cu}}=$

验收批各组试件强度值/MPa：

	统计方法		非统计方法
标准差 已知统 计法	$m_{f_{cu}} \geq f_{cu,k}+0.7\sigma_0$ $f_{cu,min} \geq f_{cu,k}-0.7\sigma_0$ 当强度等级≤C20 时 $f_{cu,min} \geq 0.85 f_{cu,k}$ 当强度等级别>C20 时 $f_{cu,min} \geq 0.9 f_{cu,k}$	标准差 未知统 计法 $m_{f_{cu}} \geq f_{cu,k}+\lambda_1 \cdot S_{f_{cu}}$ $f_{cu,min} \geq \lambda_2 \cdot f_{cu,k}$	$m_{f_{cu}} \geq \lambda_3 \cdot f_{cu,k}$ $f_{cu,min} \geq \lambda_4 \cdot f_{cu,k}$

依据标准：

计算：	结论：
	日期：　　　年　月　日

签字栏	监理(建设)单位	施工单位		
		技术负责人	质检员	统计

填表说明：混凝土强度评定表是指对单位工程混凝土强度进行综合核查评定用表。

主要核查水泥等原材料使用是否与实际相符，混凝土强度等级、试压龄期、养护方法、试块留置的部位及组数等是否符合设计要求和有关标准规范的规定。

(4)《混凝土施工检验批质量验收记录》样表见表 G3-14。

表 G3-14　混凝土施工检验批质量验收记录

工程名称				分项工程名称		验收部位	
施工单位						项目经理	
施工执行 标准名称及编号			《混凝土结构工程施工质量验收规范》 （GB 50204—2015）			专业工长	
分包单位				分包项目经理		施工班组长	
检控 项目	序 号	质量验收规范的规定			施工单位检查评定记录		监理（建设）单位 验收记录
主控 项目	1	混凝土试件的取样与留置规定		7.4.1条			
一般 项目	1	后浇带的留设位置和处理		7.4.2条			
	2	混凝土养护措施规定		7.4.3条			
施工单位 检查评定结果		项目专业质量检查员：　　　　　　　　　　　　　　　年　月　日					
监理（建设） 单位验收结论		监理工程师（建设单位项目专业技术负责人）：　　　　　　　年　月　日					

（5）《现浇结构外观质量检验批质量验收记录》样表见表 G3-15。

表 G3-15　现浇结构外观质量检验批质量验收记录

工程名称			分项工程名称		验收部位	
施工单位					项目经理	
施工执行标准名称及编号			《混凝土结构工程施工质量验收规范》 （GB 50204—2015）		专业工长	
分包单位			分包项目经理		施工班组长	
检控项目	序号	质量验收规范的规定		施工单位检查评定记录		监理（建设）单位验收记录
主控项目	1	现浇结构的外观质量不应有严重缺陷。 　对已经出现的严重缺陷，应由施工单位提出技术处理方案，并经监理单位认可后进行处理；对裂缝、连接部位出现的严重缺陷及其他影响结构安全的严重缺陷，技术处理方案尚应经设计单位认可。对经处理的部位应重新验收。 　检查数量：全数检查。 　检验方法：观察，检查处理记录				
一般项目	1	现浇结构的外观质量不应有一般缺陷。 　对已经出现的一般缺陷，应由施工单位按技术处理方案进行处理。对经处理的部位应重新验收。 　检查数量：全数检查。 　检验方法：观察，检查处理记录				
施工单位检查评定结果						
		项目专业质量检查员：				年　月　日
监理（建设）单位验收结论						
		监理工程师（建设单位项目专业技术负责人）：				年　月　日

（6）《现浇结构尺寸允许偏差检验批质量验收记录》样表见表 G3-16。

表 G3-16　现浇结构尺寸允许偏差检验批质量验收记录

工程名称				分项工程名称			验收部位			
施工单位							项目经理			
施工执行标准名称及编号			《混凝土结构工程施工质量验收规范》（GB 50204—2015）				专业工长			
分包单位				分包项目经理			施工班组长			
检控项目	序号	质量验收规范的规定				施工单位检查评定记录				监理（建设）单位验收记录
主控项目	1	现浇结构不应有影响结构性能或使用功能的尺寸偏差			8.2.1条					
一般项目		现浇结构拆模后尺寸			允许偏差/mm	量测值/mm				
	1	轴线位置	整体基础		15					
			独立基础		10					
			墙、柱、梁		8					
	2	垂直度	层高	≤6 m	10					
				>6 m	12					
			全高(H)≤300 m		$H/30\,000+20$					
			全高(H)>300 m		$H/10\,000$ 且≤80					
	3	标高	层高		±10					
			全高		±30					
	4	截面尺寸	基础		+15，−10					
			柱、梁、板、墙		+10，−5					
			楼梯相邻踏步高差		±6					
	5	电梯井	中心位置		10					
			长、宽尺寸		+25，0					
	6	表面平整度			8					
	7	预埋件中心位置	预埋板		10					
			预埋螺栓		5					
			预埋管		5					
			其他		10					
	8	预留洞、孔中心线位置			15					
	注：1. 检查轴线、中心线位置时，沿纵、横两个方向量测，并取其中的较大值。 　　2. H 为全高，单位为 mm。									
施工单位检查评定结果		项目专业质量检查员：							年　月　日	
监理（建设）单位验收结论		监理工程师（建设单位项目专业技术负责人）：							年　月　日	

任务 3.4 混凝土冬期施工

混凝土冬期施工，应遵循《建筑工程冬期施工规程》(JGJ/T 104—2011)的规定。根据当地多年气温资料统计，当室外日平均气温连续 5 d 稳定低于 5 ℃即进入冬期施工，当室外日平均气温连续 5 d 高于 5 ℃即解除冬期施工。

3.4.1 混凝土受冻临界强度

混凝土受冻临界强度是指新浇筑混凝土在受冻前达到某一初始强度值，然后遭到冻害，当恢复正温养护后，混凝土强度仍会继续增长，经 28 d 后，其后期强度可达设计强度的 95％以上，这一受冻前的初始强度值称为受冻临界强度。混凝土的热工计算，详见本书附录。

混凝土受冻临界强度，应按表 3-19 取用。

表 3-19 混凝土受冻临界强度

普通混凝土		掺用防冻剂的混凝土	
配制混凝土的水泥品种	受冻临界强度	室外最低气温/℃	受冻临界强度/(N·mm^{-2})
硅酸盐水泥或普通硅酸盐水泥	不低于 $f_{cu,k}$ 的 30％	不低于−15	≥4.0
矿渣硅酸盐水泥	不低于 $f_{cu,k}$ 的 40％	不低于−30	≥5.0

注：1. 强度等级等于或高于 C50 的混凝土，受冻临界强度不宜小于 $f_{cu,k}$ 的 30％；
　　2. 有抗渗要求的混凝土，受冻临界强度不宜小于 $f_{cu,k}$ 的 50％；
　　3. 有抗冻耐久性要求的混凝土，受冻临界强度不宜小于 $f_{cu,k}$ 的 70％。

3.4.2 混凝土冬施材料的选择

(1)水泥。混凝土冬期施工应优先选用硅酸盐水泥和普通硅酸盐水泥，水泥强度等级不应低于 42.5 级。每立方米混凝土中的最小水泥用量不宜低于 280 kg/m³，水胶比不应大于 0.55。

使用矿渣硅酸盐水泥时，宜优先采用蒸汽养护。

(2)骨料。混凝土不得含有冰、雪等冻结物及易冻裂的矿物质，并且适当采取保温措施。

(3)防冻剂。为了减少冻害，应将配合比中加入防冻剂，优先选用减水防冻剂。在钢筋混凝土中掺用氯盐类防冻剂时，氯盐掺量不得大于水泥重量的 1％(按无水状态计算)。掺用氯盐的混凝土应振捣密实，且不宜采用蒸汽养护。

在下列情况下，不得在钢筋混凝土结构中掺用氯盐：

1)排出大量蒸汽的车间、浴池、游泳馆、洗衣房和经常处于空气相对湿度大于 80％的房间以及有顶盖的钢筋混凝土蓄水池等的在高湿度空气环境中使用的结构。

2)处于水位升降部位的结构。

3)露天结构或经常受雨、水淋的结构。

4)有镀锌钢材或铝铁相接触部位的结构，和有外露钢筋、预埋件而无防护措施的结构。

5)与含有酸、碱或硫酸盐等侵蚀介质相接触的结构。

6)使用过程中经常处于环境温度为 60 ℃以上的结构。

7)使用冷拉钢筋或冷拔低碳钢丝的结构。

8)薄壁结构,中级和重级工作制吊车梁、屋架、落锤或锻锤基础结构。

9)电解车间和直接靠近直流电源的结构。

10)直接靠近高压电源(发电站、变电所)的结构。

11)预应力混凝土结构。

(4)保温材料。覆盖混凝土表面和模板外的保温层,不应采用潮湿状态的材料,也不应将保温材料直接铺盖在潮湿的混凝土表面,新浇混凝土表面应铺一层塑料薄膜。

3.4.3 冬期混凝土的拌制

1. 搭设防护棚

为了减少热量散失,混凝土冬期施工前应搭设将搅拌机防护棚,并且在防护棚内设置加热水箱。

2. 原材料加热

混凝土原材料加热宜采用加热水的方法。当加热水仍不能满足要求时,再对骨料进行加热。拌合水、骨料加热的最高温度应符合表 3-20 的规定。水加热宜采用燃煤炉灶加热、蒸汽加热、电加热或汽水热交换罐等方法;骨料加热宜采用蒸汽加热;水泥不得直接加热,宜存放在暖棚内。

表 3-20 拌合水及骨料加热最高温度

水泥强度等级	拌合用水/℃	骨料/℃
小于 42.5	80	60
42.5、42.5R 及以上	60	40
注:若达到规定温度后仍不能满足要求时,水的加热温度可提高到 100 ℃,但水泥不得与 80 ℃ 以上热水直接接触。		

3. 混凝土搅拌

(1)投料顺序。先投入骨料和加热的水,待搅拌一定的时间后,再投入水泥搅拌到规定时间。

(2)防冻剂投料。对于粉状的防冻剂,应按施工配合比每盘的用料,预先在仓库中进行计量,并以小包装运到搅拌地点备用;液态外加剂要随用随搅拌,并用比重计检查其浓度,用量筒计量。

(3)混凝土拌制。混凝土拌制前,应用热水或蒸汽冲洗搅拌机,拌制混凝土的最短时间应按表 3-21 采用。混凝土拌合物的出机温度应符合混凝土浇筑方案的要求,不宜低于 10 ℃,入模温度不得低于 5 ℃。

表 3-21 拌制混凝土的最短时间   s

混凝土坍落度/mm	搅拌机容积/L	混凝土搅拌最短时间/s
≤80	<250	90
	250～500	135
	>500	180

混凝土坍落度/mm	搅拌机容积/L	混凝土搅拌最短时间/s
>80	<250	90
	250~500	90
	>500	135

注：采用自落式搅拌机时，搅拌时间应延长 30~60 s；采用预拌混凝土时，应较常温搅拌时间延长 15~30 s。

4. 冬期混凝土拌制测温

冬期施工测温的项目与次数应符合表 3-22 规定。

表 3-22　混凝土冬期施工测温项目与频次

测温项目	测温次数
室外气温	测最高、最低气温
环境温度	每昼夜不少于 4 次
搅拌机棚温度	每一工作班不少于 4 次
水、水泥、矿物掺合料、砂、石及外加剂溶液温度	每一工作班不少于 4 次
混凝土出机、浇筑、入模温度	每一工作班不少于 4 次

注：室外最高最低气温测量起、止日期为本地区冬期施工起始至终了时止。

3.4.4　冬期混凝土运输和浇筑

1. 混凝土运输

冬期施工运输混凝土拌合物，应使热量损失尽量减少，可采取下列措施：

(1)正确选择放置搅拌机的地点，尽量缩短运距，选择最佳的运输路线。

(2)混凝土运输与输送机具应进行保温或具有加热装置。

(3)泵送混凝土在浇筑前应对泵管进行保温，并采用与混凝土同配合比砂浆进行预热。

2. 混凝土浇筑

(1)混凝土在浇筑前，应清除模板和钢筋上的冰雪和污垢。

(2)混凝土在浇筑过程中，新浇混凝土表面先铺一层塑料薄膜，再覆盖保温材料，边浇筑边覆盖。

(3)分层浇筑厚大的整体式结构混凝土时，已浇筑层的混凝土温度在未被上一层混凝土覆盖前不应低于 2 ℃。

(4)墙、柱混凝土拆模后，拆模时混凝土温度与环境温度差大于 20 ℃时，拆模后的混凝土表面应及时覆盖，将塑料薄膜和毛毡包裹混凝土外表面。

(5)试块留置。除按正常规定留置外，每次抽样还应增设不少于两组同条件养护试块，分别用于检验受冻临界强度和冬期施工转入常温 28 d 强度。

3. 蓄热法养护

(1)蓄热法。混凝土浇筑后，利用原材料加热以及水泥水化放热，并采取适当保温措施延缓混凝土冷却，在混凝土温度降到 0 ℃以前达到受冻临界强度的施工方法。

(2)综合蓄热法。掺早强剂或早强型复合外加剂的混凝土浇筑后，利用原材料加热以及水泥水化放热，并采取适当保温措施延缓混凝土冷却，在混凝土温度降到 0 ℃以前达到受冻临界强度的施工方法。

1)混凝土浇筑后要在裸露的混凝土表面先用塑料薄膜等防水材料覆盖，然后铺设保温材料。对于端部其厚度要增大到面部的 2～3 倍。

2)混凝土浇筑后应有一套严格的测温制度，如发现混凝土温度下降过快或遇寒流袭击，应立即采取补加保温层或人工加热措施。

3)采用组合钢模板时，宜采用整装整拆方案，并确保模板保温效果和减少材料消耗。为了便于脱模，可在混凝土强度达到 1 N/mm² 后，使侧模板轻轻脱离混凝土再合上继续养护到拆模。

4. 混凝土测温

(1)绘制测温孔布置图。先绘制测温孔布置图，全部测温孔均应编号，测温孔应设在有代表性的结构部位和温度变化大易冷却的部位。浇筑混凝土时，按测温孔布置图在混凝土结构中留置测温孔，孔深宜为 10～15 cm，也可为板厚的 1/2 或墙厚的 1/2。

(2)测温方法。测温时，将温度计插入测温孔，孔口用棉球轻轻封堵与外界隔离，温度计在测温孔内停留 3～5 min，再进行读数，然后取出温度计。

(3)测温要求。

1)采用蓄热法或综合蓄热法时，在达到受冻临界强度之前，应每隔 4～6 h 测量一次。

2)采用负温养护法时，在达到受冻临界强度之前，应每隔 2 h 测量一次。

3)采用加热法时，升温和降温阶段应每隔 1 h 测量一次，恒温阶段每隔 2 h 测量一次。

4)混凝土在达到受冻临界强度之后，可停止测温。

3.4.5 混凝土冬期施工质量记录及样表

1. 混凝土冬期施工质量记录

混凝土冬期施工应形成以下质量记录：

(1)表 C2-4　技术交底记录。

(2)表 C1-5　施工日志。

(3)表 C5-2-11　冬期混凝土搅拌及浇灌测温记录。

(4)表 C5-2-12　冬期混凝土养护测温记录。

注：以上表式采用《河北省建筑工程资料管理规程》[DB13(J)/T 145—2012] 所规定的表式。

2. 混凝土冬期施工质量记录样表

(1)《冬期混凝土搅拌及浇灌测温记录》样表见表 C5-2-11。

表 C5-2-11 冬期混凝土搅拌及浇灌测温记录

工程名称：　　　　　　　　　　施工单位：　　　　　　　　　　编号：

施工部位					天气		风力			
年 月 日 时分	原材料温度/℃				大气温度	混凝土温度/℃、养护条件				
	水泥	水	砂	石		出机	入模	浇灌部位	养护方法	备注

项目技术负责人：　　　　　　　　质检员：　　　　　　　　记录人：

填表说明：

1. 冬期施工混凝土测温记录是指为保证冬施条件下混凝土质量而对混凝土温度测试记录。

2. 大体积混凝土浇筑后应测试混凝土表面和内部温度，将温差控制在设计要求的范围之内，当设计无要求时，温差应符合规范规定。新浇筑的大体积混凝土应进行表面保护，减少表面温度的频繁变化，防止或减少因内外温差过大导致混凝土开裂。

3. 冬期施工混凝土和大体积混凝土在浇筑时，根据规范规定设置测温孔。测温应编号，并绘制测温孔布置图。大体积混凝土的测温孔应在表面及内部分别设置。

4. 测温的时间、点数以及日次数根据不同的保温方式而不同，但均需符合规范要求。

5. 表列子项：

(1)混凝土温度：

1)出机：指混凝土出搅拌机时的温度；

2)入模：指混凝土入模时的温度。

(2)平均温度：按不同测温点温度的加数平均值；

(3)各测孔温度：每测温一次均应按不同时、分，不同测温孔的温度分别记录；

(4)浇筑温度：指混凝土振捣后，在混凝土 50～100 mm 深处的温度。

（2）《冬期混凝土养护测温记录》样表见表 C5-2-12。

表 C5-2-12　冬期混凝土养护测温记录

工程名称：　　　　　　　　施工单位：　　　　　　　　编号：

部位			养护方法								测试方式	
测温时间 年 月 日 时	大气温度	浇筑温度	各测孔内部温度℃/混凝土表面温度℃							平均温度/℃	间隔时间/h	
			各测孔编号									
测温孔布置 简　图												

项目技术负责人：　　　　　　　　质检员：　　　　　　　　记录人：

填表说明：

1. 冬期施工混凝土测温记录是指为保证冬施条件下混凝土质量而对混凝土温度测试记录。

2. 大体积混凝土浇筑后应测试混凝土表面和内部温度，将温差控制在设计要求的范围之内，当设计无要求时，温差应符合规范规定。新浇筑的大体积混凝土应进行表面保护，减少表面温度的频繁变化，防止或减少因内外温差过大导致混凝土开裂。

3. 冬期施工混凝土和大体积混凝土在浇筑时，根据规范规定设置测温孔。测温应编号，并绘制测温孔布置图。大体积混凝土的测温孔应在表面及内部分别设置。

4. 测温的时间、点数以及日次数根据不同的保温方式而不同，但均需符合规范要求。

5. 表列子项：

（1）平均温度：按不同测温点温度的加数平均值；

（2）各测孔温度：每测温一次均应按不同时、分，不同测温孔的温度分别记录；

（3）浇筑温度：指混凝土振捣后，在混凝土 50～100 mm 深处的温度；

（4）间隔时间：指本次测温和上次测温的时间间隔；

（5）成熟度：指大体积混凝土浇筑后通过测得温度计算求得。

单元 4　脚手架搭设与拆除

在主体结构工程施工中，常用的外墙脚手架是落地脚手架和悬挑脚手架。根据住房和城乡建设部建质〔2009〕87号文《危险性较大的分部分项工程安全管理办法》规定，落地式钢管脚手架、悬挑式脚手架、吊篮脚手架、附着式整体和分片提升脚手架、自制卸料平台、移动操作平台以及新型及异型脚手架工程都属于危险性较大的分部分项工程范围，需编制专项施工方案。专项施工方案的内容，同前述"模板工程施工"的相关内容。

脚手架搭设与拆除应符合《建筑施工扣件式钢管脚手架安全技术规范》(JGJ 130—2011)的规定。

任务4.1　钢管落地脚手架搭设与拆除

4.1.1　钢管落地脚手架的构造

1. 构配件

构配件是用于搭设脚手架的各种钢管、扣件、脚手板、安全网等材料的统称。

(1)钢管。脚手架钢管的尺寸应按表4-1采用。每根钢管的最大质量不应大于25.8 kg，宜采用 $\phi48.3 \times 3.6$ mm的钢管。

表 4-1　脚手架钢管尺寸　　　　　　　　　　mm

截面尺寸		最大长度	
外径 ϕ	壁厚 t	横向水平杆	其他杆
48.3	3.6	2 200	6 500

(2)扣件。扣件用可锻铸铁制造，在螺栓拧紧扭力矩达65 N·m时，不得发生破坏。扣件用于钢管之间的连接，基本形式有对接扣件、旋转扣件和直角扣三种，如图4-1所示。对接扣件用于两根钢管的对接连接；旋转扣件用于两根钢管呈任意角度交叉的连接；直角扣件用于两根钢管呈垂直交叉的连接。

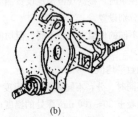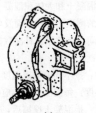

(a)　　　　　　　　　(b)　　　　　　　　　(c)

图 4-1　扣件形式
(a)对接扣件；(b)旋转扣件；(c)直角扣

（3）脚手板。脚手板可采用钢、木、竹材料制作。木脚手板采用杉木或松木制作，厚度不应小于 50 mm，两端各设直两道镀锌钢丝箍（直径 4 mm）；冲压钢脚手板应有防滑措施。

（4）安全网。安全网应符合现行国家标准《安全网》（GB 5725—2009）的规定。

2. 构造要求

钢管落地脚手架主要由钢管和扣件组成。主要杆件有立杆、纵向水平杆、横向水平杆、剪刀撑和底座等。

（1）立杆。又称站杆。它平行于建筑物并垂直于地面，是把脚手架荷载传递给基础的受力杆件。其作用是：将脚手架上所堆放的物件和操作人员的全部荷载，通过底座或垫板传到地基上。

通常，立杆纵距 $l_a \leqslant 1.5$ m；立杆横距 $l_b \leqslant 1.05$ m；内立杆离墙面的距离为 0.5 m；搭设高度 $H > 50$ m 时，另行计算。

（2）纵向水平杆。又称顺水（大横杆）。它平行于建筑物并布置在立杆内侧纵向连接各立杆，是承受并传递荷载给立杆的受力杆件。其作用是：与立杆连成整体，将脚手板上的堆放物料和操作人员的荷载传到立杆上。

通常，立杆步距 $h \leqslant 1.8$ m；宜根据安全网的宽度，取 1.5 m 或 1.8 m；搭设高度 $H > 50$ m 时，另行计算。

（3）横向水平杆。又称架拐（小横杆）。它垂直于建筑物并在横向水平连接内、外排立杆，是承受并传递荷载给纵向水平杆（北方）或立杆（南方）的受力杆件。其作用是：直接承受脚手板上的荷载，并将其传到纵向水平杆（北方）或立杆（南方）上。

通常，操作层横向水平杆间距 $s \leqslant 1.0$ m。

（4）剪刀撑。剪刀撑又称十字盖。它设置在脚手架外侧面，用旋转扣件与立杆连接，形成墙面平行的十字交叉斜杆。其作用是：把脚手架连成整体，增加脚手架的纵向刚度。

当脚手架高度 $H < 24$ m 时，在侧立面的两端均应设置，中间每隔 15 m 设一道剪刀撑；每道剪刀撑的宽度 $\geqslant 4$ 跨且 $\geqslant 6$ m，斜杆与地面呈 45°～60°夹角；当双排脚手架 $H \geqslant 24$ m 时，应在外侧立面整个长度上连续设置剪刀撑。

（5）连墙杆。连墙杆又称连墙件。它是连按脚手架与建筑物的构件，宜优先采用菱形布置，连墙杆的设置应符合表 4-2 的规定。其作用是：不仅防止架子外倾，同时增加立杆的纵向刚度。

表 4-2 连墙件布置最大间距

搭设方法	高度 H	竖向间距 h	水平间距 l_a	每根连墙件覆盖面积/m²
双排落地	$\leqslant 50$ m	$3h$	$3l_a$	$\leqslant 40$
双排悬挑	> 50 m	$2h$	$3l_a$	$\leqslant 27$
单排	$\leqslant 24$ m	$3h$	$3l_a$	$\leqslant 40$
注：h——步距；l_a——纵距。				

（6）横向斜撑。在同一节间由底至顶层呈"之"字形连续布置。作用是：增强脚手架的横向刚度。当采用脚手架高度 $H \geqslant 24$ m 的封闭型脚手架，拐角应设置横向斜撑，中间应每隔 6 跨设置一道；当采用双排脚手架 $H < 24$ m 封闭型脚手架，可不设横向斜撑。

（7）纵向扫地杆。它是连接立杆下端的纵向水平杆。其作用是：起约束立杆底端，防止纵向发生位移。通常，位于距底座下皮 200 mm 处。

(8)横向扫地杆。它是连接立杆下端的横向水平杆。其作用是：起约束立杆底端在横向发生位移。通常，位于纵向水平扫地杆上方。

(9)脚手板。脚手板又称架板。一般用厚 2 mm 的钢板压制而成或 50 mm 松木板。通常，脚手板从横向水平杆外伸长度取 130～150 mm，严防探头板倾翻；作业层脚手板铺满，距离墙150 mm；中间每隔 12 m 满铺一层。

4.1.2　钢管落地脚手架搭设工艺

1. 搭设工艺流程

钢管落地脚手架搭设工艺流程：夯实平整场地→材料准备→设置通长木垫板→纵向扫地杆→搭设立杆→横向扫地杆→搭设纵向水平杆→搭设横向水平杆→搭设剪刀撑→固定连墙件→搭设防护栏杆→铺设脚手板→绑扎安全网。

2. 搭设操作要求

(1)夯实平整场地。脚手架地基础部位应夯实，采用混凝土进行硬化，强度等级不低于C15，厚度不小于 10 cm。地基承载能力能够满足外脚手架的搭设要求。

(2)设置通长木垫板。

1)根据构造要求在建筑物四角用尺量出内、外立杆离墙距离，并做好标记。

2)脚手架搭设高度小于 30 m 时，底部应铺设通长脚手板；垫板应准确地放在定位线上，垫板必须铺放平整，不得悬空。用钢卷尺拉直，分出立杆位置，并用粉笔画出立杆标记。

3)搭设高度大于 30 m 时，底部应铺设通长脚手板并增设专用底座。

(3)搭设立杆。

1)搭设底部立杆时，采用不同长度的钢管间隔布置，使钢管立杆的对接接头交错布置，高度方向相互错开 500 mm 以上，且要求相邻接头不应在同步或同跨内，以保证脚手架的整体性。

2)沿着木垫板通长铺设纵向扫地杆，连接于立杆脚点上，距离底座 20 cm 左右。

3)脚手架开始搭设立杆时，应每隔 6 跨设置一根抛撑，直至连墙件安装稳定后，方可根据情况拆除。立杆的垂直偏差应控制在不大于架高的 1/400。

(4)搭设纵向水平杆。

1)纵向水平杆设置在立杆内侧，其长度不宜小于 3 跨，两端外伸 150 mm；纵向水平杆沿高度方向的间距，取 1.5 m 或 1.8 m，以便立网挂设。

2)纵向水平杆的对接扣件应交错布置：两根相邻纵向水平杆的接头不宜设置在同步或同跨内；不同步或不同跨的两个相邻接头在水平方向错开的距离不应小于 500 mm；各接头中心至最近主节点的距离不宜大于纵距的 1/3，如图 4-2 所示。

(5)搭设横向水平杆。

1)外墙脚手架主节点处必须设置一根横向水平杆，用直角扣件扣接且严禁拆除。

2)作业层上非主节点处的横向水平杆，宜根据支承脚手板的需要等间距设置，最大间距不应大于纵距的 1/2。

3)单排脚手架横向水平杆的一端，用直角扣件固定在立杆上，另一端应插入墙内，插入长度不应小于 180 mm。

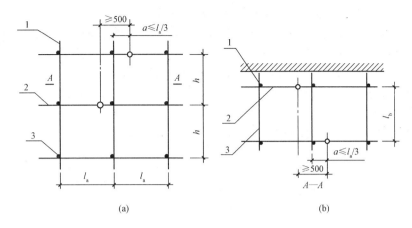

图 4-2 纵向水平杆对接接头布置

(a)接头不在同步内(立面);(b)接头不在同跨内(平面)

1—立杆;2—纵向水平杆;3—横向水平杆

(6)搭设剪刀撑。

1)高度在 24 m 以下的脚手架外侧立面的两端各设置一道剪刀撑,并应由底至顶连续设置;中间各道剪刀撑之间的净距离不应大于 15 m,如图 4-3 所示。每道剪刀撑跨越立杆的根数应按表 4-3 的规定确定。每道剪刀撑宽度不应小于 4 跨,且不应小于 6 m,斜杆与地面的倾角应为 $45°\sim60°$。

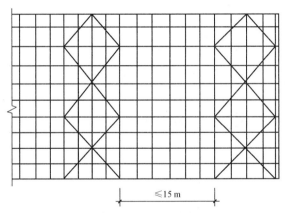

图 4-3 高度 24 m 以下剪刀撑布置

表 4-3 剪刀撑跨越立杆的最多根数

剪刀撑斜杆与地面的倾角 α	45°	50°	60°
剪刀撑跨越立杆的最多根数 n	7	6	5

2)剪刀撑斜杆的接长宜采用搭接,搭接长度不小于 1 m,应采用不少于 2 个旋转扣件固定。

3)剪刀撑斜杆应用旋转扣件固定在与之相交的横向水平杆的伸出端或立杆上,旋转扣件中心线离主节点的距离不宜大于 150 mm。

(7)固定连墙件。

1)连墙件宜采用 $\phi48.3\times3.6$ mm 钢管和扣件,将脚手架与建筑物连接;连接点应保证牢固,防止其移动变形，且尽量设置在外架大横向水平杆接点处。

2)外墙装饰阶段连接点也须满足要求，确因施工需要除去原连接点时，必须重新补设可靠，有效地临时拉结，以确保外架安全可靠。

(8)搭设防护栏杆。脚手架外侧必须设 1.2 m 高的防护栏杆和 30 cm 高踢脚杆，顶排防护栏杆不少于 2 道，高度分别为 0.9 m 和 1.2 m。

(9)铺设脚手板。

1)脚手板的铺设可采用对接平铺，亦可采用搭接铺设，如图 4-4 所示。

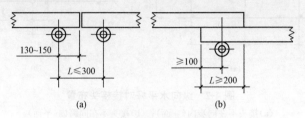

图 4-4　脚手板对接、搭接构造
(a)脚手板对接；(b)脚手板搭接

2)脚手板对接平铺时，接头处必须设两根横向水平杆，脚手板外伸长度取 130～150 mm，两块脚手板外伸长度的和不应大于 300 mm。

3)脚手板搭接铺设时，接头必须支在横向水平杆上，搭接长度应大于 200 mm，其伸出横向水平杆的长度不应小于 100 mm。

(10)绑扎安全网。

1)脚手架外侧使用建设主管部门认证的合格绿色密目式安全网封闭，且将安全网固定在脚手架外立杆里侧；在首层顶绑扎一道兜网。

2)选用 18 号钢丝张挂安全网，要求严密、平整。

4.1.3　钢管脚手架检查与验收

1. 构配件进场检查与验收

构配件质量检查，按表 4-4 的要求检查。

表 4-4　构配件质量检查表

项　　目	要　　求	抽检数量	检查方法
钢管	应有产品质量合格证、质量检验报告	750 根为一批，每批抽取 1 根	检查资料
	钢管表面应平直、光滑，不应有裂缝、结疤、分层、错位、硬弯、毛刺、压痕、深的划道及严重锈蚀等缺陷，严禁打孔；钢管使用前必须涂刷防锈漆	全数	目测
钢管外径及壁厚	外径 48.3 mm，允许偏差±0.5 mm；壁厚 3.6 mm，允许偏差±0.36 mm，最小壁厚 3.24 mm	3%	游标卡尺测量

项　　目	要　　求	抽检数量	检查方法
扣件	应有生产许可证、质量检测报告、产品质量合格证、复试报告	《钢管脚手架扣件》(GB 15831)的规定	检查资料
	不允许有裂缝、变形、螺栓滑丝；扣件与钢管接触部位不应有氧化皮；活动部位应能灵活转动，旋转扣件两旋转面间隙应小于1 mm；扣件表面应进行防锈处理	全数	目测
扣件螺栓拧紧扭力矩	扣件螺栓拧紧扭力矩值不应小于 40 N·m，且不应大于 65 N·m	按8.2.5条	扭力扳手
可调托撑	可调托撑抗压承载力设计值不应小于 40 kN。应有产品质量合格证、质量检验报告	3‰	检查资料
	可调托撑螺杆外径不得小于 36 mm，可调托撑螺杆与螺母旋合长度不得少于 5 扣，螺母厚度不小于 30 mm。插入立杆内的长度不得小于 150 mm。支托板厚不小于 5 mm，变形不大于 1 mm。螺杆与支托板焊接要牢固，焊缝高度不小于 6 mm	3‰	游标卡尺、钢板尺测量
	支托板、螺母有裂缝的严禁使用	全数	目测
脚手板	新冲压钢脚手板应有产品质量合格证	—	检查资料
	冲压钢脚手板板面挠曲≤12 mm(l≤4 m)或≤16 mm(l＞4 m)；板面扭曲≤5 mm(任一角翘起)	3‰	钢板尺
	不得有裂纹、开焊与硬弯；新、旧脚手板均应涂防锈漆	全数	目测
	木脚手板材质应符合现行国家标准《木结构设计规范》(GB 50005—2003)中Ⅱ a 级材质的规定。扭曲变形、劈裂、腐朽的脚手板不得使用	全数	目测
	木脚手板的宽度不宜小于 200 mm，厚度不应小于 50 mm；板厚允许偏差—2 mm	3‰	钢板尺
	竹脚手板宜采用由毛竹或楠竹制作的竹串片板、竹笆板	全数	目测
	竹串片脚手板宜采用螺栓将并列的竹片串连而成。螺栓直径宜为3～10 mm，螺栓间距宜为 500～600 mm，螺栓离板端宜为 200～250 mm，板宽250 mm，板长2 000 mm、2 500 mm、3 000 mm	3‰	钢板尺
安全网	安全网绳不得损坏和腐朽，平支安全网宜使用锦纶安全网；密目式阻燃安全网除满足网目要求外，其锁扣间距应控制在 300 mm以内	全数	目测

2. 扣件拧紧扭力矩检查与验收

　　钢管扣件式脚手架搭设完后，采用扭力扳手对螺栓拧紧扭力矩进行检查。抽样方法应按随机分布原则进行。抽样检查数量与质量判定标准，应按表 4-5 的规定确定。不合格的必须重新拧紧，直至合格为止。

表 4-5　扣件拧紧抽样检查数目及质量判定标准

项　次	检查项目	安装扣件数量/个	抽检数量/个	允许的不合格数/个
1	连接立杆与纵（横）向水平杆或剪刀撑的扣件；接长立杆、纵向水平杆或剪刀撑的扣件	51～90	5	0
		91～150	8	1
		151～280	13	1
		281～500	20	2
		501～1 200	32	3
		1 201～3 200	50	5
2	连接横向水平杆与纵向水平杆的扣件（非主节点处）	51～90	5	1
		91～150	8	2
		151～280	13	3
		281～500	20	5
		501～1 200	32	7
		1 201～3 200	50	10

3. 脚手架搭设过程及使用前的检查与验收

脚手架搭设的技术要求、允许偏差与检验方法，应符合表 4-6 的规定。

表 4-6　脚手架搭设的技术要求、允许偏差与检验方法

项次	项　目		技术要求	允许偏差/mm			检查方法与工具
1	地基基础	表面	坚实、平整	—			观察
		排水	不积水				
		垫板	不晃动				
		底座	不滑动				
			不沉降	—10			
2	立杆垂直度	最后验收垂直度 20～50 m	—	±100			用经纬仪或吊线和卷尺
		下列脚手架允许水平偏差/mm					
		搭设中检查偏差的高度/m	总高度				
			50 m	40 m	20 m		
		H=2	±7	±7	±7		
		H=10	±20	±25	±50		
		H=20	±40	±50	±100		
		H=30	±60	±75			
		H=40	±80	±100			
		H=50	±100				
		中间档次用插入法					
3	间距	步距	—	±20			钢板尺
		纵距	—	±50			
		横距	—	±20			

项次	项 目		技术要求	允许偏差/mm	检查方法与工具
4	两根纵向水平杆高差	一根杆的两端	—	±20	水平仪或水平尺
		同跨内两根纵向水平杆高差	—	±10	
5	双排脚手架横向水平杆外伸长度偏差		外伸 500 mm	−50	钢板尺
6	扣件安装	主节点处各扣件中心点相互距离	$a \leqslant 150$ mm	—	钢板尺
		同步立杆上两个相隔对接扣件的高差	$a \geqslant 500$ mm	—	钢卷尺
		立杆上的对接扣件至主节点的距离	$a \leqslant h/3$	—	钢卷尺
		纵向水平杆上的对接扣件至主节点的距离	$a \leqslant l_a/3$	—	钢卷尺
		扣件螺栓拧紧扭力矩	$40 \sim 65$ N·m	—	扭力扳手
7	剪刀撑斜杆与地面的倾角		$45° \sim 60°$	—	角尺
8	脚手板外伸长度	对接	$a = 130 \sim 150$ mm $l \leqslant 300$ mm	—	钢卷尺
		搭接	$a \geqslant 100$ mm $l \geqslant 200$ mm	—	钢卷尺

4. 脚手架使用过程中的检查

(1)脚手架使用中，应定期检查下列要求内容：

1)杆件的设置和连接，连墙件、支撑、门洞桁架等的构造应符合规范和专项施工方案的要求。

2)地基应无积水，底座应无松动，立杆应无悬空。

3)扣件螺栓应无松动。

4)高度在 24 m 以上的双排脚手架，其立杆的沉降与垂直度的偏差应符合规范的规定。

5)安全防护措施应符合规范要求。

6)应无超载使用。

(2)在下列情况下应对脚手架重新进行检查验收：

1)遇六级以上大风、大雨后、寒冷地区开冻后。

2)停工超过一个月恢复使用前。

4.1.4 钢管脚手架拆除

(1)脚手架拆除准备工作。

1)应全面检查架体的连接件、支撑体系、连墙件等是否符合构造要求。

2)脚手架拆除顺序和措施，并经主管部门批准后方可实施。

3)应有单位工程负责人进行拆除安全技术交底。

4)应清除脚手架、模板支架上的杂物及地面障碍物。

(2)脚手架拆除安全技术要求。

1)拆架时应划分作业区，周围设绳绑围栏或竖立警戒标志，禁止非作业人员进入，设专人指挥。

2)拆架作业人员应戴安全帽、系安全带、扎裹腿、穿软底防滑鞋。

3)拆架程序应遵守由上而下，先搭后拆的原则，严禁上下同时进行拆架作业。

4)连墙件应随脚手架逐层拆除，分段拆除时高差不得大于两步，否则应增设临时连墙件。

5)拆除时要统一指挥，上下呼应，动作协调，当解开与另一人有关的结扣时，应先通知对方。

6)拆除后的构配件必须妥善运至地面，分类堆放，严禁高空抛掷。

7)如遇强风、雨、雪等特殊气候，不应进行脚手架的拆除，严禁夜间拆除。

4.1.5 钢管落地脚手架计算实例

石家庄市某单位住宅楼，砖混结构，地下一层，地上六层，檐口高度22.5 m。外墙脚手架采用扣件式钢管落地双排脚手架(图4-5)，脚手架设计参数，见表4-7 。试验算该脚手架方案是否安全可靠。

表4-7 扣件式脚手架设计参数

一、基本参数			
脚手架搭设方式	双排脚手架	脚手架钢管类型	$\phi 48.3 \times 3.6$
脚手架搭设高度 H/m	24	脚手架沿纵向搭设长度 L/m	50
立杆步距 h/m	1.8	立杆纵距或跨距 l_a/m	1.5
立杆横距 l_b/m	1.05	横向水平杆计算外伸长度 a_1/m	0
内立杆离建筑物距离 a/m	0.3	双立杆计算方法	不设置双立杆
纵、横水平杆布置方式	横向水平杆在上	纵向水平杆上横向水平杆根数	1
横杆与立杆连接方式	单扣件	扣件抗滑移折减系数	0.85
二、连墙件			
连墙件布置方式	两步两跨	连墙件连接方式	扣件连接
连墙件约束脚手架 平面外变形轴向力 N_0/kN	3	立杆计算长度系数 μ	1.5
连墙件计算长度 l_0/mm	600	连墙件截面面积 A_c/mm^2	506
连墙件截面回转半径 i/mm	159	连墙件抗压强度设计值 $[f]/(\text{N}\cdot\text{mm}^{-2})$	205
连墙件与扣件连接方式	双扣件	扣件抗滑移折减系数	0.85
三、施工荷载			
结构脚手架作业层数 n_{jj}	2	结构脚手架荷载标准值 $G_{kjj}/(\text{kN}\cdot\text{m}^{-2})$	3

四、脚手架自重荷载

脚手板类型	木脚手板	脚手板自重标准值 $G_{kjb}/(kN \cdot m^{-2})$	0.35
挡脚板类型	木挡脚板	栏杆与挡脚板自重标准值 $G_{kdb}/(kN \cdot m^{-2})$	0.17
脚手板铺设方式	2步1设	密目式安全立网自重标准值 $G_{kmw}/(kN \cdot m^{-2})$	0.01
挡脚板铺设方式	2步1设	每米立杆承受结构自重标准值 $g_k/(kN \cdot m^{-1})$	0.129
横向斜撑布置方式	5跨1设		

五、地基基础

地基土类型	黏性土	地基承载力特征值 f_g/kPa	140
垫板底面积 A/m^2	0.25	地基承载力调整系数 k_c	1
脚手架放置位置	地基		

六、风荷载

考虑风荷载	否	地区	河北石家庄市
安全网设置	半封闭	基本风压 $w_0/(kN \cdot m^{-2})$	0.25
风荷载体型系数 μ_s	1.25	风荷载标准值 $w_k/(kN \cdot m^{-2})$ (连墙件)	0.38

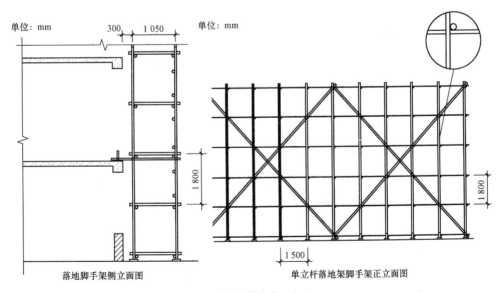

单位: mm

单位: mm

落地脚手架侧立面图

单立杆落地架脚手架正立面图

图 4-5 落地脚手架

1. 计算依据

(1)《建筑施工扣件式钢管脚手架安全技术规范》(JGJ 130—2011)。

(2)《建筑地基基础设计规范》(GB 50007—2011)。

(3)《建筑结构荷载规范》(GB 50009—2012)。

(4)《钢结构设计规范》(GB 50017—2003)。

2. 小横杆的计算

小横杆按照简支梁进行强度和挠度计算,小横杆在大横杆的上面。小横杆设计参数,见表 4-8。小横杆计算简图,如图 4-6 所示。

表 4-8 小横杆设计参数

纵、横向水平杆布置方式	横向水平杆在上	纵向水平杆上横向水平杆根数 n	1
横杆抗弯强度设计值$[f]$/(N·mm^{-2})	205	横杆截面惯性矩 I/mm^4	127 100
横杆弹性模量 E/(N·mm^{-2})	206 000	横杆截面抵抗矩 W/mm^3	5 260

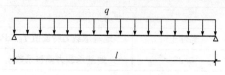

图 4-6 小横杆计算简图

(1)均布荷载值计算。

承载能力极限状态:

$$q=1.2\times[0.04+G_{kjb}\times l_a/(n+1)]+1.4\times G_k\times l_a/(n+1)=1.2\times[0.04+0.35\times1.5/(1+1)]+1.4\times3\times1.5/(1+1)=3.51(kN/m)$$

正常使用极限状态:

$$q'=[0.04+G_{kjb}\times l_a/(n+1)]+G_k\times l_a/(n+1)=[0.04+0.35\times1.5/(1+1)]+3\times1.5/(1+1)$$
$$=2.55(kN/m)$$

(2)强度计算。最大弯矩考虑为简支梁均布荷载作用下的弯矩,计算公式为:

$$M_{max}=\frac{ql^2}{8}=\frac{3.51\times1\ 050^2}{8}=0.48(kN\cdot m)$$

$\sigma=M_{max}/W=0.48\times10^6/5\ 260=91.25(N/mm^2)\leqslant[f]=205(N/mm^2)$,因此,强度满足要求。

(3)挠度计算。最大挠度考虑为简支梁均布荷载作用下的挠度:

$$\nu_{max}=\frac{5ql^4}{384EI}=\frac{5\times2.55\times1\ 050^4}{384\times206\ 000\times127\ 100}=1.543(mm)$$

$\nu_{max}=1.543(mm)\leqslant[\nu]=\min[l_b/150,\ 10]=\min[1\ 050/150,\ 10]=7(mm)$因此,挠度满足要求。

3. 大横杆的计算

大横杆按照三跨连续梁进行强度和挠度计算,小横杆在大横杆的上面。大横杆计算简图,如图 4-7 所示。

(1)荷载值计算。

承载能力极限状态:

$$P=ql_b/2=3.51\times1.05/2=1.84(kN)$$

$$q=1.2\times0.04=0.048(kN/m)$$

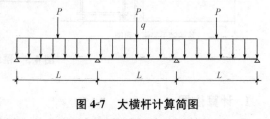

图 4-7 大横杆计算简图

正常使用极限状态：

$P' = q'l_b/2 = 2.55 \times 1.05/2 = 1.34(\text{kN})$

$q' = 0.04(\text{kN/m})$

（2）强度验算。最大弯矩考虑为大横杆自重均布荷载与小横杆传递荷载的设计值最不利分配的弯矩之和。

$M_{max} = 0.1q'l^2 + 0.175P'l = 0.1 \times 0.04 \times 1.5 \times 1.5 + 0.175 \times 1.34 \times 1.5 = 0.360(\text{kN} \cdot \text{m})$

$\sigma = M_{max}/W = 0.36 \times 10^6/5\ 260 = 68.44\ \text{N/mm}^2 \leqslant [f] = 205\ \text{N/mm}^2$，因此，强度满足要求。

（3）挠度验算。最大挠度考虑为大横杆自重均布荷载与小横杆传递荷载的设计值最不利分配的挠度之和。

$\nu_{max} = \dfrac{0.677ql^4}{100EI} + \dfrac{1.146Pl^3}{100EI} = \dfrac{0.677 \times 0.048 \times 1\ 500^4}{100 \times 206\ 000 \times 127\ 100} + \dfrac{1.146 \times 1.84 \times 1\ 500^3}{100 \times 206\ 000 \times 127\ 100} = 2.05(\text{mm})$

$\nu_{max} = 2.05(\text{mm}) \leqslant [\nu] = \min[l_a/150, 10] = \min[1\ 500/150, 10] = 10(\text{mm})$ 因此，挠度满足要求。

4. 扣件抗滑力的计算

横杆与立杆连接方式：单扣件；扣件抗滑移折减系数为 0.85。

横向水平杆：$R_{max} = 1.84(\text{kN}) \leqslant R_c = 0.85 \times 8 = 6.8(\text{kN})$，因此，扣件抗滑移满足要求。

纵向水平杆：$R_{max} = 2.2(\text{kN}) \leqslant R_c = 0.85 \times 8 = 6.8(\text{kN})$，因此，扣件抗滑移满足要求。

5. 脚手架立杆荷载计算

（1）立杆静荷载标准值。

1）立杆承受的结构自重标准值 N_{G1k}。

单外立杆：$N_{G1k} = [gk + (l_b + a_1) \times n/2 \times 0.04/h] \times H = [0.129 + (1.05 + 0) \times 1/2 \times 0.04/1.8] \times 24 = 3.37(\text{kN})$

单内立杆：$N_{G1k} = 3.37(\text{kN})$

2）脚手板的自重标准值 N_{G2k1}。

单外立杆：$N_{G2k1} = (H/h + 1) \times l_a \times (l_b + a_1) \times G_{kjb} \times 1/2/2 = (24/1.8 + 1) \times 1.5 \times (1.05 + 0) \times 0.35 \times 1/2/2 = 1.98(\text{kN})$

单内立杆：$N_{G2k1} = 1.98(\text{kN})$

3）栏杆与挡脚板自重标准值 N_{G2k2}。

单外立杆：$N_{G2k2} = (H/h + 1) \times l_a \times G_{kdb} \times 1/2 = (24/1.8 + 1) \times 1.5 \times 0.17 \times 1/2 = 1.83(\text{kN})$

4）围护材料的自重标准值 N_{G2k3}

单外立杆：$N_{G2k3} = G_{kmw} \times l_a \times H = 0.01 \times 1.5 \times 24 = 0.36(\text{kN})$

5）构配件自重标准值 N_{G2k} 总计。

单外立杆：$N_{G2k} = N_{G2k1} + N_{G2k2} + N_{G2k3} = 1.98 + 1.83 + 0.36 = 4.16(\text{kN})$

单内立杆：$N_{G2k} = N_{G2k1} = 1.98(\text{kN})$

（2）立杆施工活荷载标准值。

1）外立杆：$N_{Q1k} = l_a \times (l_b + a_1) \times (n_{jj} \times G_{kjj})/2 = 1.5 \times (1.05 + 0) \times (2 \times 3)/2 = 4.73(\text{kN})$

2）内立杆：$N_{Q1k} = 4.73\ \text{kN}$

（3）不组合风荷载作用下单立杆轴向力。

1）单外立杆：$N' = 1.2 \times (N_{G1k} + N_{G2k}) + 1.4 \times N_{Q1k} = 1.2 \times (3.37 + 4.16) + 1.4 \times 4.73$
$= 15.66(\text{kN})$

2）单内立杆：$N = 1.2 \times (N_{G1k} + N_{G2k}) + 1.4 \times N_{Q1k} = 1.2 \times (3.37 + 1.98) + 1.4 \times 4.73$
$= 13.03(\text{kN})$

6. 立杆的稳定性计算

立杆的稳定性验算参数，见表 4-9。

表 4-9　立杆的稳定性验算参数

脚手架搭设高度 H	24	立杆计算长度系数 μ	1.5
立杆截面抵抗矩 W/mm^3	5 260	立杆截面回转半径 i/mm	15.9
立杆抗压强度设计值 $[f]/(\text{N}\cdot\text{mm}^{-2})$	205	立杆截面面积 A/mm^2	506
连墙件布置方式	两步两跨	—	—

(1)立杆长细比验算。

立杆计算长度：$l_0=K\mu h=1\times1.5\times1.8=2.7(\text{m})$

长细比：$\lambda=l_0/i=2.7\times10^3/15.9=169.81\leqslant210$

轴心受压构件的稳定系数计算：

立杆计算长度 $l_0=k\mu h=1.155\times1.5\times1.8=3.12(\text{m})$

长细比 $\lambda=l_0/i=3.12\times10^3/15.9=196.13$

查 JGJ 130—2011 表 A.0.6 得，$\varphi=0.188$。

(2)立杆稳定性验算(不组合风荷载作用)。

单立杆的轴心压力设计值：

$N=1.2(N_{G1k}+N_{G2k})+1.4N_{Q1k}=1.2\times(3.37+4.16)+1.4\times4.73=15.66(\text{kN})$

$\sigma=\dfrac{N}{\varphi A}=\dfrac{15660}{0.188\times506}=164.61(\text{N/mm}^2)\leqslant[f]=205(\text{N/mm}^2)$，因此，满足要求。

7. 脚手架搭设高度验算

不组合风荷载作用，双排脚手架允许搭设高度$[H]$应按下列公式计算。

$$[H]=\frac{\varphi Af-(1.2N_{G2k}+1.4\sum N_{Qk})}{1.2g_k}$$

$[H]=[0.188\times506\times205\times10^{-3}-(1.2\times4.16+1.4\times4.73)]\times24/(1.2\times3.37)=46.78(\text{m})>$
$H=24(\text{m})$，因此，满足要求。

8. 连墙件稳定性验算

连墙件稳定性验算参数，见表 4-10。

表 4-10　连墙件稳定性验算参数

连墙件布置方式	两步两跨	连墙件连接方式	扣件连接
连墙件约束脚手架平面外变形轴向力 N_0/kN	3	连墙件计算长度 l_0/mm	600
连墙件截面面积 A_c/mm^2	506	连墙件截面回转半径 i/mm	159
连墙件抗压强度设计值 $[f]/(\text{N}\cdot\text{mm}^{-2})$	205	连墙件与扣件连接方式	双扣件
扣件抗滑移折减系数	0.85	—	—

$N_{lw}=1.4\times w_k\times2\times h\times2\times l_a=1.4\times0.38\times2\times1.8\times2\times1.5=5.7(\text{kN})$

长细比 $\lambda=l_0/i=600/159=3.77$，查 JGJ 130—2011 表 A.0.6 得，$\varphi=0.99$。

$\dfrac{N_{lw}+N_0}{\varphi A}=\dfrac{(5.7+3)\times10^3}{0.99\times506}=17.36(\text{N/mm}^2)\leqslant0.85f=0.85\times205=174.25(\text{N/mm}^2)$，因此，
满足要求。

扣件抗滑承载力验算：$N_{lw}+N_0=5.7+3=8.7$ kN$\leqslant0.85\times12=10.2$ kN，因此，满足要求。

9. 立杆的地基承载力验算

立杆的地基承载力验算参数，见表 4-11。

表 4-11　立杆的地基承载力验算参数

地基土类型	黏性土	地基承载力特征值 f_g/kPa	140
地基承载力调整系数 m_f	1	垫板底面积 A/m²	0.25

单立杆的轴心压力标准值 $N=(N_{G1k}+N_{G2k})+N_{Q1k}=(3.37+4.16)+4.73=12.26$(kN)

立柱底垫板的底面平均压力 $p=N/(m_f A)=12.26/(1\times0.25)=49.05(kPa)\leqslant f_g=140$(kPa)

因此，满足要求。

任务 4.2　型钢悬挑脚手架搭设与拆除

4.2.1　型钢悬挑脚手架的构造

悬挑脚手架是指通过水平构件将架体所受竖向荷载传递到主体结构上的施工用外脚手架。悬挑脚手架适用于下列三种情况：

(1)±0.000 以下结构工程不能及时回填土，而主体结构必须进行的工程；否则影响工期。

(2)高层建筑主体结构四周有裙房，脚手架不能支承在地面上。

(3)超高建筑施工时，脚手架搭设高度超过了容许搭设高度，将整个脚手架按允许搭设高度分成若干段，每段脚手架支承在建筑结构向外悬挑的结构上。

1. 构配件

(1)悬挑梁。悬挑脚手架的悬挑梁(工字钢、槽钢)，应符合现行国家标准《碳素结构钢》(GB/T 700—2006)中 Q235-A 级的有关规定。

(2)钢管、扣件。悬挑脚手架所用的各种钢管、扣件、脚手板、安全网等构配件，同前述"钢管落地脚手架搭设与拆除"。

2. 构造要求

型钢悬挑脚手架主要由悬挑梁(工字钢、槽钢)和钢管扣件式脚手架组成。

(1)悬挑梁。型钢悬挑梁宜优先选用工字钢，截面高度不应小于 160 mm，工字钢具有截面对称性、受力稳定性好等优点。悬挑梁工字钢型号可根据悬挑跨度和架体搭设高度，按表 4-12 选用。悬挑钢梁构造尺寸示意图，如图 4-8 所示。

表 4-12　悬挑梁工字钢型号、长度

架体高度 H/m　　　　　　悬挑长度 L_1/m	工字钢梁选用型号		悬挑钢梁长度 L/m	锚固端中心位置 L_2/m
	＜10 m	10～20 m		
1.50	16#	16#	4.1	2.3
1.75	16#	18#	4.7	2.6

架体高度 H/m	工字钢梁选用型号		悬挑钢梁长度 L/m	锚固端中心位置 L_2/m
悬挑长度 L_1/m	<10 m	10~20 m		
2.00	18#	20a#	5.3	3.0
2.25	18#	22a#	6.0	3.4
2.50	20a#	22b#	6.6	3.8
2.75	20a#	25a#	7.3	4.2
3.00	22a#	28a#	7.8	4.5

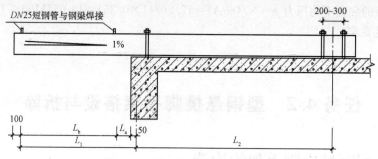

图 4-8　悬挑钢梁构造尺寸示意图

(2)悬挑脚手架架体构造,可按表 4-13 采用。

表 4-13　悬挑脚手架架体构造

架体位于地面上高度 Z /m	立杆步距 h /m	立杆横距 /m	立杆纵距 /m
≤60	≤1.8		
61~80	≤1.7	≤1.05	≤1.5
81~90	≤1.6		
91~100	≤1.5		

(3)悬挑脚手架构造要求,可按表 4-14 采用。

表 4-14　悬挑脚手架构造要求

项　目	要　求	说　明
支承悬挑梁的主体结构	混凝土梁板结构	板厚≥120 mm
悬挑梁	工字钢,U 形螺栓固定	—
架体高度	≤20 m	超过时应分段搭设,架体所处高度≤100 m
作业层活荷载标准值	≤2 kN/m²	装修用
	2~3 kN/m²	结构用
作业层数量	≤3 层	装修用
	≤3 层	结构用
脚手板层数	≤3 层	作业层垂直高度大于 12 m 时,应铺设隔层脚手板或隔层安全网

4.2.2　型钢悬挑脚手架搭设工艺

1. 型钢悬挑脚手架搭设工艺流程

型钢悬挑脚手架搭设工艺流程：预埋 U 形螺栓→水平悬挑梁→纵向扫地杆→立杆→横向扫地杆→小横杆→大横杆→剪刀撑→连墙件→铺脚手板→扎防护栏杆→扎安全网。

2. 型钢悬挑脚手架搭设操作要求

(1)预埋 U 形螺栓。

1)预埋 U 形螺栓的直径为 20 mm，宽度为 160 mm，高度经计算确定；螺栓丝扣应采用机床加工并冷弯成型，不得使用板牙套丝或挤压滚丝，长度不小于 120 mm；U 形螺栓宜采用冷弯成型。

2)悬挑梁末端应由不少于两道的预埋 U 形螺栓固定，锚固位置设置在楼板上时，楼板的厚度不得小于 120 mm；楼板上应预先配置用于承受悬挑梁锚固端作用引起负弯矩的受力钢筋；平面转角处悬挑梁末端锚固位置应相互错开；锚固型钢的主体结构混凝土强度等级不得低于 C20。

(2)安装水平悬挑梁。

1)悬挑梁应按架体立杆位置对应设置，每一纵距设置一根。

2)悬挑梁的长度应取悬挑长度的 2.5 倍，悬挑支承点应设置在结构梁上，不得设置在外伸阳台上或悬挑板上；悬挑端应按梁长度起拱 0.5%～1%。

(3)悬挑架体搭设。

1)悬挑式脚手架架体的底部与悬挑构件应固定牢靠，不得滑动，如图 4-9 所示。

2)悬挑架体立杆、水平杆、扫地杆、扣件及横向斜撑的搭设，按前述"落地脚手架搭设与拆除"执行。

3)悬挑架的外立面剪刀撑应自下而上连续设置。

(4)固定钢丝绳。悬挑架宜采取钢丝绳保险体系，按悬挑脚手架设计间距要求固定钢丝绳，如图 4-10 所示。

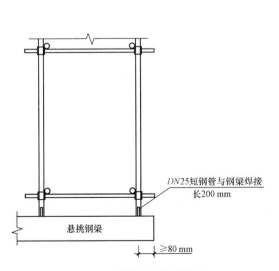

图 4-9　悬挑架体底部做法

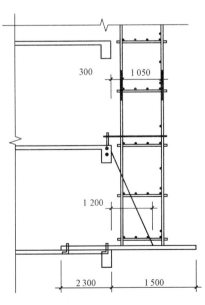

图 4-10　钢丝绳保险体系

4.2.3 悬挑脚手架检查与验收

悬挑脚手架检查与验收同前述"钢管落地脚手架搭设与拆除"脚手架检查与验收。

4.2.4 悬挑脚手架拆除

悬挑脚手架拆除同前述"钢管落地脚手架搭设与拆除"脚手架拆除。

单元5　结构实体检验

根据《混凝土结构工程质量验收规范》(GB 50204—2015)规定：混凝土结构子分部工程的质量验收，应在钢筋、预应力、混凝土、现浇结构或装配式结构等相关分项工程验收合格的基础上，进行结构实体检验。结构实体检验由监理单位组织施工单位实施，并见证实施过程。施工单位制定结构实体检验专项方案，并经监理单位审核批准后实施。

对结构实体进行检验，并不是在子分部工程验收前的重新检验，而是在相应分项工程验收合格的基础上，对重要项目进行的验证性检验，其目的是强化混凝土结构的施工质量验收，真实地反映混凝土强度、受力钢筋位置、结构位置与尺寸等质量指标，确保结构安全。

任务5.1　混凝土结构实体检验

结构实体检验的范围仅限于涉及混凝土结构安全的有代表性的部位，如柱、墙、梁、楼板等重要结构构件。混凝土结构实体检验的项目包括混凝土强度、钢筋保护层厚度、结构位置与尺寸偏差及工程合同约定的项目，必要时可检验其他项目。

5.1.1　混凝土强度检验

1. 混凝土强度检验方法

结构实体混凝土强度应按不同强度等级分别检验，检验方法宜采用同条件养护方法；当未取得同条件养护试件强度或同条件养护试件强度不符合要求时，可采用回弹—取芯进行检验。

(1)同条件养护试件的留置。

1)同条件养护试件所对应的结构构件或结构部位，应由施工、监理等各方共同选定，且同条件养护试件的取样宜均匀分布于工程施工周期内。

2)同条件养护试件应在混凝土浇筑入模处见证取样。

3)同条件养护试件应留置在靠近相应结构构件的适当位置，并应采取相同的养护方法。

4)同一强度等级的同条件养护试件不宜少于10组，且不应少于3组。每连续两层楼取样少应为1组；每2 000 m³不得少于1组。

(2)等效养护龄期的确定。等效养护龄期应根据同条件养护试件强度与在标准养护条件下28 d龄期试件强度相等的原则确定。

混凝土强度检验时的等效养护龄期可取日平均温度逐日累计达到600 ℃·d时所对应的龄期，且不应小于14 d。日平均温度0 ℃及以下的龄期不计入。

冬期施工时，等效养护龄期计算时温度可取结构构件实际养护温度，也可由监理、施工等各方根据等效养护龄期的确定原则共同确定。

2. 混凝土强度合格性判定

(1)每组同条件养护试件的强度值应根据强度试验结果按现行国家标准《普通混凝土力学性

能试验方法标准》(GB/T 50081—2002)的规定确定。

(2)对于同一强度等级的同条件养护试件，其强度值应除以 0.88 后按现行国家标准《混凝土强度检验评定标准》(GB/T 50107—2010)的有关规定进行评定，评定结果符合要求时可判定结构实体混凝土强度合格。

(3)结构实体检验中，当混凝土强度或钢筋保护层厚度检验结果不满足要求时，应委托具有资质的检测机构按国家现行标准的规定进行检测。

随着检测技术的发展，已有相当多的方法可以检测混凝土强度。一般优先选择非破损检测方法(回弹法)，必要时可辅以局部破损检测方法(取芯法)。当采用局部破损检测方法时，检测完成后应及时修补，以免影响结构性能及使用功能。

3. 结构实体混凝土强度检验质量记录

混凝土同条件试块养护温度统计表见附表 5-1。

附表 5-1　混凝土同条件试块养护温度统计表

工程名称：　　　　　　　　　　　　施工单位：

取样部位		取样日期							等效养护龄期					
混凝土同条件试块养护试块编号	养护龄期	1	2	3	4	5	6	7	8	9	10	11	12	13	14	15
	每日温度															
	累计温度															
	养护龄期	16	17	18	19	20	21	22	23	24	25	26	27	28	29	30
	每日温度															
	累计温度															
	养护龄期	31	32	33	34	35	36	37	38	39	40	41	42	43	44	45
	每日温度															
	累计温度															
	养护龄期	46	47	48	49	50	51	52	53	54	55	56	57	58	59	60
	每日温度															
	累计温度															
取样部位		取样日期								等效养护龄期					
混凝土同条件试块养护试块编号	养护龄期	1	2	3	4	5	6	7	8	9	10	11	12	13	14	15
	每日温度															
	累计温度															
	养护龄期	16	17	18	19	20	21	22	23	24	25	26	27	28	29	30
	每日温度															
	累计温度															
	养护龄期	31	32	33	34	35	36	37	38	39	40	41	42	43	44	45
	每日温度															
	累计温度															
	养护龄期	46	47	48	49	50	51	52	53	54	55	56	57	58	59	60
	每日温度															
	累计温度															

5.1.2 钢筋保护层厚度检验

1. 结构实体钢筋保护层厚度检验

（1）检验方法。结构实体钢筋保护层厚度检验可采用非破损或局部破损的方法，也可采用非破损并用局部破损方法进行校准。当采用非破损方法检验时，所使用的检测仪器应经过计量检验，检测操作应符合相应规程的规定。

钢筋保护层厚度检验的检测误差不应大于 1 mm。

（2）检验数量。钢筋保护层厚度检验的结构部位和构件数量，应符合下列要求：

1）对悬挑构件之外的梁板类构件，应各抽取构件数量的 2% 且不少于 5 个构件进行检验。

2）对悬挑梁，应抽取构件数量的 5% 且不少于 10 个构件进行检验；当悬挑梁数量少于 10 个时，应全数检查。

3）对悬挑板，应抽取构件数量的 10% 且不少于 20 个构件进行检验；当悬挑板数量少于 20 个时，应全数检查。

（3）允许偏差。钢筋保护层厚度检验时，纵向受力钢筋保护层厚度的允许偏差应符合表 5-1 的规定。

表 5-1　结构实体纵向受力钢筋保护层厚度的允许偏差

构件类型	允许偏差/mm
梁	+10，−7
板	+8，−5
注：板类构件应抽取不少于 6 根纵向受力钢筋，每根钢筋选择有代表性的不同部位测量 3 点取平均值。	

（4）合格条件。

1）对梁类、板类构件纵向受力钢筋的保护层厚度应分别进行验收。

2）结构实体钢筋保护层厚度验收应符合下列规定：

①当全部钢筋保护层厚度检验的合格率为 90% 及以上时，可判为合格。

②当全部钢筋保护层厚度检验的合格率小于 90% 但不小于 80% 时，可再抽取相同数量的构件进行检验；当按两次抽样总和计算的合格率为 90% 及以上时，仍可判为合格。

③每次抽样检验结果中不合格点的最大偏差均不应大于允许偏差的 1.5 倍。

2. 结构实体钢筋保护层厚度质量检验记录

（1）表 C5-2-14　结构实体钢筋保护层厚度检测记录。

（2）表 C4-22　结构实体钢筋保护层厚度检测报告。

注：以上表式采用《河北省建筑工程资料管理规程》[DB13(J)/T 145—2012]所规定的表式。

(1)《结构实体钢筋保护层厚度检测记录》样表见表 C5-2-14。

表 C5-2-14 结构实体钢筋保护层厚度检测记录

工程名称：　　　　　　　　　　　施工单位：　　　　　　　　　　　编号：

构件名称				检测方法	
非悬挑构件数量	总数量		悬挑构件数量	总数量	
	检测数量			检测数量	
编号	构件位置	检测位置	设计厚度/mm	允许偏差/mm	实测值/mm
施工单位检测结论：					
监理(建设)单位验收结论：					
签字栏		施工单位			
		技术负责人	质检员		记录人

(2)《结构实体钢筋保护层厚度检测报告》样表见表C4-22。

表 C4-22　结构实体钢筋保护层厚度检测报告

编号：

委托单位：　　　　　　　　　　　　　　　　　　　　　　　　　　　　统一编号：

工程名称					检测日期		
取样单位					取 样 人		
见证单位					见 证 人		
构　　件					保护层厚度		
允许偏差					检测类别		
检测结果							
检测位置＼检测点	1	2	3	4	5	6	备注
超差点数			合格点数所占百分率				
超差大于1.5倍的点数							
依据标准							
结　　论							
备　　注							

检测单位(公章)：　　　　　批准：　　　　　审核：　　　　　检验：

5.1.3 结构位置与尺寸偏差检验

(1)检验项目。结构位置与尺寸偏差检验项目、允许偏差及检验方法应符合表 5-2 的规定。

表 5-2　结构实体位置与尺寸偏差的允许偏差及检验方法

检验项目		允许偏差/mm	检验方法
柱截面尺寸		+10，−5	选取柱的一边量测柱中部、下部及其他部位，取 3 点平均值
柱垂直度	层高≤6 m	10	沿两个方向分别量测，取较大值
	层高>6 m	12	
墙厚		+10，−5	墙身中部量测 3 点，取平均值；测点间距不应小于 1 m
梁高		+10，−5	量测一侧边跨中及两个距离支座 0.1 m 处，取 3 点平均值；量测值可取腹板高度加上此处楼板的实测厚度
板厚		+10，−5	悬挑板取距离支座 0.1 m 处，沿宽度方向取包括中心位置在内的随机 3 点取平均值；其他楼板，在同一对角线上量测中间及距离端端各 0.1 m 处，取 3 点平均值
层高		±10	与板厚测点相同，量测板顶至上层楼板板底净高，层高量测值为净高与板厚之和，取 3 点平均值

(2)检验数量。结构位置与尺寸偏差检验构件的选取应均匀分布，并符合下列要求：

1)梁、柱应抽取构件数量的 1% 且不少于 3 个构件。

2)墙、板应按有代表性的自然间抽查 1%，且不应少于 3 间。

3)层高应按有代表性的自然间抽查 1%，且不应少于 3 间。

(3)检验方法。墙厚、板厚、层高的检验可采用非破损或局部破损的方法，也可采用非破损并用局部破损方法进行校准。当采用非破损方法检验时，所使用的检测仪器应经过计量检验，检测操作应符合相应规程的规定。

(4)合格条件。结构位置与尺寸偏差项目应分别进行验收，并应符合下列规定：

1)当检验项目的合格率为 80% 及以上时，可判为合格。

2)当检验项目的合格率小于 80% 但不小于 70% 时，可再抽取相同数量的构件进行检验；当按两次抽样总和计算的合格率为 80% 及以上时，仍可判为合格。

任务 5.2　回弹法检测混凝土抗压强度

5.2.1　制定混凝土强度检测方案

1. 适用范围

回弹法检测混凝土抗压强度施工方案适用于一般工业与民用建筑工程结构中普通混凝土抗压强度的检测。

2. 编制依据

按照《回弹法检测混凝土抗压强度技术规程》(JGJ/T 23—2011)的要求，通过混凝土表面回弹值与混凝土抗压强度之间的相互关系，评定普通混凝土抗压强度。

3. 收集资料

(1)采用回弹法检测混凝土强度时，宜收集下列资料：

1)工程名称、设计单位、施工单位。

2)构件名称、数量及混凝土类型度等级。

3)水泥安定性，外加剂、掺和料品种，混凝土配合比等。

4)施工模板，混凝土浇筑养护情况及浇筑日期等。

5)必要的设计图纸和施工记录。

6)检测原因。

(2)检测原因。

1)缺乏同条件试块或标准试块数量不足。

2)试块的试压结果不符合现行标准规范所规定的要求。

3)对试块的试压结果持有怀疑。

4)混凝土结构实体检验。

4. 抽样方案

在相同的生产条件下，混凝土强度等级相同，原材料、配合比、成型工艺、养护条件基本一致且龄期相近的同类结构或构件作为一个检验批。

(1)回弹构件的抽取应符合下列规定：

1)同一混凝土强度等级的柱、梁、墙、板，抽取构件最小数量应符合表 5-3 的规定，并应均匀分布。

2)不宜抽取截面高度小于 300 mm 的梁和边长小于 300 mm 的柱。

表 5-3 回弹构件抽取最小数量

构件总数量	最小抽样数量
20 以下	全数
20～150	20
151～280	26
281～500	40
501～1 200	64
1 201～3 200	100

(2)对单个构件检测，选取不少于 5 个测区，楼板构件回弹应在板底进行。

(3)对同一强度等级的构件，按每个构件的最小测区平均回弹值进行排序，并选取最低的 3 个测区对应的部位各钻取 1 个芯样试件。

5. 测区布置

测区是指混凝土构件检测抗压强度时的一个检测单元。布置测区应在构件的长度方向上均匀分布，宜布置在受压或受剪部位。

(1)测区布置要求。

1)每一构件测区数不少于 10 个；构件尺寸<4.5 m 时，不少于 5 个。

2)两测区的间距应<2 m，测区离构件端部≤0.5 m，且≥0.2 m。

3)测区面积控制在 0.04 m² 为宜。

(2)框架梁测区布置。

混凝土框架梁测区布置，如图 5-1 所示。

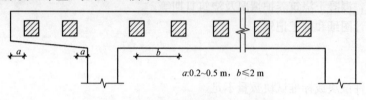

图 5-1 某框架梁测区布置示意图

(3)牛腿柱(框架柱)测区布置。混凝土牛腿柱(框架柱)测区布置，如图 5-2 所示。

6. 测点布置

在测区内进行的一个检测点称为测点。测点布置示意图，如图 5-3 所示。

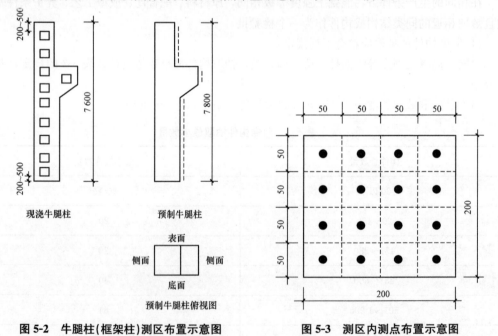

图 5-2 牛腿柱(框架柱)测区布置示意图 **图 5-3 测区内测点布置示意图**

(1)测点宜在测区范围内均匀分布，相邻两测点净距宜≥20 mm。

(2)测点距构件边缘或外露铁件宜≥30 mm。

(3)测点不应在气孔或外露石子上，同一测点只应弹击一次。

5.2.2 混凝土回弹值测定

1. 混凝土回弹仪

常用的混凝土回弹仪有普通混凝土回弹仪和数显混凝土回弹仪。普通混凝土回弹仪,如图 5-4 所示。

图 5-4 普通混凝土回弹仪

2. 混凝土回弹仪的操作流程

混凝土回弹仪的操作流程,如图 5-5 所示。回弹仪的操作要求如下:

(1)测区应选在使回弹仪处于水平方向垂直检测混凝土浇筑侧面。

(2)当不能满足这一要求时,可使回弹仪处于非水平方向检测混凝土浇筑侧面、表面或底面,并对回弹值修正。非水平方向检测角度,如图 5-6 所示。

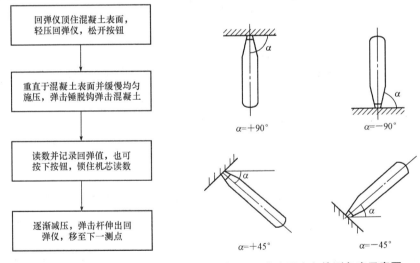

图 5-5 混凝土回弹仪的操作流程   图 5-6 非水平方向检测角度示意图

(3)测区内,同一测点只允许弹击一次。

(4)每一测区应记取 16 个回弹值,每一测点的回弹值读数估读至 1,并填写《混凝土构件测区回弹值原始记录表》。

5.2.3 混凝土碳化深度的测量

混凝土碳化深度的测量应选择不少于 30% 的测区,测量碳化深度值,取其平均值为构件测区的碳化深度值。

（1）可采用适当的工具在测区表面形成直径约 15 mm 的孔洞，其深度应大于混凝土的碳化深度。

（2）孔洞中的粉末和碎屑应除净，不得用水擦洗。

（3）采用浓度为 1‰～2‰酚酞酒精溶液滴在孔洞内壁的边缘处，当已碳化与未碳化界线清楚时，用深度测量工具测量未碳化混凝土交界面到混凝土表面的垂直距离，应测量 3 次，每次读数精确至 0.25 mm。

（4）取 3 次测量的平均值作为检测结果，并应精确至 0.5 mm。如图 5-7 所示。

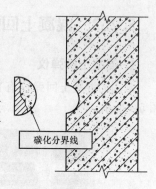

图 5-7 碳化深度的测量

5.2.4 混凝土回弹法数据处理

（1）计算测区平均回弹值。从测区的 16 个回弹值中剔除 3 个最大值和 3 个最小值，取余下的 10 个回弹值，取算术平均值。

$$R_m = \frac{\sum\limits_{i=1}^{10} R_i}{10}$$

式中　R_m——测区平均回弹值，精确至 0.1；

　　　R_i——第 i 个测点的回弹值。

（2）回弹值角度修正。非水平方向检测混凝土侧面时，测区的平均回弹值按下式修正。

$$R_m = R_{m\alpha} + R_{a\alpha}$$

式中　$R_{m\alpha}$——非水平状态检测时测区的平均回弹值，精确至 0.1；

　　　$R_{a\alpha}$——非水平状态检测时回弹值修正值，可按《回弹法检测混凝土抗压强度技术规程》（JGJ/T 23—2011）附录 C 采用。

（3）回弹值浇筑面修正。水平方向检测混凝土浇筑表面或浇筑底面时，测区的平均回弹值按下式修正。

$$R_m = R_m^t + R_a^t$$
$$R_m = R_m^b + R_a^b$$

式中　R_m^t 或 R_m^b——水平方向检测混凝土浇筑表面、底面时，测区的平均回弹值，精确至 0.1；

　　　R_a^t 或 R_a^b——混凝土浇筑表面、底面回弹值的修正值，按《回弹法检测混凝土抗压强度技术规程》（JGJ/T 23—2011）附录 D 采用。

当回弹仪为非水平方向且测试面为非混凝土的浇筑侧面时，应先对回弹值进行角度修正，然后再对修正后的值进行浇筑面修正。

（4）混凝土强度推定。

1）测区混凝土强度换算值（f_{cu}）。

构件第 i 个测区混凝土强度换算值，可按平均回弹值（R_m）及平均碳化深度值（d_m）由《回弹法检测混凝土抗压强度技术规程》（JGJ/T 23—2011）附录 A（非泵送混凝土）、附录 B（泵送混凝土）查表得出。

2）混凝土强度推定值（$f_{cu,e}$）。

$$f_{cu,e} = m_{f_{cu}} - 1.645 S_{f_{cu}}$$

$$m_{f_{cu}} = \frac{\sum\limits_{i=1}^{n} f_{cu,i}^c}{n}$$

$$S_{f_{cu}} = \sqrt{\frac{\sum\limits_{i=1}^{n} (f_{cu,i}^c)^2 - n\,(m_{f_{cu}})^2}{n-1}}$$

式中　$m_{f_{cu}}$——构件混凝土强度平均值（MPa），精确至 0.1MPa；

　　　$S_{f_{cu}}$——结构或构件测区构件混凝土强度标准差（MPa）；

　　　n——构件的测区数。

5.2.5　回弹法检测混凝土抗压强度报告

检测后应填写检测报告，并应符合《回弹法检测混凝土抗压强度技术规程》(JGJ/T 23—2011) 附录 F 的规定。

附录　混凝土的热工计算

1. 混凝土搅拌、运输、浇筑温度计算

(1)混凝土拌合物温度可按下列公式计算：

$$T_0 = \frac{[0.92(m_{ce}T_{ce}+m_sT_s+m_{sa}T_{sa}+m_gT_g)+4.2T_w(m_w-w_{sa}m_{sa}-w_gm_g)+c_w(w_{sa}m_{sa}T_{sa}+w_gm_gT_g)-c_1(w_{sa}m_{sa}+w_gm_g)]}{4.2m_w+0.92(m_{ce}+m_s+m_{sa}+m_g)}$$

式中　　　　　　　　T_0——混凝土拌合物温度(℃)；

m_w、m_{ce}、m_s、m_{sa}、m_g——水、水泥、掺合料、砂子、石子的用量(kg)；

T_w、T_{ce}、T_s、T_{sa}、T_g——水、水泥、掺合料、砂子、石子的温度(℃)；

w_{sa}、w_g——砂子、石子的含水率(％)；

c_w——水的比热容(kJ/kg·K)；

c_1——冰的溶解热(kJ/kg)。

当骨料温度大于0℃时，$c_w=4.2$，$c_1=0$；

当骨料温度小于或等于0℃时，$c_w=2.1$，$c_1=335$。

(2)混凝土拌合物出机温度可按下列公式计算：

$$T_1 = T_0 - 0.16(T_0 - T_p)$$

式中　T_1——混凝土拌合物出机温度(℃)；

T_p——搅拌机棚内温度(℃)。

(3)混凝土拌合物经运输到浇筑时温度可按下列公式计算：

1)现场拌制混凝土采用装卸式运输工具时：

$$T_2 = T_1 - \Delta T_y$$

2)现场拌制混凝土采用泵送施工时：

$$T_2 = T_1 - \Delta T_b$$

3)采用商品混凝土泵送施工时：

$$T_2 = T_1 - \Delta T_y - \Delta T_b$$

其中，$\Delta T_y = (\alpha t_t + 0.032n) \times (T_1 - T_a)$。

$$\Delta T_b = 4\omega \times \frac{3.6}{0.04 + \dfrac{d_b}{\lambda_b}} \times \Delta T_1 \times t_2 \times \frac{D_w}{c_c \times \rho_c \times D_l^2}$$

式中　T_2——混凝土拌合物运输与输送到浇筑时温度(℃)；

ΔT_y——采用装卸式运输工具运输混凝土时的温度降低(℃)；

ΔT_b——采用泵管输送混凝土时的温度降低(℃)；

ΔT_1——泵管内混凝土的温度与环境温度差(℃)；

T_a——室外环境温度(℃)；

t_t——混凝土拌合物运输的时间(h)；

t_2——混凝土在泵管内输送的时间(h)；

n——混凝土拌合物动转次数；

c_c——混凝土的比热容[kJ/(kg·K)]；

ρ_c——混凝土质量密度(kg/m³);

λ_b——泵管外保温材料的导热系数[W/(m·K)];

d_b——泵管外保温厚度(m);

D_l——混凝土泵管内径(m);

D_w——混凝土泵管外围直径(包括外围保温材料)(m);

ω——透风系数,按《建筑工程冬期施工规程》(JGJ/T 104—2011)取值;

α——温度损失系数(h⁻¹):

当用混凝土搅拌车时,$\alpha=0.25$;

当用开敞式大型自卸汽车时,$\alpha=0.20$;

当用开敞式小型自卸汽车时,$\alpha=0.30$;

当用封闭式自卸汽车时,$\alpha=0.1$;

当用手推车时,$\alpha=0.50$。

(4)考虑模板和钢筋的吸热影响,混凝土浇筑成型完成时的温度可按下式计算:

$$T_3 = \frac{c_c m_c T_2 + c_f m_f T_f + c_s m_s T_s}{c_c m_c + c_f m_f + c_s m_s}$$

式中　　T_3——考虑模板和钢筋吸热影响,混凝土成型完成时的温度(℃);

c_c、c_f、c_s——混凝土、模板、钢筋的比热容(kJ/kg·K);

m_c——每 m³ 混凝土的重量(kg);

m_f、m_s——每 m³ 混凝土相接触的模板、钢筋重量(kg);

T_f、T_s——模板、钢筋的温度,未预热时可采用当时的环境温度(℃)。

2. 混凝土蓄热养护过程中的温度计算

(1)混凝土蓄热养护开始到任一时刻的温度:

$$T_4 = \eta e^{-\theta \cdot V_{ce} \cdot t_3} - \varphi e^{-V_{ce} \cdot t_3} + T_{m,a}$$

(2)混凝土蓄热养护开始到任一时刻的平均温度:

$$T_m = \frac{1}{V_{ce} t}\left(\varphi e^{-V_{ce} \cdot t_3} - \frac{\eta}{\theta} e^{-\theta \cdot V_{ce} \cdot t_3} + \frac{\eta}{\theta} - \varphi \right) + T_{m,a}$$

其中　　θ、φ、η 为综合参数,按下式计算:

$$\theta = \frac{\omega \cdot K \cdot M}{V_{ce} \cdot c_c \cdot \rho_c} \qquad \varphi = \frac{V_{ce} \cdot Q_{ce} \cdot m_{ce}}{V_{ce} \cdot c_c \cdot \rho_c - \omega \cdot K \cdot M}$$

$$\eta = T_3 - T_{m,a} + \varphi \qquad K = \frac{3.6}{0.04 + \sum_{i=1}^{n} \frac{d_i}{\lambda_t}}$$

式中　T_4——混凝土蓄热养护开始到任一时刻的温度(℃);

T_m——混凝土蓄热养护开始到任一时刻的平均温度(℃);

t_3——混凝土蓄热养护开始到任一时刻的时间(h);

$T_{m,a}$——混凝土蓄热养护开始到任一时刻的平均气温(℃);

M——结构表面系数(m⁻¹);

K——结构围护层的总传热系数[kJ/(m²·h·K)];

Q_{ce}——水泥水化累积最终放热量(kJ/kg);

V_{ce}——水泥水化速度系数(h⁻¹);

m_{ce}——每立方米混凝土水泥用量(kg/m^3);

d_i——第 i 层围护层厚度(m);

λ_i——第 i 层围护层的导热系数[$W/(m \cdot K)$]。

(3)水泥水化累积最终放热量 Q_{ce}、水泥水化速度系数 V_{ce} 及透风系数 ω 取值按附表1和附表2取用。

附表1　水泥水化累积最终放热量 Q_{ce} 和水化速度系数 V_{ce}

水泥品种及强度等级	$Q_{ce}/(kJ/kg)$	$V_{ce}(h^{-1})$
硅酸盐、普通硅酸盐水泥 52.5	400	0.018
硅酸盐、普通硅酸盐水泥 42.5	350	0.015
矿渣、火山灰质、粉煤灰、复合硅酸盐水泥 42.5	310	0.013
矿渣、火山灰质、粉煤灰、复合硅酸盐水泥 32.5	260	0.011

附表2　透风系数 ω

围护层种类	透风系数 ω		
	$V_\omega < 3\ m/s$	$3 \leqslant V_\omega \leqslant 5\ m/s$	$V_\omega > 5\ m/s$
围护层由易透风材料组成	2.0	2.5	3.0
易透风保温材料外包不易透风材料	1.5	1.8	2.0
围护层由不易透风材料组成	1.3	1.45	1.6

(4)当需要计算混凝土蓄热养护冷却至 0 ℃的时间时,可根据公式(A.2.1)采用逐次逼近的方法进行计算。当蓄热养护条件满足 $\varphi/T_{m,a} \geqslant 1.5$,且 $K \cdot M \geqslant 50$ 时,也可按下式直接计算:

$$t_0 = \frac{1}{V_{ce}} \ln \frac{\varphi}{T_{m,a}}$$

式中　t_0——混凝土蓄热养护冷却至 0 ℃的时间(h)。

(混凝土冷却至 0 ℃的时间内,其平均温度可根据公式 A.2.2 取 $t = t_0$ 进行计算)

第四部分　防水与装修工程施工

单元 6　防水工程施工

建筑物渗漏问题是建筑施工较为普遍的质量通病，渗漏不仅扰乱人们的正常生活、工作、生产秩序，而且直接影响到整栋建筑物的使用寿命。由此可见，防水效果的好坏对建筑物的质量至关重要，可以说防水工程在建筑工程中占有十分重要的地位。屋面防水工程和浴厕间防水施工中，应遵循下列规范：

(1)《屋面工程技术规范》(GB 50345—2012)。

(2)《屋面工程质量验收规范》(GB 50207—2012)。

(3)《建筑地面工程施工质量验收规范》(GB 50209—2010)。

任务 6.1　屋面防水卷材施工

6.1.1　防水卷材施工工艺

(一)施工准备

1. 技术准备

(1)掌握图纸设计要求、细部构造要求和有关施工质量验收规范。

(2)编制施工方案，对作业人员进行书面技术交底。

(3)检查防水施工队伍的资质和作业人员的上岗证件。

2. 材料准备

屋面工程用防水材料的主要性能应符合《屋面工程技术规范》(GB 50345—2012)中附录 B 的规定。屋面防水材料进场检验项目应符合《屋面工程质量验收规范》(GB 50207—2012)附录 A 的要求，并按规定见证取样，进行复试。防水卷材应有产品合格证书和性能检测报告。

(1)高聚物改性沥青防水卷材。

1)取样数量。大于 1 000 卷抽 5 卷，每 500～1 000 卷抽 4 卷，100～499 卷抽 3 卷，100 卷以下抽 2 卷，进行规格尺寸和外观质量检验；在外观质量检验合格的卷材中，任取一卷作物理性能检验。

2)外观质量。高聚物改性沥青防水卷材外观质量，详见表 6-1。

表 6-1　高聚物改性沥青防水卷材外观质量

项目	质量要求
孔洞、缺边、裂口	不允许

项目	质量要求
边缘不整齐	不超过 10 mm
胎体露白、未浸透	不允许
撒布材料粒度、颜色	均匀
每卷卷材的接头	不超过 1 处，较短的一段不应小于 1 000 mm，接头处应加长 150 mm

3) 物理性能。高聚物改性沥青防水卷材主要物理性能，详见表 6-2。

表 6-2　高聚物改性沥青防水卷材主要物理性能

项　目		指　　标				
		聚酯毡胎体	玻纤毡胎体	聚乙烯膜胎体	自粘聚酯胎体	自粘无胎体
可溶物含量 /(g·m⁻²)		3 mm 厚≥2 100 4 mm 厚≥2 900	—	—	2 mm 厚≥1 300 3 mm 厚≥2 100	—
拉力/(N/50 mm)		≥500	横向≥350	≥200	2 mm 厚≥350 3 mm 厚≥450	≥150
延伸率/%		最大拉力时 SBS≥30 APP≥25	—	断裂时 ≥120	最大拉力时 ≥30	最大拉力时 ≥20
耐热度/(℃，2 h)		SBS 卷材 90，APP 卷材 110， 无滑动、流淌、滴落		PEE 卷材 90， 无流淌、起泡	70，无滑动、 流淌、滴落	70，滑动 不超过 2 mm
低温柔度/℃		SBS 卷材—18，APP 卷材—5，PEE 卷材—10			—20	
不透水性	压力/MPa	≥0.3	≥0.2	≥0.4	≥0.3	≥0.2
	保持时间/min	≥30				≥120

注：SBS 卷材——弹性体改性沥青防水卷材；APP——塑性体改性沥青防水卷材；PEE——高聚物改性沥青聚乙烯胎防水卷材。

(2) 合成高分子防水卷材。

1) 取样数量。同高聚物改性沥青防水卷材。

2) 外观质量。合成高分子卷材的外观质量，详见表 6-3。

表 6-3　合成高分子卷材外观质量

项　　目	质　量　要　求
折痕	每卷不超过 2 处，总长度不超过 20 mm
杂质	大于 0.5 mm 颗粒不允许，每 1 m² 不超过 9 mm²
胶块	每卷不超过 6 处，每处面积不大于 4 mm²
凹痕	每卷不超过 6 处，每处不大于 7 mm，深度不超过本身厚度 30%；树脂类深度不超过 15%
每卷卷材的接头	橡胶类每 20 m 不超过 1 处，较短的一段不应小于 3 000 mm，接头处应加长 150 mm； 树脂类 20 m 长度内不允许有接头

3) 物理性能。合成高分子防水卷材的物理性能，详见表 6-4。

表 6-4　合成高分子防水卷材主要物理性能

项目		性能指标			
		硫化橡胶类	非硫化橡胶类	树脂类	树脂类(复合片)
断裂拉伸强度/MPa		≥6	≥3	≥10	≥60 N/10 mm
扯断伸长率/%		≥400	≥200	≥200	≥400
低温弯折性/℃		−30	−20	−25	−20
不透水性	压力/MPa	≥0.3	≥0.2	≥0.3	≥0.3
	保持时间/min	≥30			
加热收缩率/%		<1.2	<2.0	≤2.0	≤2.0
热老化保持率 (88 ℃，168 h)	断裂拉伸强度	≥80%		≥85%	≥80%
	扯断伸长率	≥70%		≥80%	≥70%

(3)冷底子油。由 10 号或 30 号石油沥青溶解于柴油、汽油等有机溶剂中而制成的溶液。可用于涂刷在水泥砂浆或混凝土基层上作基层处理剂。

3. 施工机具准备

(1)施工机具。汽油喷灯、小铁抹子、滚刷、长把滚刷、剪刀、笤帚、细线绳等。

(2)检测设备。卷尺、游标卡尺。

4. 作业条件准备

(1)找平层与突出屋面的结构(女儿墙、山墙、天窗壁、变形缝、烟囱、出屋面管道根等)相连的阴阳角和基层的转角处，找平层应抹成 $R=50$ mm 光滑顺直的圆弧。

(2)水落口杯周围 500 mm 范围内，排水坡度应不小于 5%，以利排水。

(3)伸出屋面的管道、设备或预埋件等，应在防水层施工前安设完毕。

(4)雨天、雪天、五级风及其以上的天气不应进行施工。

(二)施工工艺流程

屋面卷材防水层施工工艺流程，如图 6-1 所示。

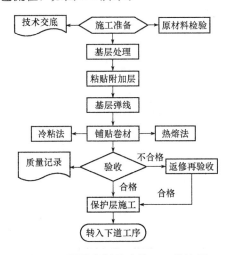

图 6-1　屋面卷材防水施工工艺流程

(二)施工操作要求

1. 基层处理

(1)基层表面应平整，阴阳角处应做成圆弧形，局部孔洞、蜂窝、裂缝应用1:3水泥砂浆修补密实，表面应干净，无起砂、脱皮现象，并保持表面干燥。干燥程度可用简易方法检测：将1 m²卷材平铺在找平层上，静置3～4 h后掀开检查，找平层覆盖部位与卷材上未见水印即可铺设。

(2)涂刷基层处理剂。基层处理剂应与卷材及胶粘剂的材性相容；基层处理剂可采取喷涂法或涂刷法施工，喷涂应均匀一致，不露底，待表面干燥后方可铺贴卷材。

2. 粘贴附加层

待基层处理剂干燥后，先对女儿墙、天沟、水落口、管根、檐口、阴阳角等节点做附加层。做法：阴阳角处增铺1～2层相同品质的卷材附加层，宽度不宜小于500 mm。铺贴在立墙上的卷材高度不小于250 mm。排汽道、排汽帽必须畅通，分格缝、排汽道上的附加卷材每边宽度不小于250 mm，必须单面粘贴。

3. 基层弹线

在处理后的基层面上，按卷材的铺贴方向，弹出每幅卷材的铺贴线，保证不歪斜；以后每层卷材铺贴时，同样要在已铺贴的卷材上弹线。

4. 热熔法铺贴SBS防水卷材

(1)卷材防水层铺贴顺序和方向应符合下列规定：

1)卷材防水层施工时，应先进行细部构造处理，然后由屋面最低标高向上铺贴。

2)檐沟、天沟卷材施工时，宜顺檐沟、天沟方向铺贴，搭接缝应顺流水方向。

3)卷材宜平行屋脊铺贴，上下层卷材不得相互垂直铺贴。

(2)卷材搭接缝应符合下列规定：

1)平行屋脊的搭接缝应顺流水方向，卷材搭接宽度应符合表6-5的规定。

2)同一层相邻两幅卷材短边搭接缝错开不应小于500 mm。

3)上下层卷材长边搭接缝应错开，且不应小于幅宽的1/3。

4)叠层铺贴的各层卷材，在天沟与屋面的交接处，应采用叉接法搭接，搭接缝应错开；搭接缝宜留在屋面与天沟侧面，不宜留在沟底。

表6-5 卷材搭接宽度 mm

卷材类别		搭接宽度
合成高分子防水卷材	胶粘剂	80
	胶粘带	50
	单缝焊	60，有效焊接宽度不小于25
	双缝焊	80，有效焊接宽度10×2+空腔宽
高聚物改性沥青防水卷材	胶粘剂	100
	自粘	80

（3）热熔法铺贴卷材应符合下列规定：

1）火焰加热器的喷嘴距卷材面的距离应适中，幅宽内加热应均匀，应以卷材表面熔融至光亮黑色为度，不得过分加热卷材。

2）卷材表面沥青热熔后应立即滚铺卷材，滚铺时应排除卷材下面的空气。

3）搭接缝部位宜以溢出热熔的改性沥青胶结料为度，溢出的改性沥青胶结料宽度宜为8 mm，并宜均匀顺直；当接缝处的卷材上有矿物粒或片料时，应用火焰烘烤及清除干净后再进行热熔和接缝处理。

4）铺贴卷材时应平整顺直，搭接尺寸应准确，不得扭曲。

5）厚度小于3 mm的高聚物改性沥青防水卷材，严禁采用热熔法施工。

5. 冷粘法铺贴合成高分子卷材

（1）合成高分子卷材的铺贴顺序、铺贴方向、搭接宽度同上述"SBS防水卷材"施工。

（2）冷粘法铺贴卷材应符合下列规定：

1）胶粘剂涂刷应均匀，不得露底、堆积。

2）应根据胶粘剂的性能与施工环境、气温条件等，控制胶粘剂涂刷与卷材铺贴的间隔时间。

3）铺贴卷材时应排除卷材下面的空气，并应棍压粘贴牢固。

4）铺贴的卷材应平整顺直，搭接尺寸应准确，不得扭曲、皱折。

5）搭接缝全部粘贴后缝口用密封材料封严，密封宽度不小于10 mm。

6. 蓄水或淋水试验

防水层完成后检验屋面有无渗漏或积水，可在雨后或持续淋2 h以后进行观察。有可能做蓄水检验的屋面，其蓄水时间不应小于24 h。检查屋面有无渗漏水，排水坡度是否合理、排水系统是否畅通、屋面有无积水。

7. 保护层施工

经过蓄水或淋水试验，符合设计和规范要求后，便可以进行保护层施工。

（1）上人屋面。按设计要求做各种刚性保护层（细石混凝土、水泥砂浆、贴地砖等）。保护层施工前，必须做隔离层；刚性保护层的分格缝留置应符合设计要求，当设计无要求时，水泥砂浆保护层的分格面积为1 m²，缝宽、深度均为10 mm；块材保护层的分格面积18 m²，缝宽、深度均为15 mm；细石混凝土保护层分格面积不大于36 m²，缝宽20 mm，分格缝均用沥青砂浆填嵌；保护层分格缝必须与找平层及保温层分格缝上下对齐。

（2）不上人屋面。

豆石保护层：防水层表面涂刷氯丁橡胶沥青胶粘剂，随刷随撒豆石，要求铺撒均匀，粘结牢固。

浅色涂料保护层：防水层上面涂刷浅色涂料两遍，如设计有要求按设计要求施工。

6.1.2　卷材防水层施工质量验收标准

屋面工程防水与密封各分项工程每个检验批的抽检数量，防水层应按屋面面积每100 m²抽查1处，每处10 m²，且不得少于3处；接缝密封防水应按屋面面积每50 m抽查1处，每处5 m，且不得少于3处。

1. 主控项目

(1)防水卷材及其配套材料的质量，应符合设计要求。

检验方法：检查出厂合格证、质量检验报告和进场检验报告。

(2)卷材防水层不得有渗漏或积水现象。

检验方法：雨后观察或淋水、蓄水试验。

(3)卷材防水层在檐口、檐沟、天沟、水落口、泛水、变形缝和伸出屋面管道的防水构造，应符合设计要求。

检验方法：观察检查。

2. 一般项目

(1)卷材的搭接缝应粘结或焊接牢固，密封应严密，不得扭曲、皱折和翘边。

检验方法：观察检查。

(2)卷材防水层的收头应与基层粘结，钉压应牢固，密封应严密。

检验方法：观察检查。

(3)卷材防水层的铺贴方向应正确，卷材搭接宽度的允许偏差为−10 mm。

检验方法：观察和尺量检查。

(4)屋面排汽构造的排汽道应纵横贯通，不得堵塞；排气管应安装牢固，位置正确，封闭应严密。

检验方法：观察检查。

6.1.3　卷材防水层成品保护措施

(1)屋面防水层完成后，不得在其上进行天线、支架、设备安装等操作，必须在防水层的保护层完成后方能安装。不得在施工完毕的防水层上打洞或凿孔。

(2)在防水层施工期间和防水层施工完毕未施工保护层之前，将通往屋面的通道封堵起来，专人监护，不准闲杂人等及无关工具用具进入屋面。

(3)保护层施工人员不应穿带钉的鞋进入屋面施工，应穿平底鞋。应随时注意检查防水层的质量，发现有破损或损坏时，应及时通知防水层操作人员进行修复。

(4)热熔法铺贴卷材时，当铺贴至伸出屋面的PVC管道或怕热设备时，操作人员应特别注意防止喷灯对管道和设备造成损害，同时要确保防水层铺贴的质量。

6.1.4　卷材防水层施工质量记录及样表

1. 卷材防水层施工质量记录

卷材防水层施工应形成以下质量记录：

(1)表C2-4　技术交底记录。

(2)表C1-5　施工日志。

(3)表G6-12　卷材防水层检验批质量验收记录。

注：以上表式采用《河北省建筑工程资料管理规程》[DB13(J)/T 145—2012]所规定的表式。

2. 卷材防水层施工质量记录样表

《卷材防水层检验批质量验收记录》样表见表G6-12。

表 G6-12 卷材防水层检验批质量验收记录

工程名称		分项工程名称		验收部位	
施工单位				项目经理	
施工执行标准名称及编号		《屋面工程施工质量验收规范》(GB 50207—2012)		专业工长	
分包单位		分包项目经理		施工班组长	

检控项目	序号	质量验收规范的规定		施工单位检查评定记录	监理(建设)单位验收记录
主控项目	1	卷材防水层所用材料质量	6.2.10 条		
	2	卷材防水层质量	6.2.11 条		
	3	卷材防水层在天沟等处的防水构造	6.2.12 条		
一般项目	1	卷材的搭接缝的粘结、焊接与密封	6.2.13 条		
	2	防水层收头与密封	6.2.14 条		
	3	卷材铺贴方向	6.2.15 条		
	4	排汽屋面排汽道要求	6.2.16 条		
	5	卷材搭接宽度允许偏差	—10 mm		

施工单位检查评定结果	项目专业质量检查员: 年 月 日
监理(建设)单位验收结论	监理工程师(建设单位项目专业技术负责人): 年 月 日

任务 6.2 浴厕间涂膜防水施工

6.2.1 涂膜防水施工工艺

(一)施工准备

1. 技术准备

(1)掌握图纸设计要求、细部构造要求和有关施工质量验收规范。

(2)编制施工方案,对作业人员进行书面技术交底。

(3)根据设计要求试验确定每道涂料的涂布厚度遍数及间隔时间。

2. 材料准备

聚氨酯防水涂料是最常用的合成高分子防水涂料,多用于浴厕间防水层。聚氨酯防水涂料的主要性能应符合表 6-6 的规定。聚氨酯防水涂料应有产品合格证书和性能检测报告,并按规定见证取样,进行复试。

聚氨酯防水涂料每 10 t 为一批,不足 10 t 按一批抽样,进行外观质量检验,包装应完好无损,且应标明涂料名称、生产日期、生产厂家、产品有效期;在外观质量检验合格后,做物理性能检验。

表 6-6 合成高分子防水涂料主要性能指标

项 目		指 标		
		反应固化型		挥发固化型
		Ⅰ类	Ⅱ类	
固体含量/%		单组分≥80,多组分≥92		≥65
拉伸强度/MPa		单组分,多组分≥1.9	单组分,多组分≥2.45	≥1.5
断裂延伸率/%		单组分≥550,多组分≥450	单组分,多组分≥450	≥300
低温柔性 /℃		单组分−40,多组分−35,无裂纹		−20,弯折无裂纹
不透水性	压力/MPa	≥0.3		
	保持时间/min	≥30		

3. 施工机具准备

(1)施工机具。圆滚刷、油漆刷、称料桶、拌料桶、手提式电动搅拌器等。

(2)检测设备。卷尺、游标卡尺、检测针等。

4. 作业条件准备

(1)找平层与凸出屋面的结构(女儿墙、山墙、天窗壁、变形缝、烟囱、出屋面管道根等)相连的阴阳角和基层的转角处,找平层应抹成 R=50 mm 光滑顺直的圆弧。

(2)水落口杯周围 500 mm 范围内,排水坡度应不小于 5%,以利排水。

(3)伸出屋面的管道、设备或预埋件等，应在防水层施工前安设完毕。

(4)雨天、雪天和风力在五级及其以上的天气不应进行施工。

(二)施工工艺流程

浴厕间涂膜防水施工工艺流程，如图6-2所示。

(三)施工操作要求

(1)基层处理。基层表面应平整，阴阳角处应做成圆弧形，局部孔洞、蜂窝、裂缝应用1:3水泥砂浆修补密实，表面应干净，无起砂、脱皮现象，并保持表面干燥。

(2)配料搅拌。采用双组分涂料时，根据材料生产厂家提供的配合比现场配制，严禁任意改变配合比。将配料按比例计量(过秤)后，放入搅拌容器内，然后放入固化剂，并立即开始搅拌。宜采用电动搅拌器，以便搅拌均匀。每次配料量必须保证在规定的操作时间内涂刷完毕，以免固化失效。

(3)涂刷施工。

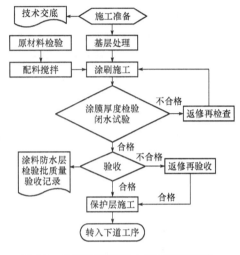

图6-2 浴厕间涂膜防水施工工艺流程

1)涂刷基层处理剂。用刷子用力薄涂，使涂料尽量刷入基层表面毛细孔中，并将基层可能留下的少量灰尘等无机杂质，像填充料一样混入基层处理剂中，使之与基层牢固结合。

2)涂刷附加层。涂料施工前，应先对阴阳角、预埋件、穿墙管等部位进行加强处理，增加一层胎体增强材料，并增涂2~4遍防水涂料。

3)应分遍涂刷。可采用棕刷、长柄刷、圆滚刷、橡胶刮板等进行人工涂刷；每次涂刷薄厚均匀一致，在涂刷层干燥后，方可进行下一层涂刷，每层的接槎(搭接)应错开，搭接缝宽度大于100 mm；涂刷时应遵循"先远后近，先细部后大面"的原则。

4)铺贴胎体增强材料。在两层涂料之间也可铺贴胎体增强材料(玻纤布)，同层相邻的玻纤布搭接宽度应大于100 mm，上下层接缝应错开1/3幅宽。

(4)涂膜厚度检验。防水涂料固化后形成有一定厚度的涂膜，涂膜的平均厚度应符合设计要求，最小厚度不应小于设计厚度的80%。

防水层完成后做蓄水检验有无渗漏或积水，其蓄水时间不应小于24 h。检查浴厕间有无渗漏水，排水坡度及排水系统的畅通，有无积水。

(5)保护层施工(同前述"卷材防水层施工工艺"相关内容)。

6.2.2 涂膜防水层施工质量验收标准

浴厕间涂膜防水施工质量验收，应按《建筑地面工程施工质量验收规范》(GB 50209—2010)基层铺设中隔离层的质量标准进行验收。涂料防水层检验批划分：按每一楼层为一检验批，高层建筑每三层为一检验批，每个检验批随机抽查4间，不足4间，应全数检查。

1. 主控项目

(1)隔离层材料(防水涂料和胎体增强材料)必须符合设计要求和现行国家有关标准的规定。

检验方法：观察检查和检查形式检验报告、出厂检验报告、出厂合格证。

检查数量：同一工程、同一材料、同一生产厂家、同一型号、同一规格、同一批号检查一次。

(2)卷材类、涂料类隔离层材料进入施工现场，应对材料的主要物理性能指标进行复验。

检验方法：检查复验报告。

检查数量：执行现行国家标准《屋面工程质量验收规范》(GB 50207—2012)的有关规定。

(3)厕浴间和有防水要求的建筑地面必须设置防水隔离层。楼层结构必须采用现浇混凝土或整块预制混凝土板，混凝土强度等级不应小于C20；房间的楼板四周除门洞外应做混凝土翻边，高度不应小于200 mm，宽同墙厚，混凝土强度等级不应小于C20。施工时结构层标高和预留孔洞位置应准确，严禁乱凿洞。

检验方法：观察和钢尺检查。

检查数量：每个检验批随机抽查4间，不足4间，应全数检查。

(4)水泥类防水隔离层的防水等级和强度等级必须符合设计要求。

检验方法：观察检查和检查防水等级检测报告、强度等级测报告。

检查数量：每个检验批建筑地面工程不少于1组。

(5)防水隔离层严禁渗漏，排水的坡向应正确、排水通畅。

检验方法：观察检查和蓄水、泼水检验或坡度尺检查及检查验收记录。

检查数量：每个检验批随机抽查4间，不足4间，应全数检查。

2. 一般项目

(1)隔离层厚度应符合设计要求。

检验方法：观察检查和用钢尺、卡尺检查。

检查数量：每个检验批随机抽查4间，不足4间，应全数检查。

(2)隔离层与其下一层粘结牢固，不应有空鼓；防水涂层应平整、均匀，无脱皮、起壳、裂缝、鼓泡等缺陷。

检验方法：用小锤轻击检查和观察检查。

检查数量：每个检验批随机抽查4间，不足4间，应全数检查。

(3)隔离层表面的允许偏差应符合规范的规定。

检验方法：应按规范规定的检验方法检验。

检查数量：每个检验批随机抽查4间，不足4间，应全数检查。

6.2.3 涂膜防水层成品保护措施

(1)涂膜防水层施工过程中，在涂层未干燥或固化前，不得在其上踩踏、施工。

(2)涂膜施工期间及保护层施工时，操作人员不得穿带钉子鞋；运输材料的手推车支腿应用软布包裹；操作时应注意，不得戳、砸、刺防水涂膜。

(3)穿过墙体的管根、预埋件、变形缝处，涂膜施工时不得碰损、变位。

6.2.4 涂膜防水层施工质量记录及样表

1. 涂膜防水层施工质量记录

涂膜防水层施工应形成以下质量记录：

（1）表 C2-4　技术交底记录。

（2）表 C1-5　施工日志。

（3）表 G8-9　隔离层检验批质量验收记录。

注：以上表式采用《河北省建筑工程资料管理规程》[DB13(J)/T 145—2012]所规定的表式。

2. 涂膜防水层施工质量记录样表

《隔离层检验批质量验收记录》样表见表 G8-9。

表 G8-9　隔离层检验批质量验收记录

工程名称			分项工程名称		验收部位	
施工单位					项目经理	
施工执行标准名称及编号			《建筑地面工程施工质量验收规范》(GB 50209—2010)		专业工长	
分包单位			分包项目经理		施工班组长	

检控项目	序号	质量验收规范的规定		施工单位检查评定记录						监理(建设)单位验收记录
主控项目	1	隔离层材料	4.10.9 条							
	2	卷材类、涂料类隔离层材料	4.10.10 条							
	3	厕浴间和有防水要求隔离层	4.10.11 条							
	4	水泥类防水隔离层	4.10.12 条							
	5	防水隔离层	4.10.13 条							
一般项目	1	隔离层厚度	4.10.14 条							
	2	隔离层与下一层粘结	4.10.15 条							
	3	防水涂层	4.10.15 条							
	4	隔离层表面	允许偏差/mm	量测值/mm						
		(1)表面平整度	3							
		(2)标高	±4							
		(3)坡度	不大于房间相应尺寸的2/1 000 且不大于 30							
		(4)厚度	在个别地方不大于设计厚度的1/10，且不大于 20							

施工单位检查评定结果	项目专业质量检查员：　　　　　　　　　　　　　　　　年　月　日
监理(建设)单位验收结论	监理工程师(建设单位项目专业技术负责人)：　　　　　　　年　月　日

单元7 门窗工程安装

任务7.1 木门窗安装

7.1.1 木门窗安装施工工艺

(一)施工准备

1. 技术准备

(1)图纸已通过会审与自审,存在的问题已经解决。

(2)门窗洞口的位置、尺寸与施工图相符,按施工要求做好技术交底工作。

2. 材料准备

(1)门窗框和扇按图纸规格和数量进场,然后分类水平堆放平整,底层应搁置在垫木上。

(2)门窗安装各类五金按图集规格和数量进场。

3. 施工机具准备

(1)施工机具。手电钻、电锤、锯、刨、木工斧、羊角锤。

(2)检测设备。水准仪、水平尺、木工三角尺、吊线坠。

4. 作业条件准备

(1)安装前先检查门窗框和扇有无翘扭、弯曲、窜角、劈裂、榫槽间结合处松散等情况,如有则应进行修理。

(2)门窗框的安装,应在主体工程验收合格、门窗洞口防腐木砖埋设齐备后进行。

(二)施工工艺流程

木门窗安装施工工艺流程,如图7-1所示。

(三)安装操作要求

1. 安装门窗框

(1)主体结构完工后,复查洞口标高、尺寸及木砖位置。

(2)将门窗框用木楔临时固定在门窗洞口内相应位置。

(3)用吊线坠校正框的正、侧面垂直度,用水平尺校正框冒头的水平度。

(4)用砸扁钉帽的钉子钉牢在木砖上,钉帽要冲入木框内1~2 mm。

(5)高档硬木门框应用钻打孔,木螺丝拧固并拧进木框5 mm。

2. 安装门窗扇

(1)量出樘口净尺寸,考虑留缝宽度。确定门窗扇的高、宽尺寸,先画出中间缝处的中线,

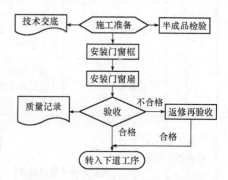

图7-1 木门窗安装施工工艺流程

再画出边线，并保证梃宽一致。

（2）若门窗扇高、宽尺寸过大，则刨去多余部分；修刨时应先锯余头，再行修刨；门窗扇为双扇时，应先作打叠高低缝，并以开启方向的右扇压左扇。

（3）若门窗扇高、宽尺寸过小，可在下边或装合页一边用胶和钉子绑钉刨光的木条。钉帽砸扁，钉入木条内 1～2 mm。然后锯掉余头刨平。

（4）平开扇的底边、中悬扇的上下边、上悬扇的下边、下悬扇的上边等与框接触且容易发生摩擦的边，应刨成 1 mm 斜面。

（5）试装门窗扇时，应先用木楔塞在门窗扇的下边，然后再检查缝隙，并注意窗楞和玻璃芯子平直对齐。合格后画出合页的位置线，剔槽装合页。

3. 安装小五金

（1）所有小五金必须用木螺丝固定安装，严禁用钉子代替。使用木螺丝时，先用手锤钉入全长的 1/3，接着用螺丝刀拧入。

（2）铰链距门窗扇上下两端的距离为扇高的 1/10，且避开上下冒头，安好后必须灵活。

（3）门锁距地面高 0.9～1.05 m，应错开中冒头和边梃的榫头。

（4）门窗拉手应位于门窗扇中线以下，窗拉手距地面 1.5～1.6 m。

（5）门插销位于门拉手下边。装窗插销时应先固定插销底板，再关窗打插销压痕，凿孔，打入插销。

（6）门扇开启后易碰墙，为固定门扇应安装门吸。

7.1.2 木门窗安装质量验收标准

木门窗检验批划分：同一品种、类型和规格的木门窗每 100 樘应划分为一个检验批，不足 100 樘也应划分为一个检验批。

检查数量：木门窗每个检验批应至少抽查 5%，并不得少于 3 樘，不足 3 樘时应全数检查；高层建筑的外窗，每个检验批应至少抽查 10%，并不得少于 6 樘，不足 6 樘时应全数检查。

1. 主控项目

（1）木门窗的木材品种、材质等级、规格、尺寸、框扇的线型及人造木板的甲醛含量应符合设计要求。

检验方法：观察；检查材料进场验收记录和复验报告。

（2）木门窗应采用烘干的木材，含水率应符合《建筑木门、木窗》(JG/T 122—2000)的规定。

检验方法：检查材料进场验收记录。

（3）木门窗的防火、防腐、防虫处理应符合设计要求。

检验方法：观察；检查材料进场验收记录。

（4）木门窗的结合处和安装配件处不得有木节或已填补的木节。木门窗如有允许限值以内的死节及直径较大的虫眼时，应用同一材质的木塞加胶填补。对于清漆制品，木塞的木纹和色泽应与制品一致。

检验方法：观察。

（5）门窗框和厚度大于 50 mm 的门窗扇应用双榫连接。榫槽应采用胶料严密嵌合，并应用胶楔加紧。

检验方法：观察；手扳检查。

(6)胶合板门、纤维板门和模压门不得脱胶。胶合板不得刨透表层单板，不得有戗槎。制作胶合板门、纤维板门时，边框和横楞应在同一平面上，面层、边框及横楞应加压胶结。横楞和上、下冒头应各钻两个以上的透气孔，透气孔应通畅。

检验方法：观察。

(7)木门窗的品种、类型、规格、开启方向、安装位置及连接方式应符合设计要求。

检验方法：观察；尺量检查；检查成品门的产品合格证书。

(8)木门窗框的安装必须牢固。预埋木砖的防腐处理、木门窗框固定点的数量、位置及固定方法应符合设计要求。

检验方法：观察；手扳检查；检查隐蔽工程验收记录和施工记录。

(9)木门窗扇必须安装牢固，并应开关灵活，关闭严密，无倒翘。

检验方法：观察；开启和关闭检查；手扳检查。

(10)木门窗配件的型号、规格、数量应符合设计要求，安装应牢固，位置应正确，功能应满足使用要求。

检验方法：观察；开启和关闭检查；手扳检查。

2. 一般项目

(1)木门窗表面应洁净，不得有刨痕、锤印。

检验方法：观察。

(2)木门窗的割角、拼缝应严密平整。门窗框、扇裁口应顺直，刨面应平整。

检验方法：观察。

(3)木门窗上的槽、孔应边缘整齐，无毛刺。

检验方法：观察。

(4)木门窗与墙体间缝隙的填嵌材料应符合设计要求，填嵌应饱满。寒冷地区外门窗(或门窗框)与砌体间的空隙应填充保温材料。

检验方法：轻敲门窗框检查；检查隐蔽工程验收记录和施工记录。

(5)木门窗批水、盖口条、压缝条、密封条安装应顺直，与门窗结合应牢固、严密。

检验方法：观察；手扳检查。

(6)木门窗制作的允许偏差和检验方法应符合表7-1的规定。

表7-1　木门窗制作的允许偏差和检验方法

项次	项目	构件名称	允许偏差/mm		检验方法
			普通	高级	
1	翘曲	框	3	2	将框、扇平放在检查平台上，用塞尺检查
		扇	2	2	
2	对角线长度差	框、扇	3	2	用钢尺检查，框量裁口里角，扇量外角
3	表面平整度	扇	2	2	用1 m靠尺和塞尺检查
4	高度、宽度	框	0，-2	0，-1	用钢尺检查，框量裁口里角，扇量外角
		扇	+2，0	+1，0	
5	裁口、线条结合处高低差	框、扇	1	0.5	用钢直尺和塞尺检查
6	相邻棂子两端间距	扇	2	1	用钢直尺检查

(7)木门窗安装的留缝限值、允许偏差和检验方法应符合表7-2的规定。

表7-2　木门窗安装的留缝限值、允许偏差和检验方法

项次	项目		留缝限值/mm		允许偏差/mm		检验方法
			普通	高级	普通	高级	
1	门窗槽口对角线长度差		—	—	3	2	用钢尺检查
2	门窗框的下、侧面垂直度		—	—	2	1	用1m垂直检测尺检查
3	框与扇、扇与扇接缝高低差		—	—	2	1	用钢直尺和塞尺检查
4	门窗扇对口缝		1～2.5	1.5～2	—	—	用塞尺检查
5	工业厂房双扇大门对口缝		2～5	—	—	—	
6	门窗扇与上框间留缝		1～2	1～1.5	—	—	
7	门窗扇与侧框间留缝		1～2.5	1～1.5	—	—	
8	窗扇与下框间留缝		2～3	2～2.5	—	—	
9	门扇与下框间留缝		3～5	3～4	—	—	
10	双层门窗内外框间距		—	—	4	3	用钢尺检查
11	无下框时门扇与地面间留缝	外门	4～7	5～6	—	—	用塞尺检查
		内门	5～8	6～7	—	—	
		卫生间门	8～12	8～10	—	—	
		厂房大门	10～20	—	—	—	

7.1.3　木门窗安装成品保护措施

(1)安装过程中，应采取防水防潮防腐措施。在雨季或湿度大的地区应及时油漆门窗。
(2)调整修理门窗时不能硬撬，以免损坏门窗和小五金。
(3)安装工具应轻拿轻放，以免损坏成品。
(4)已装门窗框的洞口，不得再作运料通道，如必须用作运料通道时，应做好保护措施。

7.1.4　木门窗安装施工质量记录及样表

1. 木门窗安装施工质量记录

木门窗安装施工应形成以下质量记录：
(1)表C2-4　技术交底记录。
(2)表C1-5　施工日志。
(3)表G9-5　木门窗安装工程检验批质量验收记录。
注：以上表式采用《河北省建筑工程资料管理规程》[DB13(J)/T 145—2012]所规定的表式。

2. 木门窗安装施工质量记录样表

(1)《木门窗安装工程检验批质量验收记录》样表见表G9-5。

表 G9-5　木门窗安装工程检验批质量验收记录

工程名称				分项工程名称			验收部位		
施工单位							项目经理		
施工执行标准 名称及编号		《建筑装饰装修工程质量验收规范》 （GB 50210—2001）					专业工长		
分包单位				分包项目经理			施工班组长		

检控 项目	序 号	质量验收规范的规定					施工单位检查 评定记录	监理（建设）单位 验收记录
主控项目	1	木门窗的品种、类型、规格、开启方向、 安装位置及连接			5.2.8条			
	2	木门窗框安装必须牢固及木砖防腐处理等			5.2.9条			
	3	木门窗扇的安装质量			5.2.10条			
	4	木门窗配件型号、规格及数量			5.2.11条			
一般项目	1	木门窗与墙体间缝隙的填嵌			5.2.15条			
	2	批水、盖口条、压缝条、密封条安装			5.2.16条			
	3	项　目	留缝限值 /mm		允许偏差 /mm		量测值/mm	
			普通	高级	普通	高级		
		（1）门窗槽口对角线长度差	—	—	3	2		
		（2）门窗框的正、侧面垂直度	—	—	2	1		
		（3）框与扇、扇与扇接缝高低差	—	—	2	1		
		（4）门窗扇对口缝	1～2.5	1.5～2	—	—		
		（5）工业厂房双扇大门对口缝	2～5		—	—		
		（6）门窗扇与上框间留缝	1～2	1～1.5	—	—		
		（7）门窗扇与侧框间留缝	1～2.5	1～1.5	—	—		
		（8）窗扇与下框间留缝	2～3	2～2.5	—	—		
		（9）门扇与下框间留缝	3～5	3～4	—	—		
		（10）双层门窗内外框间距	—	—	4	3		
		（11）无下框时 门扇与地面间 留缝　外门	4～7	5～6	—	—		
		内门	5～8	6～7	—	—		
		卫生间门	8～12	8～10	—	—		
		厂房大门	10～20	—	—	—		

施工单位检查 评定结果	项目专业质量检查员：　　　　　　　　　　　　　　　　年　月　日
监理（建设）单位 验收结论	监理工程师（建设单位项目专业技术负责人）：　　　　　　年　月　日

任务 7.2　塑钢门窗安装

7.2.1　塑钢门窗安装施工工艺

(一)施工准备

1. 技术准备

(1)塑料门窗设计图纸应规定门窗的规格、类型、尺寸、数量、开启方向和五金配件的配置要求。

(2)施工技术交底文件应明确门窗的安装位置、连接方法及其他安装要求。

2. 材料准备

(1)安装的成品门窗框、扇、纱扇和五金配件的品种、规格、型号、质量和数量应符合设计要求。五金配件齐全,并具有出厂合格证、材质检验报告并加盖厂家印章。

(2)安装材料。连接件、自攻螺钉、尼龙胀管或膨胀螺栓、发泡轻质材料(聚氨酯泡沫等)、建筑防水胶、建筑密封胶、玻璃垫片、塞缝填充物、五金配件等应符合设计要求。

3. 施工机具准备

(1)施工机械。手枪钻、自攻钻、射钉枪、电锤等。

(2)工具用具。螺丝刀、木楔、吊线坠、木榔头等。

(3)检测设备。钢卷尺、水平尺、水平管、靠尺、塞尺。

(二)施工工艺流程

塑钢门窗安装施工工艺流程,如图7-2所示。

(三)安装操作要求

1. 门窗安装位置弹线

门窗洞口周边的抹灰层或面层达到强度后,按照技术交底文件弹出门窗安装位置线,并在门窗安装线上弹出膨胀螺栓的钻孔参考位置,钻孔位置应与窗框连接件位置相对应。

2. 门窗框装固定片

(1)固定片的安装位置是从门窗框宽和高度两端向内各标出 150 mm,作为第一个固定片的安装点,中间安装点间距应小于或等于 600 mm,并不得将固定片直接安装在中横框、中竖框的挡头上。

如有中横框或中竖框,固定片的安装位置是从中横框或中竖框向两边各标出 150 mm,作为第一个固定片的安装点,中间安装点间距应小于或等于 600 mm。

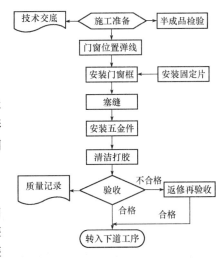

图 7-2　塑钢门窗安装施工工艺流程

（2）固定片的安装方法是先把固定片与门窗框成 45°角放入框背面燕尾槽口内，顺时针方向把固定片扳成直角，然后手动旋进 M4.2×16 mm 自攻螺钉固定，严禁用锤子敲打门窗框。

3. 门窗框安装

（1）把门窗框放进洞口安装线上就位，用对拔木楔临时固定。校正正、侧面垂直度，对角线和水平度合格后，将木楔固定牢靠。

防止门窗框受木楔挤压变形，木楔应塞在门窗角、中竖框、中横框等能受力的部位。门窗框固定后，应开启门窗扇，反复检查开关灵活度，如有问题及时调整。

（2）塑料门窗边框连接件与洞口墙体固定应符合设计要求。

（3）塑料门窗底框、上框连接件与洞口基体固定同边框固定方法。

（4）门窗与墙体固定时，应先固定上框，然后固定边框，最后固定底框。

4. 塞缝

（1）门窗洞口面层粉刷前，应首先在底框用干拌料填嵌密实，除去安装时临时固定的木楔，在其他门窗周围缝隙内塞入发泡轻质材料（聚氨酯泡沫等）或其他柔性塞缝料，使之形成柔性连接，以适应热胀冷缩。严禁用水泥砂浆或麻刀灰填塞，以免门窗框架受震变形。

5. 安装五金件

塑料门窗安装五金配件时，必须先在框架上钻孔，然后用自攻螺钉拧入，严禁直接锤击打入。

6. 清洁打胶

门窗安装完毕，应在规定时间内撕掉 PVC 型材的保护膜，在门窗框四周嵌入防水密封胶。

7.2.2 塑钢门窗安装质量验收标准

塑料门窗检验批划分：同一品种、类型和规格的塑料门窗每 100 樘应划分为一个检验批，不足 100 樘也应划分为一个检验批。

检查数量：塑料门窗每个检验批应至少抽查 5%，并不得少于 3 樘，不足 3 樘时应全数检查；高层建筑的外窗，每个检验批应至少抽查 10%，并不得少于 6 樘，不足 6 樘时应全数检查。

1. 主控项目

（1）塑料门窗的品种、类型、规格、尺寸、开启方向、安装位置、连接方式及填嵌密封处理应符合设计要求，内衬增强型钢的壁厚及设置应符合国家现行产品标准的质量要求。

检验方法：观察；尺量检查；检查产品合格证书、性能检测报告、进场验收记录和复验报告；检查隐蔽工程验收记录。

（2）塑料门窗框、副框和扇的安装必须牢固。固定片或膨胀螺栓的数量与位置应正确，连接方式应符合设计要求。固定点应距窗角、中横框、中竖框 150～200 mm，固定点间距应不大于 600 mm。

检验方法：观察；手扳检查；检查隐蔽工程验收记录。

（3）塑料门窗拼樘料内衬增加型钢的规格、壁厚必须符合设计要求，型钢应与型材内腔紧密吻合，其两端必须与洞口固定牢固。窗框必须与拼樘料连接紧密，固定点间距应不大于 600 mm。

检验方法：观察；手扳检查；尺量检查；检查进场验收记录。

（4）塑料门窗扇应开关灵活、关闭严密，无倒翘。推拉门窗扇必须有防脱落措施。

检验方法：观察；开启和关闭检查；手扳检查。

(5)塑料门窗配件的型号、规格、数量应符合设计要求，安装应牢固，位置应正确，功能应满足使用要求。

检验方法：观察；手扳检查；尺量检查。

(6)塑料门窗框与墙体间缝隙应采用闭孔弹性材料填嵌饱满，表面应采用密封胶密封。密封胶应粘结牢固，表面应光滑、顺直、无裂纹。

检验方法：观察；检查隐蔽工程验收记录。

2. 一般项目

(1)塑料门窗表面应洁净、平整、光滑，大面应无划痕、碰伤。

检验方法：观察。

(2)塑料门窗扇的密封条不得脱槽。旋转窗间隙应基本均匀。

(3)塑料门窗扇的开关力应符合下列规定：

1)平开门窗扇平铰链的开关力应不大于80 N；滑撑铰链的开关力应不大于80 N，并不小于30 N。

2)推拉门窗扇的开关力应不大于100 N。

检验方法：观察；用弹簧秤检查。

(4)玻璃密封条与玻璃槽口的接缝应平整，不得卷边、脱槽。

检验方法：观察。

(5)排水孔应畅通，位置和数量应符合设计要求。

检验方法：观察。

(6)塑料门窗安装的允许偏差和检验方法应符合表7-3的规定。

表7-3　塑料门窗安装的允许偏差和检验方法

项次	项目		允许偏差/mm	检验方法
1	门窗槽口宽度、高度	≤1 500 mm	2	用钢尺检查
		>1 500 mm	3	
2	门窗槽口对角线长度差	≤2 000 mm	3	用钢尺检查
		>2 000 mm	5	
3	门窗框的正、侧面垂直度		3	用1 m垂直检测尺检查
4	门窗横框的水平度		3	用1 m水平尺和塞尺检查
5	门窗横框标高		5	用钢尺检查
6	门窗竖向偏离中心		5	用钢直尺检查
7	双层门窗内外框间距		4	用钢尺检查
8	同樘平开门窗相邻扇高度差		2	用钢尺检查
9	平开门窗铰链部位配合间隙		+2，−1	用塞尺检查
10	推拉门窗扇与框搭接量		+1.5，−2.5	用钢尺检查
11	推拉门窗扇与竖框平等度		2	用1 m水平尺和塞尺检查

7.2.3　塑钢门窗安装成品保护措施

(1)塑料门窗表面应加保护膜。

（2）在运输装卸时应保证产品不变形、不损伤，表面完好。

（3）产品不应直接接触地面，底部垫高应不小于 50 mm，产品应立放，并有防倾倒措施。

（4）施工中不得在门窗上搭设脚手架或悬挂重物。

（5）用门窗洞口作搬运物料出入口时，应在门窗框边铺钉保护板，以防碰坏门窗框。

（6）室内外墙面抹灰应采用防止水泥浆污染门窗框扇的措施。

7.2.4　塑钢门窗安装施工质量记录及样表

1. 塑钢门窗安装施工质量记录

塑钢门窗安装施工应形成以下质量记录：

（1）表 C2-4　技术交底记录。

（2）表 C1-5　施工日志。

（3）表 G9-9　塑料门窗安装工程检验批质量验收记录。

注：以上表式采用《河北省建筑工程资料管理规程》[DB13(J)/T 145—2012]所规定的表式。

2. 塑钢门窗施工质量记录样表

《塑料门窗安装工程检验批质量验收记录》样表见表 G9-9。

表 G9-9　塑料门窗安装工程检验批质量验收记录

工程名称		分项工程名称		验收部位	
施工单位				项目经理	
施工执行标准名称及编号	《建筑装饰装修工程质量验收规范》(GB 50210—2001)			专业工长	
分包单位		分包项目经理		施工班组长	
检控项目	序号	质量验收规范的规定		施工单位检查评定记录	监理(建设)单位验收记录
主控项目	1	塑钢门窗品种、类型等要求	5.4.2条		
	2	塑钢门窗框、副框和扇安装	5.4.3条		
	3	拼樘料内衬增强型钢和连接	5.4.4条		
	4	塑钢门窗扇开闭和防脱落	5.4.5条		
	5	塑钢门窗配件和安装	5.4.6条		
	6	塑钢门窗框与墙体间缝隙填嵌和封胶	5.4.7条		

检控项目	序号	质量验收规范的规定		施工单位检查评定记录	监理(建设)单位验收记录
一般项目	1	塑钢门窗表面要求	5.4.8条		
	2	窗扇密封条、旋转窗间隙	5.4.9条		
	3	门窗扇的开关力规定	5.4.10条		
	4	玻璃密封条	5.4.11条		
	5	排水孔	5.4.12条		

检控项目	序号	项 目		允许偏差/mm	量测值/mm						监理(建设)单位验收记录
一般项目	6	(1)门窗槽口宽度、高度	≤1 500 mm	2							
			>1 500 mm	3							
		(2)门窗槽口对角线长度差	≤2 000 mm	3							
			>2 000 mm	5							
		(3)门窗框正、侧面垂直度		3							
		(4)门窗横框的水平度		3							
		(5)门窗横框标高		5							
		(6)门窗竖向偏离中心		5							
		(7)双层门窗内外框间距		4							
		(8)同樘平开门窗相邻扇高度差		2							
		(9)平开门窗铰链部位配合间隙		+2，−1							
		(10)推拉门窗扇与框搭接量		+1.5，−2.5							
		(11)推拉门窗扇与竖框平行度		2							

施工单位检查评定结果	
	项目专业质量检查员：　　　　　　　　　　　　年　月　日

监理(建设)单位验收结论	
	监理工程师(建设单位项目专业技术负责人)：　　　　年　月　日

单元 8　抹灰工程施工

任务 8.1　室内一般抹灰

8.1.1　一般抹灰施工工艺

(一)施工准备

1. 技术准备

(1)审查图纸，制定施工方案，确定施工顺序和施工方法。

(2)对进场材料进行检验和试验。

(3)样板间施工，并组织相关人员鉴定确认。

(4)对操作人员进行技术、安全交底。

2. 材料准备

(1)水泥。32.5 级矿渣水泥、普通硅酸盐水泥或复合水泥。水泥应有出厂证明或复试单，进场后应进行强度、安定性复试。

(2)砂。中砂，平均粒径为 0.3～0.6 mm，使用前应过 5 mm 孔径的筛子。不得含有杂质，且含泥量不超过 5%。

(3)石灰膏。应用块状生石灰淋制，必须用孔径不大于 3 mm×3 mm 的筛过滤，并贮存在沉淀池中。熟化时间，常温下一般不少于 15 d；用于罩面灰时，不应少于 30 d。使用时，石灰膏内不得含有未熟化的颗粒和其他杂质。

(4)麻刀。要求柔软、干燥、敲打松散、不含杂质，长度 10～30 mm。

3. 施工机具准备

(1)施工机械。粉碎淋灰机、砂浆搅拌机、纤维白灰混合磨碎机等。

(2)工具用具。铁锹、筛子、手推车、扫把、水管、喷壶、小线、粉线袋、钢筋卡子、灰斗、铁抹子、木抹子、塑料抹子、阴角抹子、阳角抹子、刮杠、钢丝刷、排笔等。

(3)检测设备。卷尺、线坠、靠尺、水平尺、方尺等。

4. 作业条件准备

(1)抹灰前应检查门窗框安装位置是否正确，与墙体连接是否牢固。

(2)混凝土柱表面凸出部分剔平；对结构一般缺陷采用界面剂或素水泥浆进行处理，然后再用 1∶3 水泥砂浆分层补平，脚手架眼堵严。

(3)砖墙基层表面的灰尘、污垢和油渍等应清除干净，并浇水湿润。

(4)根据室内高度和抹灰现场的具体情况，提前准备好抹灰高凳或脚手架，架子应离开墙面及墙角 200～250 mm，以便操作。

(二)施工工艺流程

一般抹灰施工工艺流程，如图 8-1 所示。

(三)施工操作要求

1. 基层处理

(1)砖墙面。将墙面、砖缝残留的灰浆、污垢、灰尘等杂物清理干净，用水浇墙使其湿润。

(2)混凝土墙面。用笤帚扫甩内掺水重 20% 的环保类建筑界面胶的 1:1 水泥细砂浆一道，进行"毛化"处理，凝结并牢固粘结在基层表面后，才能抹找平底灰。

2. 找规矩

根据设计图纸要求的抹灰质量等级，按基层表面平整垂直情况，吊垂直、套方、找规矩，经检查后确定抹灰厚度，但每层厚度不应小于 7 mm。

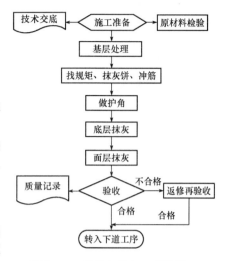

图 8-1 一般抹灰施工工艺流程

3. 抹灰饼

确定灰饼位置，先抹上灰饼再抹下灰饼，用靠尺找好垂直与平整。灰饼宜用 1:3 水泥砂浆抹成 50 mm 见方形状。

4. 墙面冲筋

依照贴好的灰饼，可从水平或垂直方向各灰饼之间用与抹灰层相同的砂浆冲筋，反复搓平，上下吊垂直。冲筋的根数应根据房间的宽度或高度决定，一般筋宽为 50 mm。冲筋方式可充横筋也可充立筋。

5. 做护角

室内墙面的阳角、柱面的阳角和门窗洞口的阳角，根据抹灰砂浆品种的不同分别做护角。当墙面抹石灰砂浆时，应用 1:3 水泥砂浆打底与所抹灰饼找平，待砂浆稍干后，再用 1:2 水泥细砂浆做明护角。

护角高度不应低于 2 m，每侧宽度不小于 50 mm。门窗口护角做完后，应及时用清水刷洗门窗框上粘附的水泥浆。

6. 底层抹灰

一般情况下冲筋完 2 h 左右就可以抹底灰。抹灰要根据基层偏差情况分层进行。抹灰遍数：普通抹灰最少两遍成活，高级抹灰最少三遍成活。每层抹灰厚度：普通抹灰 7~9 mm 较适宜，高级抹灰 5~7 mm 较适宜，每层抹灰应等前一道的抹灰层初凝收浆后才能进行。

抹灰结束后要全面检查底子灰是否平整，阴阳角是否方正，管道处是否密实，墙与顶(板)交接是否光滑平顺。墙面的垂直与平整情况要用托线板及时检查。

7. 面层抹灰

(1)砂浆面层。面层砂浆配合比一般为 1:2.5 水泥砂浆或 1:1:4 水泥混合砂浆，抹灰厚度宜为 5~8 mm。抹灰前先用适量水湿润底灰层，抹时先薄刮一层素水泥膏，接着抹面层砂浆并用刮杠横竖刮平，木抹子搓毛，待其表面收浆、无明水时用铁抹子压实、溜光。若设计不是光面时，在面层灰表面收浆无明水时还得用软毛刷蘸水垂直于同一方向轻刷一遍，以保证面层灰颜色一致，避免和减少收缩裂缝。

（2）罩面灰膏。当设计为砖墙抹石灰砂浆时，应抹罩面灰膏。罩面灰应两遍成活，厚度约2 mm，抹灰前，如底灰过干应洒水湿润。抹罩面灰时应按先上后下顺序进行，再赶光压实，然后用铁抹子收压一遍，待罩面灰表面收浆、稍微变硬时再进行最后的压光，随后用毛刷蘸水将罩面灰污染处清刷干净。

8. 天棚抹灰

抹找平灰前，先用水准仪对顶棚进行测量抄平，然后在顶棚四周的墙面上弹出抹灰控制线，并在顶棚的四周找出抹灰控制点后贴灰饼。然后用铁抹子把拌好的界面剂料浆在混凝土基层上均匀地涂抹一道，接着就抹找平底灰。底灰一般可采用1:3的水泥砂浆或1:1:6的水泥混合砂浆，每层抹灰厚度5~7 mm且应等前一层抹灰初凝收浆后才能进行。每层抹灰结束后应用木抹子搓平、搓毛，最后一层抹完后应按控制线或灰饼用刮杠顺平并用铁抹子收压密实。

8.1.2 一般抹灰施工质量验收标准

一般抹灰适用于石灰砂浆、水泥砂浆、水泥混合砂浆、聚合物水泥砂浆和麻刀石灰、纸筋石灰、石膏灰等一般抹灰工程的质量验收。一般抹灰工程分为普通抹灰和高级抹灰，当设计无要求时，按普通抹灰验收。

检验批划分：相同材料、工艺和施工条件的室内抹灰工程每50个自然间（大面积房间和走廊按抹灰面积30 m² 为一间）应划分为一个检验批，不足50间也应划分为一个检验批。

检查数量：室内每个检验批应至少抽查10%，并不得少于3间；不足3间时应全数检查。

1. 主控项目

（1）抹灰前基层表面的尘土、污垢、油渍等应清除干净，并应洒水润湿。

检验方法：检查施工记录。

（2）一般抹灰所用材料的品种和性能应符合设计要求。水泥的凝结时间和安定性复验应合格。砂浆的配合比应符合设计要求。

检验方法：检查产品合格证书、进场验收记录、复验报告和施工记录。

（3）抹灰工程应分层进行。当抹灰总厚度大于或等于35 mm时，应采取加强措施。不同材料基体交接处表面的抹灰，应采取防止开裂的加强措施，当采用加强网时，加强网与各基体的搭接宽度不应小于100 mm。

检验方法：检查隐蔽工程验收记录和施工记录。

（4）抹灰层与基层之间及各抹灰层之间必须粘结牢固，抹灰层应无脱层、空鼓，面层应无爆灰和裂缝。

检验方法：观察；用小锤轻击检查；检查施工记录。

2. 一般项目

（1）一般抹灰工程的表面质量应符合下列规定：

1）普通抹灰表面应光滑、洁净、接槎平整，分格缝应清晰。

2）高级抹灰表面应光滑、洁净、颜色均匀、无抹纹，分格缝和灰线应清晰美观。

检验方法：观察；手摸检查。

（2）护角、孔洞、槽、盒周围的抹灰表面应整齐、光滑；管道后面的抹灰表面应平整。

检验方法：观察。

(3)抹灰层的总厚度应符合设计要求；水泥砂浆不得抹在石灰砂浆层上；罩面石膏灰不得抹在水泥砂浆层上。

检验方法：检查施工记录。

(4)抹灰分格缝的设置应符合设计要求，宽度和深度应均匀，表面应光滑，棱角应整齐。

检验方法：观察；尺量检查。

(5)有排水要求的部位应做滴水线(槽)。滴水线(槽)应整齐顺直，滴水线应内高外低，滴水槽宽度和深度均不应小于 10 mm。

检验方法：观察；尺量检查。

(6)一般抹灰工程质量的允许偏差和检验方法应符合表 3-1 的规定。

表 3-1　一般抹灰的允许偏差和检验方法

项次	项目	允许偏差/mm		检验方法
		普通抹灰	高级抹灰	
1	立面垂直度	4	3	用 2 m 垂直检测尺检查
2	表面平整度	4	3	用 2 m 靠尺和塞尺检查
3	阴阳角方正	4	3	用直角检测尺检查
4	分格条(缝)直线度	4	3	用 5 m 线，不足 5 m 拉通线，用钢直尺检查
5	墙裙、勒脚上口直线度	4	3	拉 5 m 线，不足 5 m 拉通线，用钢直尺检查

注：1. 普通抹灰，本表第 3 项阴角方正可不检查。
　　2. 顶棚抹灰，本表第 2 项表面平整度可不检查，但应平顺。

8.1.3　一般抹灰成品保护措施

(1)抹灰前应事先把门窗框与墙连接处的缝隙用 1∶3 水泥砂浆嵌塞密实(铝合金门窗框应留出一定间隙填塞嵌缝材料，其嵌缝材料由设计确定)；门口钉设铁皮或木板保护。

(2)及时清扫干净残留在门窗框上的砂浆。铝合金门窗框必须有保护膜。

(3)推小车或搬运东西时，要注意不要损坏阳角和墙面；抹灰用的刮杠和铁锹把不要靠在墙上；严禁蹬踩窗台，防止损坏其棱角。

(4)拆除脚手架要轻拆轻放，拆除后材料码放整齐，不要撞坏门窗、墙角和阳角。

(5)墙上的电线槽、盒、水暖设备预留洞等不要随意堵死。

8.1.4　一般抹灰施工质量记录及样表

1. 一般抹灰施工质量记录

一般抹灰施工应形成以下质量记录：

(1)表 C2-4　技术交底记录。

(2)表 C1-5　施工日志。

(3)表 G9-1　一般抹灰工程检验批质量验收记录。

注：以上表式采用《河北省建筑工程资料管理规程》[DB13(J)/T 145—2012]所规定的表式。

2. 一般抹灰施工质量记录样表

《一般抹灰工程检验批质量验收记录》样表见表 G9-1。

表 G9-1　一般抹灰工程检验批质量验收记录

工程名称		分项工程名称		验收部位	
施工单位				项目经理	
施工执行标准 名称及编号		《建筑装饰装修工程质量验收规范》 （GB 50210—2001）		专业工长	
分包单位		分包项目经理		施工班组长	

检控 项目	序 号	质量验收规范的规定			施工单位检查评定记录	监理（建设）单位 验收记录
主控项目	1	基层表面清理并洒水润湿	4.2.2条			
	2	抹灰用材料品种性能，砂浆配合比等应符合设计要求	4.2.3条			
	3	抹灰工程应分层进行	4.2.4条			
	4	抹灰层与基层之间及各抹灰层之间必须粘结牢固，抹灰层应无脱层、空鼓，面层应无爆灰和裂缝	4.5.5条			
一般项目	1	一般抹灰工程表面质量	4.2.6条			
	2	护角、孔洞、槽、盒周围抹灰表面应整齐、光滑、平整	4.2.7条			
	3	抹灰层总厚度应符合设计要求及抹灰相关要求	4.2.8条			
	4	分割缝设置及宽、深度等要求	4.2.9条			
	5	滴水线（槽）质量	4.2.10条			
	6	一般抹灰工程量	允许偏差/mm		量测值/mm	
			普通	高级		
		(1)立面垂直度	4	3		
		(2)表面平整度	4	3		
		(3)阴阳角方正	4	3		
		(4)分格条（缝）直线度	4	3		
		(5)墙裙、勒脚上口直线度	4	3		

施工单位检查 评定结果	项目专业质量检查员：　　　　　　　　　　　　　　　年　月　日
监理（建设）单位 验收结论	监理工程师（建设单位项目专业技术负责人）：　　　　　年　月　日

任务 8.2 外墙水刷石施工

8.2.1 外墙水刷石施工工艺

(一)施工准备

1. 技术准备

(1)审查图纸，制定施工方案，确定施工顺序和施工方法。

(2)对进场材料进行检验和试验。

(3)组织安排样板施工，并组织相关人员鉴定确认。

(4)对操作人员进行技术、安全交底。

2. 材料准备

(1)水泥。42.5级及其以上硅酸盐水泥或普通硅酸盐水泥、复合水泥。水泥应颜色一致，在同一墙面应采用同批号产品，水泥应进行强度、安定性复试。

(2)砂子。中砂，使用前要过筛。砂的含泥量不超过3%。

(3)石渣。颗粒坚实，其规格应符合规范要求，级配符合设计要求，中八厘为6 mm，小八厘为4 mm。要求同品种石渣颜色一致，宜一次到货。使用前应用清水洗净，按规格、颜色不同分堆晾干、装袋待用。

(4)颜料。应用耐碱性和耐光性好的矿物质颜料。

3. 施工机具准备

(1)施工机械。砂浆搅拌机、手压泵等。

(2)工具用具。喷雾器、喷雾器软胶管、手推车、刮杠、钢板抹子、木抹子、小压子、喷壶、水桶、毛刷、分隔条等。

(3)检测设备。配料秤、靠尺、方尺。

4. 作业条件准备

(1)按施工要求准备好双排外架，外架应经安全部门验收合格后方可使用。

(2)水刷石大面积施工前应先做样板，确定配合比，安排专人严格按照配合比统一配料。

(二)施工工艺流程

外墙水刷石施工工艺流程，如图8-2所示。

(三)施工操作要求

1. 基层处理

(1)混凝土墙基层处理。清净混凝土墙面的杂物，并将表面疏松部分剔除干净，用清水冲洗湿润。然后进行"毛化"处理。

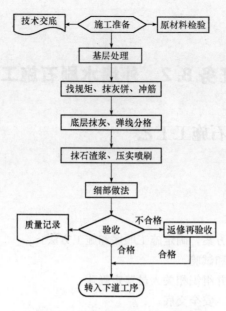

图 8-2　外墙水刷石施工工艺流程

(2)砖墙基层处理。抹灰前需将基层上的尘土、污垢、灰尘、残留砂浆等清除干净，用清水冲洗湿润。

2. 找规矩、做灰饼、冲筋

根据建筑高度确定放线方法，高层建筑可利用墙大角、门窗口两边，用经纬仪放线找垂直。多层建筑时，可从顶层用大线坠吊垂直，绷钢丝找规矩，横向水平线可依据楼层标高或施工+500 mm 线为水平基准线交圈控制，然后按抹灰操作层抹灰饼，做灰饼时应注意横竖交圈，以便操作。每层抹灰时则以灰饼做基准冲筋，使其保证横平竖直。

3. 底层抹灰

用 1∶3 水泥砂浆分层装档与冲筋抹平，然后用木杠刮平，木抹子搓毛或划毛抹灰表面。底层灰完成 24 h 后应浇水养护。

4. 弹线分格

根据图纸要求弹线分格、固定分格条，分格条宜采用塑料分格条，粘贴时在分格条两侧用素水泥浆抹成 45°八字坡形，粘分格条时注意竖条应粘在所弹立线的同一侧，分格条粘好后待底层灰呈七八成干后可抹面层灰。

5. 抹石渣浆

待底层灰六七成干时首先将墙面润湿涂刷一层胶粘性素水泥浆，然后开始用钢抹子抹面层石渣浆。自下而上分两遍与分格条抹平，并及时用靠尺或小杠检查平整度，有坑凹处要及时填补，边抹边拍打揉平。

6. 压实喷刷

石渣灰抹好后，先用压浆辊由下向上来回推挤压实，使之将石渣灰内部的水泥浆挤压出来，用铁抹刮去挤出的水泥浆后，应再次用压浆磅由下向上来回推挤。待压实后的石渣大部分的大面朝外后，再用铁抹子溜实、压光，反复 3～4 遍。

待面层初凝时(指擦无痕,用水刷子刷不掉石粒为宜),开始刷洗面层水泥浆。喷刷分两遍进行:第一遍先用毛刷蘸水刷掉面层水泥浆,露出石粒;第二遍紧随其后,用喷雾器将四周相邻部位喷湿,然后自上而下顺序喷水冲洗,喷头一般距墙面100~200 mm,喷刷要均匀,使石子露出表面1~2 mm为宜。最后,用水壶从上往下将石渣表面冲洗干净,冲洗时不宜过快,以避免造成墙面污染。在最后喷刷时,可用草酸稀释液冲洗一遍,再用清水洗一遍,墙面更显洁净、美观。

水刷石施工时应注意避开大风天气,按分格的段或块进行,大面积墙面施工当一天不能完成时,应尽量留槎在分格缝的位置。

7. 细部做法

(1)清理分格条。将塑料分格条中粘结的灰浆清理干净。

(2)滴水线。檐口、雨罩等底面应做滴水线(槽),滴水线距外皮不应小于40 mm,且应顺直。

8.2.2　装饰抹灰施工质量验收标准

装饰抹灰工程适用于水刷石、斩假石、干粘石、假面砖等装饰抹灰工程的质量验收。

检验批划分:相同材料、工艺和施工条件的室外抹灰工程每500~1 000 m² 应划为一个检验批,不足500 m² 也应划为一个检验批。

检查数量:室外每个检验批每100 m² 应至少抽查一处,每处不得小于10 m²。

1. 主控项目

(1)抹灰前基层表面的尘土、污垢、油渍等应清除干净,并应洒水润湿。

检验方法:检查施工记录。

(2)装饰抹灰工程所用材料的品种和性能应符合设计要求。水泥的凝结时间和安定性复验应合格。砂浆的配合比应符合设计要求。

检验方法:检查产品合格证书、进场验收记录、复验报告和施工记录。

(3)抹灰工程应分层进行。当抹灰总厚度大于或等于35 mm时,应采取加强措施。不同材料基体交接处表面的抹灰,应采取防止开裂的加强措施,当采用加强网时,加强网与各基体的搭接宽度不应小于100 mm。

检验方法:检查隐蔽工程验收记录和施工记录。

(4)各抹灰层之间及抹灰层与基体之间必须粘结牢固,抹灰层应无脱层、空鼓和裂缝。

检验方法:观察;用小锤轻击检查;检查施工记录。

2. 一般项目

(1)装饰抹灰工程的表面质量应符合下列规定:

1)水刷石表面应石粒清晰、分布均匀、紧密平整、色泽一致,应无掉粒和接槎痕迹。

2)斩假石表面剁纹应均匀顺直、深浅一致,应无漏剁处;阳角处应横剁并留出宽窄一致的不剁边条,棱角应无损坏。

3)干粘石表面应色泽一致、不露浆、不漏粘,石粒应粘结牢固、分布均匀,阳角处应无明显黑边。

4)假面砖表面应平整、沟纹清晰、留缝整齐、色泽一致,应无掉角、脱皮、起砂等缺陷。

检验方法:观察;手摸检查。

(2)装饰抹灰分格条(缝)的设置应符合设计要求,宽度和深度应均匀,表面应平整光滑,棱角应整齐。

检验方法：观察。

(3)有排水要求的部位应做滴水线(槽)。滴水线(槽)应顺直、内高外低，滴水槽的宽度和深度均不应小于 10 mm。

检验方法：观察；尺量检查。

(4)装饰抹灰工程质量的允许偏差和检验方法应符合表 8-2 的规定。

表 8-2　装饰抹灰的允许偏差和检验方法

项次	项目	允许偏差/mm				检验方法
		水刷石	斩假石	干粘石	假面砖	
1	立面垂直度	5	4	5	5	用 2 m 靠尺和塞尺检查
2	表面平整度	3	3	5	4	用 2 m 靠尺和塞尺检查
3	阳角方正	3	3	4	4	用直角检测尺检查
4	分格条(缝)直线度	3	3	3	3	用 5 m 线，不足 5 m 拉通线，用钢直尺检查
5	墙裙、勒脚上口直线度	3	3	—	—	用 5 m 线，不足 5 m 拉通线，用钢直尺检查

8.2.3　水刷石成品保护措施

(1)对施工时粘在门、窗框及其他部位或墙面上的砂浆要及时清理干净，对铝合金门窗膜造成损坏的要及时补粘好护膜，以防损伤、污染。抹灰前，必须对门、窗口采取保护措施。

(2)水刷石喷刷前，应对已完墙面进行覆盖，特别是在大风天施工时更要细心保护，以防造成污染。抹灰后，应对已完墙面及门、窗加以清洁保护。

(3)在拆除架子时要制定相应措施，并对操作人员进行交底，避免造成碰撞、损坏墙面或门窗玻璃等。在施工过程中，对搬运材料、机具以及使用小手推车时，要特别注意，不得碰、撞、磕划墙面及门、窗洞口等。

8.2.4　装饰抹灰施工质量记录及样表

1. 装饰抹灰施工质量记录

装饰抹灰施工应形成以下质量记录：

(1)表 C2-4　技术交底记录。

(2)表 C1-5　施工日志。

(3)表 G9-2　装饰抹灰工程检验批质量验收记录。

注：以上表式采用《河北省建筑工程资料管理规程》[DB13(J)/T 145—2012]所规定的表式。

2. 装饰抹灰施工质量记录样表

《装饰抹灰工程检验批质量验收记录》样表见表 G9-2。

表 G9-2　装饰抹灰工程检验批质量验收记录

工程名称		分项工程名称		验收部位	
施工单位				项目经理	
施工执行标准 名称及编号	《建筑装饰装修工程质量验收规范》 (GB 50210—2001)			专业工长	
分包单位		分包项目经理		施工班组长	

检控项目	序号	质量验收规范的规定		施工单位检查评定记录	监理(建设)单位 验收记录
主控项目	1	基层表面清理并洒水润湿	4.3.2条		
	2	抹灰用材料品种性能,砂浆配合比等应符合设计要求	4.3.3条		
	3	抹灰工程应分层进行	4.3.4条		
	4	各抹灰层间及抹灰层与基体之间必须粘结牢固,抹灰层应无脱层、空鼓、裂缝	4.3.5条		

一般项目	1	装饰抹灰工程表面质量		4.3.6条						
	2	分格条(缝)设置及宽度、深度等要求		4.3.7条						
	3	滴水线(槽)质量		4.3.8条						
	4	装饰抹灰 工程质量	允许偏差/mm				量测值/mm			
			水刷石	斩假石	干粘石	假面砖				
		(1)立面垂直度	5	4	5	5				
		(2)表面平整度	3	3	5	4				
		(3)阳角方正	3	3	4	4				
		(4)分格条(缝)直线度	3	3	3	3				
		(5)墙裙、勒脚上口直线度	3	3	—	—				

施工单位检查 评定结果	项目专业质量检查员:　　　　　　　　　　　　　　　　　　　　　　年　月　日
监理(建设)单位 验收结论	监理工程师(建设单位项目专业技术负责人):　　　　　　　　　　　年　月　日

单元9 饰面砖(板)施工

任务 9.1 室内贴面砖施工

9.1.1 室内贴面砖施工工艺

(一)施工准备

1. 技术准备

(1)编制内墙贴面砖工程施工方案,并报监理审批。

(2)进行必要的测量放线,并根据测量结果进行深化设计,画出大样图,明确细部做法。

(3)样板间施工,样板间(段)经设计、监理和建设单位检验合格并签字认可后,对操作人员进行施工安全技术交底。

2. 材料准备

(1)水泥。宜用硅酸盐水泥、普通硅酸盐水泥或复合水泥,其强度等级不应低于42.5级,产品质量必须符合现行技术标准规定。

(2)砂。宜选用中砂,平均粒径为0.3~0.6 mm,砂子应颗粒坚硬、干净,砂中不得含有杂质,且含泥量不应大于3%,用前应过筛。

(3)面砖。表面光洁、方正、平整,质地坚固,其品种、规格、尺寸、色泽应符合设计规定。不得有色斑、缺楞、掉角、暗痕和裂纹等缺陷。

3. 施工机具准备

(1)施工机械。砂浆搅拌机、切割机、角磨机、电动搅拌器、手提切割机等。

(2)工具用具。手推车、铁锹、筛子、水桶、灰斗、木抹子、铁抹子、刮杠、小灰铲、托灰板、细线绳、水泥钉、墨斗、红蓝铅笔、棉纱等。

(3)检测设备。水准仪、水平尺、电子秤、托线板、线坠、钢尺、靠尺、方尺、塞尺等。

4. 作业条件准备

(1)门窗框安装完成,隐蔽部位的防腐、填嵌应处理好,并对门窗框进行保护,防止交叉污染。

(2)管线、盒等安装完毕并经过验收,管道支架根据放线结果安装完成。

(二)施工工艺流程

室内贴面砖施工工艺流程,如图9-1所示。

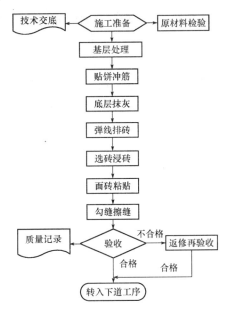

图 9-1　室内贴面砖施工工艺流程

(三)施工操作要求

1. 基层处理

(1)砖墙面。将墙面、砖缝残留的灰浆、污垢、灰尘等杂物清理干净，用水浇墙使其湿润。

(2)混凝土墙面。用笤帚扫甩内掺水重 20%的环保类建筑界面胶的 1:1 水泥细砂浆一道，进行"毛化"处理，凝结并牢固粘结在基层表面后，才能抹找平底灰。

2. 贴饼冲筋

(1)根据设计图纸要求的抹灰质量等级，按基层表面平整垂直情况，吊垂直、套方、找规矩，经检查后确定抹灰厚度，但每层厚度不应小于 7 mm。

(2)确定灰饼位置，先抹上灰饼再抹下灰饼，用靠尺找好垂直与平整。灰饼宜用 1:3 水泥砂浆抹成 50 mm 见方形状。

(3)依照贴好的灰饼，可从水平或垂直方向各灰饼之间用与抹灰层相同的砂浆冲筋，反复搓平，上下吊垂直。冲筋的根数应根据房间的宽度或高度决定，一般筋宽为 50 mm。冲筋方式可充横筋也可充立筋。

3. 底层抹灰

一般情况下冲筋完 2 h 左右就可以抹底灰。抹灰要根据基层偏差情况分层进行。抹灰遍数：普通抹灰最少两遍成活，高级抹灰最少三遍成活。每层抹灰厚度：普通抹灰 7~9 mm 较适宜，高级抹灰 5~7 mm 较适宜，每层抹灰应等前一道的抹灰层初凝收浆后才能进行。

4. 弹线排砖

底子灰六、七成干时按照大样图结合结构实际尺寸进行排砖，原则上应按整砖考虑，横竖向排砖应保证面砖缝隙均匀，符合设计图纸要求，大墙面、柱子和垛子要排整砖，特殊情况下非整砖应排在次要部位(如阴角或窗间墙等处)。在同一墙面上的横竖排列，均不得有小于 1/4 砖的非整砖。

排砖完成后，应按所排情况在墙面上弹贴砖位置线，然后以事先确定的贴砖基准面，把面砖片临时用砂浆粘贴到墙上作为标准点，用来控制贴面砖的平整度和垂直度。瓷砖粘贴厚度应根据墙面基层情况确定，一般不宜定得太厚，用水泥砂浆粘贴时以 5～7 mm 为宜。

5. 选砖浸砖

面砖粘贴前，应进行挑选，颜色、规格一致的面砖分别进行码放，且应将其使用在同一面墙上或同一间房内。浸泡面砖时，将面砖清扫干净，放入净水中浸泡 2 h 以上，取出待表面晾干以备使用。

6. 面砖粘贴

应根据弹（挂）的分格线或粘贴的标准点进行，粘贴时应自下而上分层进行粘贴。粘贴前，先在最下一层的上口控制线处临时固定一个水平的托尺，并固定稳妥，托尺长度应稍小于所贴瓷砖墙面的宽度。面砖粘贴宜用水泥基胶粘剂进行粘贴，也可用掺加水重 20% 的环保类建筑胶的 1∶1 水泥细砂浆进行粘贴。

(1)先把拌好的粘结料浆用小灰铲满抹在面砖背面，抹浆厚度以 5～8 mm 为宜，随后用灰铲在抹好的料浆上面均匀地划槽数道，以利于挤浆、排气，然后再用灰铲刮去面砖四边角多余的粘结料浆，并使抹好的料浆呈梯形状。

(2)把抹好粘结料浆的面砖先立放在托尺上，并使面砖两侧与控制线相迎合，然后由下向上把面砖粘在墙面上，用橡皮锤或灰铲的木柄将面砖敲平、挤实，使其与控制线齐平，随后用灰铲刮掉瓷砖四周挤出的胶浆，并收回到灰桶里继续使用。

(3)贴砖过程中，要随时用靠尺检查平整和垂直情况，及时调整面砖使其灰缝宽窄均匀、一致。面砖粘贴后，要及时用棉纱或软布将面砖表面擦拭干净，经自检应无空鼓、裂纹、裂缝等缺陷。

7. 勾缝、擦缝

面砖粘贴 24 h 后，应按设计要求进行勾缝，勾缝材料的品种、颜色应符合设计规定。当面砖密贴时，要进行擦缝处理。擦缝料可用白水泥进行擦缝。擦缝要深浅一致，不得有遗漏的地方，最后用棉纱或软布将砖面擦拭干净。

9.1.2　饰面砖施工质量验收标准

检验批划分：相同材料、工艺和施工条件的室内饰面砖工程每 50 间（大面积房间和走廊按施工面积 30 m² 为一间）应划分为一个检验批，不足 50 间也应划分为一个检验批。

检查数量：室内每个检验批应至少抽查 10%，并不得少于 3 间；不足 3 间时，应全数检查。

1. 主控项目

(1)饰面砖的品种、规格、图案颜色和性能应符合设计要求。

检验方法：观察；检查产品合格证书、进场验收记录、性能检测报告和复验报告。

(2)饰面砖粘贴工程的找平、防水、粘结和勾缝材料及施工方法应符合设计要求及现行国家产品标准和工程技术标准的规定。

检验方法：检查产品合格证书、复验报告和隐蔽工程验收记录。

(3)饰面砖粘贴必须牢固。

检验方法：检查样板件粘结强度检测报告和施工记录。

(4)满粘法施工的饰面砖工程应无空鼓、裂缝。

检验方法：观察；用小锤轻击检查。

2. 一般项目

(1)饰面砖表面应平整、洁净、色泽一致，无裂痕和缺损。

检验方法：观察。

（2）阴阳角处搭接方式、非整砖使用部位应符合设计要求。

检验方法：观察。

（3）墙面凸出物周围的饰面砖应整砖套割吻合，边缘应整齐。墙裙、贴脸凸出墙面的厚度应一致。

检验方法：观察；尺量检查。

（4）饰面砖接缝应平直、光滑，填嵌应连续、密实；宽度和深度应符合设计要求。

检验方法：观察；尺量检查。

（5）有排水要求的部位应做滴水线（槽）。滴水线（槽）应顺直，流水坡向应正确，坡度应符合设计要求。

检验方法：观察；用水平尺检查。

（6）饰面砖粘贴的允许偏差和检验方法应符合表9-1的规定。

表9-1 饰面砖粘贴的允许偏差和检验方法

项次	项目	允许偏差/mm		检验方法
		外墙面砖	内墙面砖	
1	立面垂直度	3	2	用2m垂直检测尺检查
2	表面平整度	4	3	用2m靠尺和塞尺检查
3	阴阳角方正	3	3	用直角检测尺检查
4	接缝直线度	3	2	拉5m线，不足5m拉通线，用钢直尺检查
5	接缝高低差	1	0.5	用钢直尺和塞尺检查
6	接缝宽度	1	1	用钢直尺检查

9.1.3 室内贴面砖成品保护措施

（1）内墙贴面砖施工过程前，应对门窗框进行保护，特别是铝合金门窗框宜粘贴保护膜，预防污染、锈蚀。施工过程中，操作人员应加强保护，不得碰坏。

（2）合理安排施工顺序，防止工序交叉作业损坏面砖。

（3）油漆和涂料工程施工时，必须采取贴纸或贴膜等措施对面砖进行保护，不得将油漆、涂料喷溅到已完的饰面砖上，以避免污染墙面。

（4）拆除脚手架或搬移马蹬时，注意不要碰撞墙。

（5）装饰材料、饰件在运输、保管和施工过程中，必须采取措施防止损坏。

9.1.4 室内贴面砖施工质量记录及样表

1. 饰面砖施工质量记录

室内饰面砖施工应形成以下质量记录：

（1）表C2-4 技术交底记录。

（2）表C1-5 施工日志。

（3）表G9-20 饰面砖粘贴工程检验批质量验收记录。

注：以上表式采用《河北省建筑工程资料管理规程》[DB13（J）/T 145—2012]所规定的表式。

2. 饰面砖施工质量记录样表

《饰面砖粘贴工程检验批质量验收记录》样表见表 G9-20。

表 G9-20　饰面砖粘贴工程检验批质量验收记录

工程名称			分项工程名称			验收部位		
施工单位						项目经理		
施工执行标准名称及编号		《建筑装饰装修工程质量验收规范》(GB 50210—2001)				专业工长		
分包单位			分包项目经理			施工班组长		

检控项目	序号	质量验收规范的规定			施工单位检查评定记录	监理(建设)单位验收记录
主控项目	1	饰面砖的材质和性能		8.3.2条		
	2	饰面砖粘贴工程施工		8.3.3条		
	3	饰面砖粘贴必须牢固		8.3.4条		
	4	满粘法施工的饰面砖工程应无空鼓、裂缝		8.3.5条		
一般项目	1	饰面砖表面质量		8.3.6条		
	2	阴阳角处搭接方式、非整砖使用部位		8.3.7条		
	3	墙面凸出物周围饰面砖施工		8.3.8条		
	4	饰面砖接缝		8.3.9条		
	5	有排水要求部位的滴水线(槽)		8.3.10条		
	6	项目	允许偏差/mm		量测值/mm	
			外墙面砖	内墙面砖		
		(1)立面垂直度	3	2		
		(2)表面平整度	4	3		
		(3)阴阳角方正	3	3		
		(4)接缝直线度	3	2		
		(5)接缝高低差	1	0.5		
		(6)接缝宽度	1	1		

施工单位检查评定结果	项目专业质量检查员：　　　　　　　　　　　　　　年　月　日
监理(建设)单位验收结论	监理工程师(建设单位项目专业技术负责人)：　　　　　年　月　日

任务 9.2　外墙湿贴花岗石

9.2.1　外墙湿贴石材施工工艺

(一)施工准备

1. 技术准备

(1)编制大理石、磨光花岗石饰面板粘贴工程施工方案及外脚手架搭设方案并已经过审定和批准。

(2)对各立面分格、安装节点进行深化设计，明确细部做法，绘制大样图。

(3)施工前按照大样图进行样板间施工。样板间经设计、监理、建设单位共同检验合格并已签认。

(4)对操作人员已进行技术、质量与安全交底。

2. 材料准备

(1)水泥。宜用硅酸盐水泥、普通硅酸盐水泥或复合水泥，其强度等级不应低于42.5级，产品质量必须符合现行技术标准规定。

(2)砂。宜选用中砂，平均粒径为0.3～0.6 mm，砂子应颗粒坚硬、干净，砂中不得含有杂质，且含泥量不应大于3%，用前过筛。

(3)石材。石材的材质、品种、规格、颜色及花纹应符合设计要求。

(4)其他材料。熟石膏、铜丝、与石材颜色接近的矿物颜料、嵌缝剂等。

3. 施工机具准备

(1)施工机械。砂浆搅拌机、石材切割机、无齿锯、磨光机、角磨机等。

(2)工具用具。电锤、手电钻、台钻、电焊机、射钉枪、手推车、铁锹、灰斗、灌浆斗、水桶、塑料软管、墨斗、软布等。

(3)检测设备。水准仪、经纬仪、电子秤、水平尺、钢尺、方尺、塞尺、靠尺、托线板、线坠等。

4. 作业条件准备

(1)石材已经进场，其质量、规格、品种、数量、力学性能和物理性能符合设计要求和现行国家标准的规定。

(2)施工所需的脚手架已搭设完成，并经验收合格。

(二)施工工艺流程

外墙湿贴石材施工工艺流程，如图9-2所示。

(三)操作要求

1. 基层处理

(1)砖墙面。先剔除和清扫干净墙面上的残存砂浆，然后浇水湿润墙面。

(2)混凝土墙面。用笤帚扫甩内掺水重20%的环保类建筑界面胶的1:1水泥细砂浆一道，进行"毛化"处理。

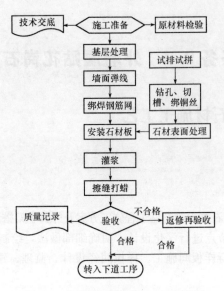

图 9-2 外墙湿贴石材施工工艺流程

(3)不同材质交接部位。钢板网两边与墙体搭接应不小于 100 mm，并用间距不大于 400 mm 的水泥钉绷紧、钉牢。

2. 墙面弹线

在墙面、柱面和门窗套处用大线坠从上至下找垂直线。找垂直线时应考虑石材板厚度、灌注砂浆的空隙，大理石、花岗石块材外皮距结构层距离宜为 50～70 mm。找好垂直后，先在底面和顶面上弹出石材安装的外廓基准线。同时，还应弹出石材就位线，并按要求留出缝隙，一般应拉开 1 mm 的缝隙。

3. 试排试拼

将石材板摆放在光线好的平整地面上，调整石材的颜色和纹理，并注意同一立面不得有一排以上的非整块板材，且应将非整块石材放在隐蔽的部位。最后，在石材背面统一编号，并按编号顺序码放整齐。

4. 钻孔、切槽、绑铜丝

将已编号的石材板放在操作支架上，用手电钻或台钻在板材上、下两个侧边上钻孔。每个侧边打两个孔，孔位于距板两端的 1/4 处，当板材宽度较大时，应增加孔数，孔间距应不大于 600 mm。

然后用无齿锯在板材背面垂直于钻孔方向上切槽，与钻孔形成牛鼻孔，以备穿绑铜丝。当石材板块规格较大，施工中下端不好穿绑铜丝时，可在板材的侧边，沿板厚方向，用云石机在板高的 1/4 处上、下各开一竖槽，再在板的背面靠近板侧竖槽处钻孔，使其与槽打通，将铜丝穿入槽洞内，与钢筋网片固定。

5. 石材表面处理

用石材防护剂对石材除正面外的五个面进行防护处理，防止石材粘贴后泛碱。

6. 绑焊钢筋网

在墙面上竖向钢筋与预埋筋焊牢(可用膨胀螺栓代替预埋筋)，横向钢筋与竖筋绑扎牢固。横、竖筋的规格、布置间距应符合设计要求，并与石材板块规格相适宜，一般宜采用不小于 φ6

的钢筋，间距不大于 600 mm。

最下一道横筋宜设在地面以上 100 mm 处，用于绑扎第一层板材的下端固定铜丝，第二道横筋绑在比石板上口低 20～30 mm 处，以便绑扎第一层板材上口的固定铜丝。再向上即可按石材板块规格均匀布置。

7. 安装石材板

按编号将板材就位，在钢筋网片上先绑扎下口铜丝，然后绑扎板材上口的铜丝，并用木楔垫稳。石材与基层墙柱面间的灌浆缝一般为 30～50 mm 较适宜。用靠尺检查，调整木楔，使石材表面平整、立面垂直、接缝均匀顺直，最后将铜丝扎紧。

安装时应逐块从一个方向依次向另一个方向进行，第一层全部安装完毕后，检查垂直、水平、表面平整、阴阳角方正、上口平直，缝隙宽窄一致、均匀顺直，确认符合要求后，用调制的糊状熟石膏料浆将石板临时粘贴固定。临时粘贴应在石材的边角部位点粘，木楔处亦可粘贴，使石材固定、稳固即可，再检查一下有无变形，待石膏糊硬化后开始灌浆。

8. 灌浆

将拌制好的 C20 细石混凝土用灌浆斗徐徐倒入石材与基层墙柱面间的灌浆缝内，边灌边用钢筋棍插捣密实，并用橡皮锤轻轻敲击板材面，使混凝土内的气体排出。

第一次灌浆：第一次浇灌高度一般为 150 mm，但不得超过板材高的 1/3。第一次灌浆很重要，操作必须要轻，不得碰撞板材和临时固定石膏，防止板材位移错动。

第二次灌浆：第一次灌浆并初凝后，进行第二次灌浆，灌浆高度一般 200～300 mm 为宜。

第三次灌浆：混凝土初凝后进行第三次灌浆，第三次灌浆应灌至低于板上口 50～70 mm 处为宜。对柱子、门窗套等部位，可用木方或型钢做成卡具，卡住石材板，以防止灌浆时错位变形。

9. 擦缝打蜡

全部石板安装完毕后，清除表面和板缝内的临时固定石膏及多余砂浆，用软布或棉纱头将石材板面擦洗干净，然后按设计要求的嵌缝材料品种、颜色、形式进行嵌缝，边嵌边擦，使缝隙密实、宽窄一致、均匀顺直、干净整齐、颜色协调。最后，将大理石、花岗石进行打蜡、抛光。

9.2.2　饰面板安装质量验收标准

检验批划分：相同材料、工艺和施工条件的室外饰面板工程每 500～1 000 m² 应划分为一个检验批，不足 500 m² 也应划分为一个检验批。

检查数量：室外每个检验批每 100 m² 应至少抽查一处，每处不得小于 10 m²。

1. 主控项目

(1)饰面板的品种、规格、颜色和性能应符合设计要求，木龙骨、木饰面板和塑料饰面板的燃烧性能等级应符合设计要求。

检验方法：观察；检查产品合格证书、进场验收记录和性能检测报告。

(2)饰面板孔、槽的数量、位置和尺寸应符合设计要求。

检验方法：检查进场验收记录和施工记录。

(3)饰面板安装工程的预埋件(或后置埋件)、连接件的数量、规格、位置、连接方法和防腐处理必须符合设计要求。后置埋件的现场拉拔强度必须符合设计要求。饰面板安装必须牢固。

检验方法：手扳检查；检查进场验收记录、现场拉拔检测报告、隐蔽工程验收记录和施工记录。

2. 一般项目

(1)饰面板表面应平整、洁净、色泽一致，无裂痕和缺损。石材表面应无泛碱等污染。

检验方法：观察。

(2)饰面板嵌缝应密实、平直，宽度和深度应符合设计要求，嵌填材料色泽应一致。

检验方法：观察；尺量检查。

(3)采用湿作业法施工的饰面板工程，石材应进行防碱背涂处理。饰面板与基体之间的灌注材料应饱满、密实。

检验方法：用小锤轻击检查；检查施工记录。

(4)饰面板上的孔洞应套割吻合，边缘应整齐。

检验方法：观察。

(5)饰面板安装的允许偏差和检验方法应符合表 9-2 的规定。

表 9-2　饰面板安装的允许偏差和检验方法

项次	项目	允许偏差/mm							检验方法
		石材			瓷板	木材	塑料	金属	
		光面	剁斧石	蘑菇石					
1	立面垂直度	2	3	3	2	1.5	2	2	用 2m 垂直检测尺检查
2	表面平整度	2	3	—	1.5	1	3	3	用 2m 靠尺和塞尺检查
3	阴阳角方正	2	4	4	2	1.5	3	3	用直角检测尺检查
4	接缝直线度	2	4	4	2	1	1	1	拉 5m 线，不足 5m 拉通线，用钢直尺检查
5	墙裙、勒脚上口直线度	2	3	3	2	2	2	2	拉 5m 线，不足 5m 拉通线，用钢直尺检查
6	接缝高低差	0.5	3	—	0.5	0.5	1	1	用钢直尺和塞尺检查
7	接缝宽度	1	2	2	1	1	1	1	用钢直尺检查

9.2.3　外墙湿贴石材成品保护措施

(1)石材安装区有交叉作业时，应对安装好的墙面板材进行完全覆盖保护。

(2)石材饰面板安装完成后，容易碰触到的口、角部分，应使用木板钉成护角保护。

(3)饰面板表面需打蜡上光时，涂擦应注意防止利器划伤石材表面。

9.2.4　饰面板安装施工质量记录及样表

1. 饰面板安装施工质量记录

饰面板安装施工应形成以下质量记录：

(1)表 C2-4　技术交底记录。

(2)表 C1-5　施工日志。

(3)表 G9-19　饰面板工程检验批质量验收记录。

注：以上表式采用《河北省建筑工程资料管理规程》[DB13(J)/T 145—2012]所规定的表式。

2. 饰面板安装施工质量记录样表

《饰面板工程检验批质量验收记录》样表见表 G9-19。

表 G9-19　饰面板工程检验批质量验收记录

工程名称		分项工程名称		验收部位	
施工单位				项目经理	
施工执行标准名称及编号	《建筑装饰装修工程质量验收规范》（GB 50210—2001）			专业工长	
分包单位		分包项目经理		施工班组长	

检控项目	序号	质量验收规范的规定		施工单位检查评定记录	监理(建设)单位验收记录
主控项目	1	饰面板材的材质和性能	8.2.2条		
	2	饰面板孔、槽的数量、位置和尺寸	应符合设计要求		
	3	饰面板安装预埋件、连接件、防腐处理和现场拉拔强度	8.2.4条		
一般项目	1	饰面板表面质量	8.2.5条		
	2	饰面板嵌缝	8.2.6条		
	3	湿作业法施工的饰面板、石材的防碱背涂处理	8.2.7条		
	4	饰面板上的空洞应套割吻合，边缘应整齐	8.2.8条		

		项目	允许偏差/mm							量测值/mm
			石材			瓷板	木板	塑料	金属	
			光面	剁斧石	蘑菇石					
一般项目	5	(1)立面垂直度	2	3	3	2	1.5	2	2	
		(2)表面平整度	2	3	—	1.5	1	3	3	
		(3)阴阳角方正	2	4	4	2	1.5	3	3	
		(4)接缝直线度	2	4	4	2	1	1	1	
		(5)墙裙、勒脚上口直线度	2	3	3	2	2	2	2	
		(6)接缝高低差	0.5	3	—	0.5	0.5	1	1	
		(7)接缝宽度	1	2	2	1	1	1	1	

施工单位检查评定结果	项目专业质量检查员：　　　　　　　　　　　　　　　年　月　日
监理(建设)单位验收结论	监理工程师(建设单位项目专业技术负责人)：　　　　　　年　月　日

单元 10　地面工程施工

任务 10.1　细石混凝土地面

10.1.1　细石混凝土地面施工工艺

(一)施工准备

1. 技术准备

(1)熟悉图纸，了解水泥混凝土的强度等级。

(2)编制作业指导书，施工前应有详细的技术交底，并交至施工操作人员。

2. 材料准备

(1)水泥。采用普通硅酸盐水泥、矿渣硅酸盐水泥，其强度等级宜采用 42.5 级。水泥进场时应对其品种、级别、包装或散装仓号、出厂日期等进行检查，并应对其强度、安定性及其他必要的性能指标进行现场抽样检验。

(2)砂。宜采用中砂或粗砂，含泥量不应大于 3%，砂要有检验报告，合格后方可使用。

(3)石。采用碎石，粒径不应大于 16 mm；含泥量不应大于 2%；要有检验报告，合格后方可使用。

3. 施工机具准备

(1)施工机械。混凝土搅拌机、平板振捣器、地面抹光机等。

(2)工具用具。手推车、铁锹、筛子、刮杠、木抹子、铁抹子、胶皮水管、铁滚筒、钢丝刷等。

(3)检测设备。地秤、台秤、水准仪、靠尺、坡度尺、塞尺、钢尺等。

4. 作业条件准备

(1)在四周墙身弹好+500 mm 线。

(2)门框和楼地面预埋件、水电设备管线等均应施工完毕并经检查合格。

(二)施工工艺流程

细石混凝土地面施工工艺流程，如图 10-1 所示。

(三)施工操作要求

1. 基层处理

施工前一天对基层表面进行洒水湿润并晾干，不得有明水；用地面清扫机将基层清理干净。

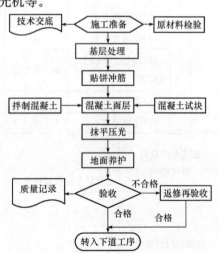

图 10-1　细石混凝土地面施工工艺流程

2. 贴饼冲筋

根据已弹好的面层标高线纵横拉线，用与水泥混凝土相同配合比的细石混凝土抹灰饼，纵横间距 1.5 m，灰饼上标高同面层标高。

面积较大的房间施工时，以做好的灰饼为标准，按条形冲筋，用刮杠刮平，作为浇筑水泥混凝土面层厚度的标准。

3. 拌制混凝土

细石混凝土面层一般采用不低于 C20 的细石混凝土提浆抹光，混凝土应采用机械搅拌，浇捣时混凝土的坍落度应不大于 30 mm。

4. 铺筑混凝土面层

(1)铺设水泥混凝土面层前，在已湿润的基层上刷一道水胶比为 0.4～0.5 的水泥浆，随刷随铺水泥混凝土，避免时间过长水泥浆风干导致面层空鼓。

(2)搅拌好的水泥混凝土铺抹到地面基层上，面层厚度不宜小于 50 mm，用 2 m 长刮杠按已贴灰饼标高刮平，先用平板振动器振捣。然后用滚筒往返纵横滚压。

(3)水泥混凝土面层应一次连续浇筑，不得留置施工缝。大面积水泥混凝土面层应设置纵、横向缩缝，缩缝间距宜为 6 m。

5. 抹平压光

(1)第一遍抹压。先用木抹子揉搓提浆并抹平，再用铁抹子轻压，将脚印抹平，至表面压出水光为止。

(2)第二遍抹压。当面层混凝土开始凝结，地面面层上有脚印但不下陷时，用铁抹子进行第二遍抹压，把凹坑、砂眼填实抹平，不得漏压。

(3)第三遍抹压。当人踩上去稍有脚印，铁抹子抹压无抹痕时，用铁抹子进行第三遍压光，此遍要用力抹压，把所有抹纹压平、压光，达到面层密实、光洁，压光时间应控制在混凝土终凝前完成。

6. 地面养护

面层抹压完一般应在 12 h 后进行洒水养护，并用塑料薄膜或无纺布覆盖，有条件的可采用蓄水养护，蓄水高度不小于 20 mm，养护时间不少于 7 d。

7. 抹踢脚线

当墙面抹灰时，踢脚线的底层砂浆和面层砂浆分两次抹成。踢脚线高度一般为 100～150 mm，出墙厚度不宜大于 8 mm。

(1)抹底层水泥砂浆。将墙面清理干净，洒水湿润，按标高控制线向下量测踢脚线上口标高，吊垂直线确定踢脚线抹灰厚度，然后拉通线贴灰饼，抹 1:3 水泥砂浆，用刮尺刮平、木抹子搓平，洒水养护。

(2)抹面层砂浆。底层砂浆硬化后，上口拉线粘贴靠尺，抹 1:2 水泥砂浆，用刮尺板紧贴靠尺，垂直地面刮平，铁抹子压光。阴阳角、踢脚线上口以内用角抹子溜直、压光。

10.1.2 水泥混凝土地面施工质量验收标准

水泥混凝土地面施工质量应遵循《建筑地面工程施工质量验收规范》(GB 50209—2010)的验收标准。

检验批划分：各类面层分项工程的施工质量验收应按每一层次或每层施工段（或变形缝）作为检验批，高层建筑的标准层可按每三层（不足三层按三层计）作为检验批。

检查数量：各类面层所划分的分项工程按自然间（或标准间）检验，抽查数量应随机检验，不应少于 3 间；不足 3 间，应全数检查；其中，走廊（过道）应以 10 延长米为 1 间，工业厂房（按单跨计）、礼堂、门厅应以两个轴线为 1 间计算。有防水要求的建筑地面分项工程施工质量每检验批抽查数量应按其房间总数随机检验，不应少于 4 间；不足 4 间，应全数检查。

合格标准：建筑地面工程的分项工程施工质量检验的主控项目，应达到《建筑地面工程施工质量验收规范》(GB 50209—2010)规定的质量标准，认定为合格；一般项目 80％以上的检查点（处）符合《建筑地面工程施工质量验收规范》(GB 50209—2010)规定的质量要求，其他检查点（处）不得有明显影响使用，且最大偏差值不超过允许偏差值的 50％为合格。凡达不到质量标准时，应按现行国家标准《建筑工程施工质量验收统一标准》(GB 50300—2013)的规定处理。

(一)主控项目

(1)水泥混凝土采用的粗骨料，最大粒径不应大于面层厚度的 2/3，细石混凝土面层采用的石子粒径不应大于 16 mm。

检验方法：观察检查和检查质量合格证明文件。

检查数量：同一工程、同一强度等级、同一配合比检查一次。

(2)防水水泥混凝土中掺入的外加剂的技术性能应符合国家现行有关标准的规定，外加剂的品种和掺量应经试验确定。

检验方法：检查外加剂合格证明文件和配合比试验报告。

检查数量：同一工程、同一品种、同一掺量检查一次。

(3)面层的强度等级应符合设计要求，且强度等级不应小于 C20。

检验方法：检查配合比试验报告和强度等级检测报告。

检查数量：配合比试验报告按同一工程、同一强度等级、同一配合比检查一次；强度等级检测报告按下述规定检查。

1)检验同一施工批次、同一配合比水泥混凝土和水泥砂浆强度的试块，应按每一层（或检验批）建筑地面工程不少于 1 组。

2)当每一层（或检验批）建筑地面工程面积大于 1 000 ㎡ 时，每增加 1 000 ㎡ 应增做 1 组试块。

3)小于 1 000 ㎡ 按 1 000 ㎡ 计算，取样 1 组。

4)检验同一施工批次、同一配合比的散水、明沟、踏步、台阶、坡道的水泥混凝土、水泥砂浆强度的试块，应按每 150 延长米不少于 1 组。

(4)面层与下一层应结合牢固，且应无空鼓和开裂。当出现空鼓时，空鼓面积不应大于 400 ㎝²，且每自然间或标准间不应多于 2 处。

检验方法：观察和用小锤轻击检查。

检查数量：按《建筑地面工程施工质量验收规范》(GB 50209—2010)规定的检验批检查。

(二)一般项目

(1)面层表面应洁净，不应有裂纹、脱皮、麻面、起砂等缺陷。

检验方法：观察检查。

检查数量：按《建筑地面工程施工质量验收规范》(GB 50209—2010)规定的检验批检查。

(2)面层表面的坡度应符合设计要求，不应有倒泛水和积水现象。

检验方法：观察和采用泼水或用坡度尺检查。

检查数量：按《建筑地面工程施工质量验收规范》(GB 50209—2010)规定的检验批检查。

(3)踢脚线与柱、墙面应紧密结合，踢脚线高度和出柱、墙厚度应符合设计要求且均匀一致。当出现空鼓时，局部空鼓长度不应大于 300 mm，且每自然间或标准间不应多于 2 处。

检验方法：用小锤轻击、钢尺和观察检查。

检查数量：按《建筑地面工程施工质量验收规范》(GB 50209—2010)规定的检验批检查。

(4)楼梯、台阶踏步的宽度、高度应符合设计要求。楼层梯段相邻踏步高度差不应大于 10 mm；每踏步两端宽度差不应大于 10 mm，旋转楼梯梯段的每踏步两端宽度的允许偏差不应大于 5 mm。踏步面层应做防滑处理，齿角应整齐，防滑条应顺直、牢固。

检验方法：观察和用钢尺检查。

检查数量：按《建筑地面工程施工质量验收规范》(GB 50209—2010)规定的检验批检查。

(5)水泥混凝土面层的允许偏差应符合表 5-1 的规定。

检验方法：按表 10-1 中的检验方法检验。

检查数量：按《建筑地面工程施工质量验收规范》(GB 50209—2010)规定的检验批和合格标准的规定检查。

表 10-1　整体面层的允许偏差和检验方法

项次	项目	允许偏差/mm									检验方法
		水泥混凝土面层	水泥砂浆面层	普通水磨石面层	高级水磨石面层	硬化耐磨面层	防油渗混凝土和不发火(防爆)面层	自流平面层	涂料面层	塑胶面层	
1	表面平整度	5	4	3	2	4	5	2	2	2	用 2 m 靠尺和楔形塞尺检查
2	踢脚线上口平直	4	4	3	3	4	4	3	3	3	拉 5 m 线和用钢尺检查
3	缝格顺直	3	3	3	2	3	3	2	2	2	

10.1.3　细石混凝土地面成品保护措施

(1)水泥混凝土整体面层的抗压强度达到 5 MPa 要求后，其上面方可走人，在养护期内严禁在地面上推动手推车、放置重物品及随意践踏。

(2)推手推车时不许碰撞门立边和栏杆及墙柱饰面，门框适当要包铁皮保护，以防手推车轴头碰撞门框。

(3)施工时不得碰撞水电安装用的水暖立管等，保护好地漏、出水口等部位的临时堵头，以防灌入浆液杂物造成堵塞。

10.1.4　细石混凝土地面施工质量记录及样表

1. 细石混凝土地面施工质量记录

细石混凝土地面施工应形成以下质量记录：

(1)表 C2-4　技术交底记录。

(2)表 C1-5 施工日志。

(3)表 G8-12 水泥混凝土面层检验批质量验收记录。

注：以上表式采用《河北省建筑工程资料管理规程》[DB13(J)/T 145—2012]所规定的表式。

2. 细石混凝土地面施工质量记录样表

《水泥混凝土面层检验批质量验收记录》样表见表 G8-12。

表 G8-12　水泥混凝土面层检验批质量验收记录

工程名称				分项工程名称			验收部位				
施工单位							项目经理				
施工执行标准名称及编号			《建筑地面工程施工质量验收规范》(GB 50209—2010)				专业工长				
分包单位				分包项目经理			施工班组长				
检控项目	序号	质量验收规范的规定					施工单位检查评定记录			监理(建设)单位验收记录	
主控项目	1	粗骨料的粒径		5.2.3 条							
	2	防水水泥混凝土中掺入的外加剂		5.2.4 条							
	3	面层的强度等级要求		5.2.5 条							
	4	面层与下一层结合要求		5.2.6 条							
一般项目	1	面层表面要求		5.2.7 条							
	2	面层表面坡度要求		5.2.8 条							
	3	踢脚线与墙面要求		5.2.9 条							
	4	楼梯踏步	高度差	不应大于 10 mm							
			宽度差	不应大于 10 mm							
	5	混凝土面层		允许偏差/mm	量测值/mm						
		(1)表面平整度		5							
		(2)踢脚线上口平直		4							
		(3)缝格顺直		3							
施工单位检查评定结果		项目专业质量检查员：　　　　　　　　　　　　　　　年　月　日									
监理(建设)单位验收结论		监理工程师(建设单位项目专业技术负责人)：　　　　　　　　　年　月　日									

任务 10.2　水磨石地面

10.2.1　水磨石地面施工工艺

(一)施工准备

1. 技术准备

(1)熟悉图纸，了解图纸中水磨石的详细做法及要求。

(2)编制作业指导书，施工前应有详细的技术交底，并交至施工操作人员。

(3)做好样板，并经双方验收通过。

2. 材料准备

(1)水泥。原色水磨石面层宜用 42.5 级普通硅酸盐水泥；彩色水磨石，应采用白色或彩色水泥；同一单位工程地面，应使用同一品牌的水泥。

(2)石子。采用坚硬可磨的岩石(常用白云石、大理石等)。应洁净无杂物、无风化颗粒，其粒径除特殊要求外，一般为 6~16 mm，或将大、小石料按一定比例混合使用。同一单位工程宜采用同批产地石子，石子大小、颜色均匀，颜色、规格不同的石子，应分类保管；石子使用前过筛，水洗净并晒干备用。

(3)玻璃条。用厚 3 mm 普通平板玻璃裁制而成，宽度 10 mm 左右，长度由分块尺寸决定。

(4)铜条。用 2~3 mm 厚铜板裁制而成，宽度 10 mm 左右，长度由分块尺寸决定。铜条须经调直才能使用。铜条下部 1/3 处每米钻四个孔，穿钢丝备用。

(5)颜料。采用耐光、耐碱的矿物颜料，其掺入量不大于水泥重量的 12%；若采用颜料时，宜用同一品牌、同一批号颜料。

(6)砂子。中砂，细度模数相同，颜色相近，含泥量不得大于 3%。

(7)其他。草酸、地板蜡、钢丝。

3. 施工机具准备

(1)施工机械。砂浆搅拌机、磨石机、手提磨石机、打蜡机等。

(2)工具用具。铁辊、手推车、平锹、木抹子、铁抹子、磨石、胶皮水管、小线、钢丝刷等。

(3)检测设备。地秤、台秤、水准仪、靠尺、坡度尺、塞尺、钢尺等。

4. 作业条件准备

(1)施工前应在四周墙壁弹出基准水平墨线(一般弹+500 mm 线)。

(2)门框和楼地面预埋件、水电设备管线等均应施工完毕并经检查合格。

(3)彩色水磨石如用白色水泥掺色粉拌制时，应事先按不同的配比做样板，交设计人员或业主认可。

(二)施工工艺流程

水磨石地面施工工艺流程，如图 10-2 所示。

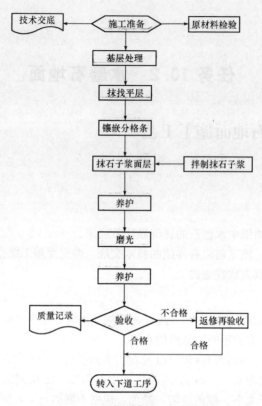

图 10-2　水磨石地面施工工艺流程

(三)施工操作要求

1. 基层处理

将基层上的落地灰、杂物等剔凿,并用清水及时冲洗干净。

2. 抹找平层

(1)贴饼冲筋。根据标高水平线在地面四周做灰饼,然后拉线做中间灰饼,再用干硬性水泥砂浆冲筋,冲筋间距约 1.5 m 左右。在有地漏和坡度要求的地面,应按设计要求做泛水和坡度。

(2)刷素水泥浆结合层。刷水胶比为 0.4~0.5 的素水泥浆,也可在基层上均匀洒水湿润后,再撒水泥粉,用扫帚均匀涂刷,一次涂刷面积不宜过大。

(3)抹水泥砂浆找平层。用 1∶3 水泥砂浆,先将砂浆摊平,再用靠尺按冲筋刮平,随即用木抹子磨平、压实,要求表面平整、密实、保持粗糙。

(4)养护。找平层抹好后,第二天应浇水养护至少 1 d。

3. 镶嵌分格条

(1)找平层养护 1 d 后,先在找平层上按设计要求弹出纵横两向直线或图案分格墨线,然后按墨线长度裁分格条。

(2)用水泥浆在分格条下部抹成八字角通长座嵌牢固(与找平层约成 30°角),铜条穿的钢丝要埋好。水泥浆的涂抹高度比分格条低 3~5 mm。分格条应镶嵌牢固,接头严密,顶面在同一水平面上，并拉通线检查其平整度及顺直。

(3)分格条镶嵌好后，隔 12 h 开始浇水养护，最少应养护 2 d。

4. 抹石子浆面层

(1)水泥石子浆必须严格按照配合比计量(石子浆配合比一般为 1∶1.25 或 1∶1.5)。彩色水磨石应先按配合比将白水泥和颜料反复干拌均匀，拌完后密筛多次，使颜料均匀混合在白水泥中，并注意调足用量以备补浆之用，以免多次调和产生色差，然后按配合比与石子干拌均匀，最后加水搅拌。

(2)铺水泥石子浆前一天，洒水将基层充分湿润。在涂刷素水泥浆结合层前应将分格条内的积水和浮砂清除干净，接着刷水泥浆一遍，水泥品种与石子浆的水泥品种一致，随即将水泥石子浆先铺在分格条旁边，将分格条边约 100 mm 内的水泥石子浆轻轻抹平、压实，以保护分格条，然后再整格铺抹，用木抹子抹平、压实。对局部水泥浆较厚处，适当补撒一些石子，并压平、压实，要达到表面平整、石子分布均匀的效果。

(3)在同一平面上如有几种颜色图案时，应先做深色，后做浅色。待前一种色浆凝固后，再抹后一种色浆。两种颜色的色浆不应同时铺抹，以免做成串色，界线不清，影响质量。

5. 养护

石子浆铺抹完成后，次日起应进行浇水养护。并应设警戒线，严防行人踩踏。

6. 磨光

开磨前应试磨，若试磨后石粒不松动，即可开磨。一般开磨时间与气温、水泥强度等级品种有关，可参考表 10-2。磨光作业应采用"三磨二浆"方法进行，即整个磨光过程分为磨光三遍，补浆两次。大面积施工宜用机械磨石机研磨，小面积、边角处可使用小型手提式磨石机研磨。对局部无法使用机械研磨时，可用手工研磨。

(1)第一遍研磨。用 60～80 号粗石磨，随磨随用清水冲洗，并将磨出的浆液及时扫除。对整个水磨面，要磨匀、磨平、磨透，使石粒面及全部分格条顶面外露。

(2)第一遍补浆。磨完后要及时将泥浆水冲洗干净，稍干后，涂刷一层同颜色纯水泥浆，用以填补砂眼和凹痕，对个别脱石部位要填补好，不同颜色上浆时，要按先深后浅的顺序进行。

(3)第二遍研磨。补浆后需养护 3～4 d，然后用 100～150 号磨石进行研磨。要求磨至表面平滑，无模糊不清之处为止。

(4)第二遍补浆。磨完清洗干净后，再涂刷一层同色水泥浆，继续养护 3～4 d。

(5)第三遍研磨。用 180～240 号细磨石进行研磨，要求磨至石子粒显露，表面平整光滑，无砂眼、细孔为止，并用清水将其冲洗干净。

表 10-2　水磨石开磨时间参考表

平均温度/℃	开磨时间/d		备　注
	机磨	人工磨	
20～30	3～4	2～3	
10～20	4～5	3～4	
5～10	5～6	4～5	

7. 酸洗、打蜡

(1)酸洗。对研磨完成的水磨石面层，经检查达到平整度、光滑度要求后，即可进行擦草酸打磨出光。操作时可涂刷10%～15%的草酸溶液，或直接在水磨石面层上浇适量水及撒草酸粉，随后用28～320号油石细磨，磨至出白浆、表面光滑为止。然后用布擦去白浆，并用清水冲洗干净并晾干。

(2)打蜡。用布将地板蜡薄薄地均匀涂刷在水磨石面上，待蜡干后用包有麻布的木块代替油石装在磨石机的磨盘上进行磨光，直到水磨石表面光滑、洁亮为止。

10.2.2 水磨石地面施工质量验收标准

水磨石地面施工质量应遵循《建筑地面工程施工质量验收规范》(GB 50209—2010)的验收标准。

检验批划分：各类面层的分项工程的施工质量验收应按每一层次或每层施工段(或变形缝)作为检验批，高层建筑的标准层可按每三层(不足三层按三层计)作为检验批。

检查数量：各类面层所划分的分项工程按自然间(或标准间)检验，抽查数量应随机检验不应少于3间；不足3间，应全数检查；其中走廊(过道)应以10延长米为1间，工业厂房(按单跨计)、礼堂、门厅应以两个轴线为1间计算。有防水要求的建筑地面分项工程施工质量每检验批抽查数量应按其房间总数随机检验不应少于4间；不足4间，应全数检查。

合格标准：建筑地面工程的分项工程施工质量检验的主控项目，应达到《建筑地面工程施工质量验收规范》(GB 50209—2010)规定的质量标准，认定为合格；一般项目80%以上的检查点(处)符合《建筑地面工程施工质量验收规范》(GB 50209—2010)规定的质量要求，其他检查点(处)不得有明显影响使用，且最大偏差值不超过允许偏差值的50%为合格。凡达不到质量标准时，应按现行国家标准《建筑工程施工质量验收统一标准》(GB 50300—2013)的规定处理。

1. 主控项目

(1)水磨石面层的石粒应采用白云石、大理石等岩石加工而成，石粒应洁净无杂物，其粒径除特殊要求外应为6～16 mm；颜料应采用耐光、耐碱的矿物原料，不得使用酸性颜料。

检验方法：观察检查和检查质量合格证明文件。

检查数量：同一工程、同一体积比检查一次。

(2)水磨石面层拌合料的体积比应符合设计要求，且水泥与石粒的比例应为(1：1.5～1：2.5)。

检验方法：检查配合比试验报告。

检查数量：同一工程、同一体积比检查一次。

(3)防静电水磨石面层应在施工前及施工完成表面干燥后进行接地电阻和表面电阻检测，并应做好记录。

检验方法：检查施工记录和检测报告。

检查数量：按《建筑地面工程施工质量验收规范》(GB 50209—2010)规定的检验批检查。

(4)面层与下一层结合应牢固，且应无空鼓、裂纹。当出现空鼓时，空鼓面积不应大于400 cm²，且每自然间或标准间不应多于2处。

检验方法：观察和用小锤轻击检查。

检查数量：按《建筑地面工程施工质量验收规范》(GB 50209—2010)规定的检验批检查。

2. 一般项目

(1)面层表面应光滑，且应无裂纹、砂眼和磨痕；石粒应密实，显露应均匀；颜色图案应一致，不混色；分格条应牢固、顺直和清晰。

检验方法：观察检查。

检查数量：按《建筑地面工程施工质量验收规范》(GB 50209—2010)规定的检验批检查。

(2)踢脚线与柱、墙面应紧密结合，踢脚线高度及出柱、墙厚度应符合设计要求且均匀一致。当出现空鼓时，局部空鼓长度不应大于300 mm，且每自然间或标准间不应多于2处。

检验方法：用小锤轻击、钢尺和观察检查。

检查数量：按《建筑地面工程施工质量验收规范》(GB 50209—2010)规定的检验批检查。

(3)楼梯、台阶踏步的宽度、高度应符合设计要求。楼层梯段相邻踏步高度差不应大于10 mm；每踏步两端宽度差不应大于10 mm，旋转楼梯梯段的每踏步两端宽度的允许偏差不应大于5 mm。踏步面层应做防滑处理，齿角应整齐，防滑条应顺直、牢固。

检验方法：观察和用钢尺检查。

检查数量：按《建筑地面工程施工质量验收规范》(GB 50209—2010)规定的检验批检查。

(4)水磨石面层的允许偏差应符合表5-1的规定。

检验方法：按表5-1中的检验方法检验。

检查数量：按《建筑地面工程施工质量验收规范》(GB 50209—2010)规定的检验批和合格标准的规定检查。

10.2.3 水磨石地面成品保护措施

(1)推手推车时不许碰撞门口立边和栏杆，门框要适当包铁皮保护，以防手推车碰撞门框。

(2)磨石机应有罩板，以免浆水四溅污染墙面，施工时污染的墙柱面、门窗框要及时清理干净。

(3)养护期内严禁在饰面推手推车，放重物及随意践踏。

(4)磨石浆应有组织排放，及时清运到指定地点，并倒入预先挖好的沉淀坑内，不得流入地漏、下水排污口内，以免造成堵塞。

(5)完成后的面层，严禁在上面推车随意践踏、搅拌浆料、抛掷物件。

10.2.4 水磨石地面施工质量记录及样表

1. 水磨石地面施工质量记录

水磨石地面施工应形成以下质量记录：

(1)表C2-4 技术交底记录。

(2)表C1-5 施工日志。

(3)表G8-14 水磨石面层检验批质量验收记录。

注：以上表式采用《河北省建筑工程资料管理规程》[DB13(J)/T 145—2012]所规定的表式。

2. 水磨石地面施工质量记录样表

《水磨石面层检验批质量验收记录》样表见表G8-14。

表 G8-14 水磨石面层检验批质量验收记录

工程名称				分项工程名称		验收部位	
施工单位						项目经理	
施工执行标准名称及编号		《建筑地面工程施工质量验收规范》 (GB 50209—2010)				专业工长	
分包单位				分包项目经理		施工班组长	

检控项目	序号	质量验收规范的规定			施工单位检查评定记录	监理(建设)单位验收记录
主控项目	1	水磨石面层材质要求		5.4.8条		
	2	拌合料的体积比要求		5.4.9条		
	3	防静电水磨石面层接地电阻和表面电阻检测		5.4.10条		
	4	面层与下一层结合要求		5.4.11条		
一般项目	1	面层表面要求		5.4.12条		
	2	踢脚线质量要求		5.4.13条		
	3	楼梯踏步	高度差	不大于10 mm		
			宽度差	不大于10 mm		
			旋转楼梯每步两端宽度	不大于5 mm		
			踏步面层	应做防滑处理,齿角应整齐,防滑条应顺直、牢固		
	4	水磨石面层允许偏差/mm			量测值/mm	
		项目	普通水磨石	高级水磨石		
		(1)表面平整度	3	2		
		(2)踢脚线上口平直	3	3		
		(3)缝格顺直	3	2		
	5	旋转楼梯踏步宽度允许偏差/mm		5		

施工单位检查评定结果	项目专业质量检查员:　　　　　　　　　　　　　　　　年　月　日
监理(建设)单位验收结论	监理工程师(建设单位项目专业技术负责人):　　　　　　　年　月　日

任务 10.3 地板砖地面

10.3.1 地板砖地面施工工艺

(一)施工准备

1. 技术准备

(1)熟悉图纸,了解设计要求和做法,根据图纸尺寸画出施工铺砖大样图。

(2)编写作业指导书,应有详细的技术交底,并交至施工操作人员。

(3)做出样板间,并经各方验收通过。

2. 材料准备

(1)水泥。采用硅酸盐水泥、普通硅酸盐水泥或矿渣硅酸盐水泥,水泥进场时应对其品种、级别、包装或散装仓号、出厂日期等进行检查,并应对其强度、安定性进行复验。

(2)砂。采用中砂或粗砂,含泥量不大于3%。

(3)地板砖的颜色、品种、规格、质量应符合设计要求和相关产品标准的规定。

3. 施工机具准备

(1)施工机械。砂浆搅拌机、手提电锯。

(2)工具用具。手推车、铁锹、扫帚、水桶、铁抹子、刮杠、筛子、橡皮锤、方尺、水平尺等。

(3)检测设备。水准仪、钢尺、靠尺、塞尺、检测锤等。

4. 作业条件准备

(1)基层的混凝土抗压强度达到1.2 MPa以上。

(2)室内墙面抹灰做完,墙面上已弹好+500 mm水平线。

(3)施工前应进行选砖,确保规格、颜色一致。

(二)施工工艺流程

地板砖地面施工工艺流程,如图10-3所示。

(三)施工操作要求

1. 基层清理

将基层(找平层)上的杂物清理干净,并用扁铲剔除楼地面超高及落地灰,用钢丝刷刷净浮层。

2. 排砖弹线

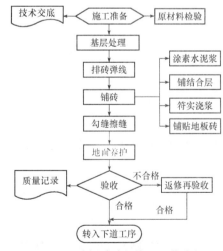

图 10-3 地板砖地面施工工艺流程

根据施工铺砖大样图结合房间具体尺寸,在房间中弹十字控制线,从纵横两个方向排尺寸,并尽量避免使用非整砖。当尺寸不足整砖倍数时,将非整砖用于边角处,横向平行于门口的第一排应为整砖，纵向(垂直门口)应在房间内分中，非整砖对称排放在两墙边处，尺寸不小于整砖边长的 1/4。

3. 铺砖

(1)选砖。在铺砌前应对砖的规格尺寸、外观质量、色泽等进行预选。陶瓷地砖还应浸水湿润，晾干后表面无明水时方可使用。

(2)涂素水泥浆。找平层上洒水湿润，均匀涂刷素水泥浆(水胶比为 0.4～0.5)，涂刷面积不要过大，铺多少刷多少。

(3)铺结合层。铺设 20～30 mm 厚半干硬性水泥砂浆，水泥砂浆结合层配合比宜为 1∶2.5(水泥∶砂)。用木抹子找平、拍实，将地板砖先铺在水泥砂浆结合层上，用橡皮锤均匀敲实，手搬开地板砖检查结合层是否完全符实，如不符实局部找平。半干硬性水泥砂浆应随拌随用，初凝前用完，防止影响粘结质量。

(4)铺贴地板砖。在干硬性水泥砂浆结合层上浇素水泥浆，浇透浇匀(水胶比为 0.4～0.5)，用铁抹子轻划数道划痕，将地板砖原位铺回。用橡胶锤均匀敲实即可，边敲击边检查砖边是否符线，地板砖四角是否平齐。

4. 勾缝、擦缝

面层铺贴应在 24 h 内进行擦缝、勾缝工作，并应采用同品种、同强度等级、同颜色的水泥。用浆壶往缝内浇水泥浆，然后用干水泥撒在缝上，再用棉纱团擦揉，将缝隙擦满，最后将面层上的水泥浆擦干净。

5. 养护

铺完砖 24 h 后，洒水养护，时间不应少于 7 d。

10.3.2　地板砖地面施工质量验收标准

地板砖地面施工质量应遵循《建筑地面工程施工质量验收规范》(GB 50209—2010)的验收标准。

检验批划分：各类面层的分项工程的施工质量验收应按每一层次或每层施工段(或变形缝)作为检验批，高层建筑的标准层可按每三层(不足三层按三层计)作为检验批。

检查数量：各类面层所划分的分项工程按自然间(或标准间)检验，抽查数量应随机检验不应少于 3 间；不足 3 间，应全数检查；其中，走廊(过道)应以 10 延长米为 1 间，工业厂房(按单跨计)、礼堂、门厅应以两个轴线为 1 间计算。有防水要求的建筑地面分项工程施工质量每检验批抽查数量应按其房间总数随机检验不应少于 4 间；不足 4 间，应全数检查。

合格标准：建筑地面工程的分项工程施工质量检验的主控项目，应达到《建筑地面工程施工质量验收规范》(GB 50209—2010)规定的质量标准，认定为合格；一般项目 80% 以上的检查点(处)符合《建筑地面工程施工质量验收规范》(GB 50209—2010)规定的质量要求，其他检查点(处)不得有明显影响使用，且最大偏差值不超过允许偏差值的 50% 为合格。凡达不到质量标准时，应按现行国家标准《建筑工程施工质量验收统一标准》(GB 50300—2013)的规定处理。

1. 主控项目

(1)砖面层所用板块产品应符合设计要求和国家现行有关标准的规定。

检验方法：观察检查和检查形式检验报告、出厂检验报告、出厂合格证。

检查数量：同一工程、同一材料、同一生产厂家、同一型号、同一规格、同一批号检查一次。

（2）砖面层所用板块产品进入施工现场时，应有放射性限量合格的检测报告。

检验方法：检查检测报告。

检查数量：同一工程、同一材料、同一生产厂家、同一型号、同一规格、同一批号检查一次。

（3）面层与下一层的结合（粘结）应牢固，无空鼓（单块砖边角允许有局部空鼓，但每自然间或标准间的空鼓砖不应超过总数的 5%）。

检验方法：用小锤轻击检查。

检查数量：按《建筑地面工程施工质量验收规范》（GB 50209—2010）规定的检验批检查。

2. 一般项目

（1）砖面层的表面应洁净、图案清晰，色泽应一致，接缝应平整，深浅应一致，周边应顺直。板块应无裂纹、掉角和缺楞等缺陷。

检验方法：观察检查。

检查数量：按《建筑地面工程施工质量验收规范》（GB 50209—2010）规定的检验批检查。

（2）面层邻接处的镶边用料及尺寸应符合设计要求，边角应整齐、光滑。

检验方法：观察和用钢尺检查。

检查数量：按《建筑地面工程施工质量验收规范》（GB 50209—2010）规定的检验批检查。

（3）踢脚线表面应洁净，与柱、墙面的结合应牢固。踢脚线高度及出柱、墙厚度应符合设计要求，且均匀一致。

检验方法：观察和用小锤轻击及钢尺检查。

检查数量：按《建筑地面工程施工质量验收规范》（GB 50209—2010）规定的检验批检查。

（4）楼梯、台阶踏步的宽度、高度应符合设计要求。踏步板块的缝隙宽度应一致；楼层梯段相邻踏步高度差不应大于 10 mm；每踏步两端宽度差不应大于 10 mm，旋转楼梯梯段的每踏步两端宽度的允许偏差不应大于 5 mm。踏步面层应做防滑处理，齿角应整齐，防滑条应顺直、牢固。

检验方法：观察和用钢尺检查。

检查数量：按《建筑地面工程施工质量验收规范》（GB 50209—2010）规定的检验批检查。

（5）面层表面的坡度应符合设计要求，不倒泛水、无积水；与地漏、管道结合处应严密牢固，无渗漏。

检验方法：观察、泼水或用坡度尺及蓄水检查。

检查数量：按《建筑地面工程施工质量验收规范》（GB 50209—2010）规定的检验批检查。

（6）砖面层的允许偏差应符合表 10-3 的规定。

检验方法：应按表 10-3 中的检验方法检验。

检查数量：按《建筑地面工程施工质量验收规范》（GB 50209—2010）规定的检验批和合格标准的规定检查。

表 10-3　砖面层的允许偏差和检验方法　　　　　　　　　　　　　　　mm

项次	项目	允许偏差	检验方法
		陶瓷锦砖面层、高级水磨石板、陶瓷地砖面层	
1	表面平整度	2.0	用 2 m 靠尺和楔形塞尺检查

项次	项目	允许偏差	检验方法
		陶瓷锦砖面层、高级水磨石板、陶瓷地砖面层	
2	缝格平直	3.0	拉 5 m 线和用钢尺检查
3	接缝高低差	0.5	用钢尺和楔形塞尺检查
4	踢脚线上口平直	3.0	拉 5 m 线和用钢尺检查
5	板块间隙宽度	2.0	用钢尺检查

10.3.3 地板砖地面成品保护措施

(1)切割面砖时应用垫板，禁止在已铺地面上切割。

(2)推车运料时应注意保护门框及已完地面，小车腿应包裹。

(3)涂料施工时，应铺覆盖物对面层加以保护，不得污染地面。

10.3.4 地板砖地面施工质量记录及样表

1. 地板砖地面施工质量记录

地板砖地面施工应形成以下质量记录：

(1)表 C2-4 技术交底记录。

(2)表 C1-5 施工日志。

(3)表 G8-21 砖面层检验批质量验收记录。

注：以上表式采用《河北省建筑工程资料管理规程》[DB13(J)/T 145—2012]所规定的表式。

2. 地板砖地面施工质量记录样表

《砖面层检验批质量验收记录》样表见表 G8-21。

表 G8-21 砖面层检验批质量验收记录

工程名称			分项工程名称		验收部位	
施工单位					项目经理	
施工执行标准名称及编号			《建筑地面工程施工质量验收规范》(GB 50209—2010)		专业工长	
分包单位			分包项目经理		施工班组长	
检控项目	序号	质量验收规范的规定			施工单位检查评定记录	监理(建设)单位验收记录
主控项目	1	板块的品种、质量		6.2.5 条		
	2	板材材料进场检验		6.2.6 条		
	3	面层与下一层结合要求		6.2.7 条		

检控项目	序号	质量验收规范的规定		施工单位检查评定记录	监理(建设)单位验收记录
一般项目	1	面层表面质量要求	6.2.8条		
	2	邻接处镶边用料及尺寸	6.2.9条		
	3	踢脚线表面质量	6.2.10条		
	4	楼梯踏步和台阶	6.2.11条		
	5	面层表面坡度要求	6.2.12条		

检控项目	序号	砖表面的允许偏差/mm				量测值/mm						监理(建设)单位验收记录
一般项目	6	项目	缸砖面层	水泥砂浆面层	陶瓷锦砖、陶瓷地砖面层							
		(1)表面平整度	4.0	3.0	2.0							
		(2)缝格平直	3.0	3.0	3.0							
		(3)接缝高低差	1.5	0.5	0.5							
		(4)踢脚线上口平直	4.0	—	3.0							
		(5)板块间隙宽度	2.0	2.0	2.0							

施工单位检查评定结果	项目专业质量检查员: 年 月 日
监理(建设)单位验收结论	监理工程师(建设单位项目专业技术负责人): 年 月 日

单元 11 涂饰工程施工

任务 11.1 内墙涂料施工

11.1.1 内墙涂料施工工艺

(一)施工准备

1. 技术准备

(1)认真熟悉图纸,翻阅引用图集,了解工程做法和设计要求。

(2)施工前对班组进行详细的书面技术交底。

2. 材料准备

(1)涂液、涂料。乳胶漆。

(2)腻子。优先选用成品腻子,腻子材质填料主要有石膏粉、大白粉、滑石粉。

3. 施工机具准备

(1)施工机械。空气压缩机、电动搅拌器。

(2)工具用具。排笔、棕刷、料桶、铲刀、腻子板、钢皮刮板、橡皮刮板、砂纸、高凳、脚手板、塑料胶带、口罩等。

(3)检测设备。铝合金靠尺、钢直尺、塞尺。

4. 作业条件准备

(1)乳液涂料涂饰工程须在抹灰、吊顶、木装修、地面等工程已完并经验收合格后方可进行。

(2)做好样板间,并经业主和监理鉴定合格,方可大面积进行乳液涂料涂饰工程。

(二)施工工艺流程

内墙涂料施工工艺流程,如图 11-1 所示。

(三) 操作要求

1. 基层处理

用铲刀、棕刷清理基层表面尘土、灰渣等;修补抹灰面的孔眼、裂纹、空鼓、缺棱、掉角、松散等缺陷。

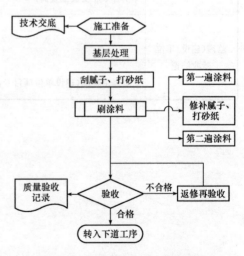

图 11-1 内墙涂料施工工艺流程

2. 满刮腻子

腻子要刮平、刮到，并将缺陷部位嵌批平整，力求平整、坚实、干净。厨房、卫生间等多水房间应采用耐水腻子批刮。腻子不宜太厚。

3. 打砂纸

腻子干透后，方可进行砂纸打磨工作。磨砂纸注意掌握好力度，均匀打磨，注意不要将膜层磨穿。保护好棱角，将阴角、节点部位打磨到位，磨完后应打扫干净，并用湿布擦净散落粉尘。

4. 刷涂料

(1)刷第一遍乳液涂料。涂刷前将涂料充分搅拌，并适当加水稀释。涂刷时，其涂制方向和涂刷长短应一致。先边角，后大面，涂膜厚度保持适中，涂刷均匀。

(2)修补腻子、打磨砂纸。进行内墙面涂饰时，涂层干燥后还应复补腻子，并用砂纸磨平。

(3)刷第二遍乳液涂料。施工方法同第一遍。第二遍稍稠，具体掺水量依据生产厂家要求而定。涂刷动作要迅速，上下要刷顺，互相衔接。

11.1.2 水性涂料涂饰施工质量验收标准

检验批划分：室内涂饰工程同类涂料涂饰的墙面每 50 间(大面积房间和走廊按涂饰面积 30 m^2 为一间)应划分为一个检验批，不足 50 间也应划分为一个检验批。

检查数量：室内涂饰工程每个检验批应至少抽查 10%，并不得少于 3 间；不足 3 间时，应全数检查。

1. 主控项目

(1)水性涂料涂饰工程所用涂料的品种、型号和性能应符合设计要求。

检验方法：检查产品合格证书、性能检测报告和进场验收记录。

(2)水性涂料涂饰工程的颜色、图案应符合设计要求。

检验方法：观察。

(3)水性涂料涂饰工程应涂饰均匀、粘结牢固，不得漏涂、透底、起皮和掉粉。

检验方法：观察、手摸检查。

(4)涂饰工程的基层处理应符合下列要求：

1)新建筑物的混凝土或抹灰基层在涂饰涂料前，应涂刷抗碱封闭底漆。

2)旧墙面在涂饰涂料前应清除疏松的旧装修层，并涂刷界面剂。

3)混凝土或抹灰基层涂刷溶剂型涂料时，含水率不得大于 8%；涂刷乳液型涂料时，含水率不得大于 10%。木材基层的含水率不得大于 12%。

4)基层腻子应平整、坚实、牢固，无粉化、起皮和裂缝；内墙腻子的粘结强度应符合《建筑室内用腻子》(JG/T 298—2010)的规定。

5)厨房卫生间墙面必须使用耐水腻子。

检验方法：观察；手摸检查；检查施工记录。

2. 一般项目

(1)薄涂料的涂饰质量和检验方法应符合表 11-1 的规定。

表 11-1　薄涂料的涂饰质量和检验方法

项次	项目	普通涂饰	高级涂饰	检验方法
1	颜色	均匀一致	均匀一致	观察
2	泛碱、咬色	允许少量轻微	不允许	观察
3	流坠、疙瘩	允许少量轻微	不允许	观察
4	砂眼、刷纹	允许少量轻微砂眼刷纹通顺	无砂眼、无刷纹	观察
5	装饰线、分色线直线度允许偏差/mm	2	1	拉 5 m 线，不足 5 m 拉通线，用钢直尺检查

(2)涂层与其他装修材料和设备衔接处应吻合，界面应清晰。

检验方法：观察。

11.1.3　内墙涂料成品保护措施

(1)施工过程中，尽量避免涂料污染不必涂饰的部位；如已污染，应在涂料未干时及时揩去。

(2)涂饰完毕后，及时撕掉装饰界面处的粘贴胶条等。

(3)涂料在施工过程中，应防止灰尘或垃圾影响涂饰质量。

(4)涂刷前对五金、灯具、电盒等采取保护措施，防止污染。

11.1.4　内墙涂料施工质量记录及样表

1. 内墙涂料施工质量记录

内墙涂料施工应形成以下质量记录：

(1)表 C2-4　技术交底记录。

(2)表 C1-5　施工日志。

(3)表 G9-25　水性涂料涂饰工程检验批质量验收记录。

注：以上表式采用《河北省建筑工程资料管理规程》[DB13(J)/T 145—2012]所规定的表式。

2. 内墙涂料施工质量记录样表

《水性涂料涂饰工程检验批质量验收记录》样表见表 G9-25。

表 G9-25 水性涂料涂饰工程检验批质量验收记录

工程名称			分项工程名称		验收部位	
施工单位					项目经理	
施工执行标准名称及编号		《建筑装饰装修工程质量验收规范》(GB 50210—2001)			专业工长	
分包单位			分包项目经理		施工班组长	

检控项目	序号	质量验收规范的规定			施工单位检查评定记录	监理(建设)单位验收记录
主控项目	1	水性涂料材质	10.2.2条			
	2	水性涂料涂饰工程颜色、图案	10.2.3条			
	3	水性涂料涂饰质量	10.2.4条			
	4	水性涂料涂饰基层处理	10.2.5条			
一般项目	1	薄涂料的涂饰质量	普通涂饰	高级涂饰	量测值	
		(1)颜色	均匀一致	均匀一致		
		(2)泛碱、咬色	允许少量轻微	不允许		
		(3)流坠、疙瘩	允许少量轻微	不允许		
		(4)砂眼、刷纹	允许少量轻微砂眼,刷纹通顺	无砂眼,无刷纹		
		(5)装饰线、分色线直线度允许偏差/mm	2	1		
	2	厚涂料的涂饰质量	普通涂饰	高级涂饰	量测值	
		(1)颜色	均匀一致	均匀一致		
		(2)泛碱、咬色	允许少量轻微	不允许		
		(3)点状分布	—	疏密均匀		
	3	复层涂料的涂饰质量	质量要求		量测值	
		(1)颜色	均匀一致			
		(2)泛碱、咬色	不允许			
		(3)喷点疏密程度	均匀、不允许连片			
	4	涂层与其他装修材料和设备衔接处吻合,界面应清晰				
施工单位检查评定结果		项目专业质量检查员:				年　月　日
监理(建设)单位验收结论		监理工程师(建设单位项目专业技术负责人):				年　月　日

任务 11.2　木门刷油漆

11.2.1　木门油漆施工工艺

(一)施工准备

1. 技术准备

(1)认真熟悉图纸，翻阅相关图集，了解工程做法和设计要求。

(2)对施工作业班组进行木材表面涂饰工程的书面技术交底。

2. 材料准备

(1)油漆。主要有混色油漆、丙烯酸清漆、酚醛清漆、醇酸清漆、多烯磁漆等。

(2)腻子。主要有熟石膏粉、大白粉等。

(3)稀释剂。主要有汽油、松香水、酒精、煤油等。

3. 施工机具准备

(1)施工机械。油漆搅拌机、空气压缩机、砂纸打磨机。

(2)工具用具。油刷、排笔、料桶、铲刀、钢皮刮板、橡皮刮板、砂纸、棉丝等。

(3)检测设备。钢直尺、塞尺、靠尺。

4. 作业条件准备

(1)油漆工程施工须在抹灰、吊顶、地面等工程已完并经验收合格后方可进行。

(2)大面积施工前应先做好样板间，经业主和监理验收合格后进行大面积施工。

(二)施工工艺流程

木材表面施刷色漆工艺流程，如图 11-2 所示。

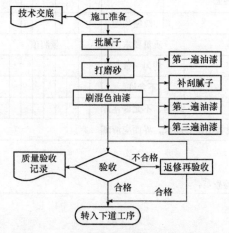

图 11-2　木材表面施涂色漆工艺流程

(三)施工操作要求

1. 基层处理

(1)刷涂前，应先除去木质表面的灰尘、油污、水泥浆、胶渍、木毛刺等，并对缺陷部位进行填补、脱色处理。

(2)刷清油。按比例配制清油，按次序进行涂刷；刷油要做到涂刷均匀，避免漏刷。

2. 批腻子

将裂缝、凹陷、虫眼、节疤、钉眼、边棱残损处嵌批平整，刮平、刮到。注意接缝位置，要来回刮平。

3. 打磨砂

腻子干透后，则可进行打磨砂纸。打磨要掌握轻磨慢打、表面平整的技术要领，力度掌握适当，不得将涂膜磨穿，不要损伤棱角。磨完后将浮尘扫净，并用湿布将散落的粉尘擦净。

4. 刷混色油漆

(1)刷第一遍混色油漆。涂刷次序：先上后下，先左后右，先难后易。每次蘸油量不宜过多，用力适中，上下轻轻理顺油漆。

(2)补刮腻子。待第一遍干透后，对局部腻子收缩处及残缺处再进行批刮。腻子干透后，磨平、磨光。

(3)刷第二遍混色油漆。调和漆黏度较大，要多刷、多理，刷完一段后及时检查、修整。

(4)刷最后一遍混色油漆。油漆不流坠，光亮均匀，色泽一致，分色明晰。

11.2.2　木门油漆施工质量验收标准

检验批划分：室内涂饰工程同类涂料涂饰的墙面每 50 间(大面积房间和走廊按涂饰面积 30 ㎡为一间)应划分为一个检验批，不足 50 间也应划分为一个检验批。

检查数量：室内涂饰工程每个检验批应至少抽查 10%，并不得少于 3 间，不足 3 间时应全数检查。

1. 主控项目

(1)溶剂型涂料涂饰工程所选用涂料的品种、型号和性能应符合设计要求。

检验方法：检查产品合格证书性能检测报告和进场验收记录。

(2)溶剂型涂料涂饰工程的颜色、光泽、图案应符合设计要求。

检验方法：观察。

(3)溶剂型涂料涂饰工程应涂饰均匀、粘结牢固，不得漏涂、透底、起皮和反锈。

检验方法：观察；手摸检查。

(4)涂饰工程的基层处理应符合下列要求：

1)木材基层的含水率不得大于 12%。

2)基层腻子应平整、坚实、牢固，无粉化、起皮和裂缝。

3)厨房卫生间墙面必须使用耐水腻子。

检验方法：观察；手摸检查；检查施工记录。

2. 一般项目

(1)色漆的涂饰质量和检验方法应符合表 6-2 的规定。

表 6-2　色漆的涂饰质量和检验方法

项次	项目	普通涂饰	高级涂饰	检验方法
1	颜色	均匀一致	均匀一致	观察
2	光泽、光滑	光泽基本均匀 光滑、无挡手感	光泽均匀一致 光滑	观察、手摸检查
3	刷纹	刷纹通顺	无刷纹	观察
4	裹棱、流坠、皱皮	明显处不允许	不允许	观察
5	装饰线、分色线直线度 允许偏差/mm	2	1	拉 5 m 线，不足 5 m 拉通线，用钢直尺检查

注：无光色漆不检查光泽。

(2)涂层与其他装修材料和设备衔接处应吻合，界面应清晰。

检验方法：观察。

11.2.3　木门油漆成品保护措施

(1)施工过程中，要尽量避免涂料污染到不需涂装的部位。如已污染，则应在涂料未干时及时擦去。

(2)涂饰完毕后，及时撕掉装饰界面处的粘贴胶条等。

(3)防止涂刷施工过程中的灰尘或垃圾影响油漆质量。

(4)设置产品保护的警示性标语，贴于拟保护产品位置的醒目处。

11.2.4　木门油漆施工质量记录及样表

1. 木门油漆施工质量记录

木门油漆施工应形成以下质量记录：

(1)表 C2-4　技术交底记录。

(2)表 C1-5　施工日志。

(3)表 G9-26　溶剂型涂料涂饰工程检验批质量验收记录。

注：以上表式采用《河北省建筑工程资料管理规程》[DB13(J)/T 145—2012]所规定的表式。

2. 木门油漆施工质量记录样表

《溶剂型涂料涂饰工程检验批质量验收记录》样表见表 G9-26。

表 G9-26　溶剂型涂料涂饰工程检验批质量验收记录

工程名称			分项工程名称		验收部位	
施工单位					项目经理	
施工执行标准 名称及编号		《建筑装饰装修工程质量验收规范》 (GB 50210—2001)		专业工长		
分包单位			分包项目经理		施工班组长	

检控项目	序号	质量验收规范的规定				施工单位检查评定记录	监理(建设)单位 验收记录
主控项目	1	溶剂型涂料涂饰工程所选用涂料的品种、型号和性能	10.3.2条				
	2	溶剂型涂料涂饰工程的颜色、光泽、图案	10.3.3条				
	3	溶剂型涂料涂饰工程应涂饰均匀、粘结牢固,不得漏涂、透底、起皮和反锈	10.3.4条				
	4	溶剂型涂料涂饰工程的基层处理	10.3.5条				
一般项目	1	色漆的涂饰质量	普通涂饰	高级涂饰	量测值		
		(1)颜色	均匀一致	均匀一致			
		(2)光泽、光滑	光泽基本均匀,光滑、无挡手感	光泽均匀一致光滑			
		(3)刷纹	刷纹通顺	无刷纹			
		(4)裹棱、流坠、皱皮	明显处不允许	不允许			
		(5)装饰线、分色线直线度允许偏差/mm	2	1			
	2	清漆的涂饰质量	普通涂饰	高级涂饰	量测值		
		(1)颜色	基本一致	均匀一致			
		(2)木纹	虫眼刮平、木纹清楚	虫眼刮平、木纹清楚			
		(3)光泽、光滑	光泽基本均匀、光滑、无挡手感	光泽均匀一致、光滑			
		(4)刷纹	无刷纹	无刷纹			
		(5)裹棱、流坠、皱皮	明显处不允许	不允许			
	3	涂层与其他装修材料和设备衔接处应吻合,界面应清晰	10.3.8条				

施工单位检查 评定结果	
	项目专业质量检查员：　　　　　　　　　　　　　　年　月　日
监理(建设) 单位验收结论	
	监理工程师(建设单位项目专业技术负责人)：　　　　　年　月　日

参 考 文 献

[1] 国家标准. GB 50300—2013 建筑工程施工质量验收统一标准[S]. 北京：中国建筑工业出版社，2013.

[2] 国家标准. GB 50666—2011 混凝土结构工程施工规范[S]. 北京：中国建筑工业出版社，2011.

[3] 国家标准. GB/T 50214—2013 组合钢模板技术规范[S]. 北京：中国建筑工业出版社，2013.

[4] 国家标准. GB 50164—2011 混凝土质量控制标准[S]. 北京：中国建筑工业出版社，2011.

[5] 国家标准. GB 50204—2015 混凝土结构工程施工质量验收规范[S]. 北京：中国建筑工业出版社，2015.

[6] 国家标准. GB/T 50107—2010 混凝土强度检验评定标准[S]. 北京：中国建筑工业出版社，2010.

[7] 国家标准. GB 50345—2012 屋面工程技术规范[S]. 北京：中国建筑工业出版社，2012.

[8] 国家标准. GB 50207—2012 屋面工程质量验收规范[S]. 北京：中国建筑工业出版社，2012.

[9] 国家标准. GB 50209—2010 建筑地面工程施工质量验收规范[S]. 北京：中国建筑工业出版社，2010.

[10] 国家标准. GB 50210—2001 建筑装饰装修工程质量验收规范[S]. 北京：中国建筑工业出版社，2001.

[11] 行业标准. JGJ 162—2008 建筑施工模板安全技术规范[S]. 北京：中国建筑工业出版社，2008.

[12] 行业标准. JGJ 96—2011 钢框胶合板模板技术规程[S]. 北京：中国建筑工业出版社，2011.

[13] 行业标准. JGJ 18—2012 钢筋焊接及验收规程[S]. 北京：中国建筑工业出版社，2012.

[14] 行业标准. JGJ 107—2010 钢筋机械连接技术规程[S]. 北京：中国建筑工业出版社，2010.

[15] 行业标准. JGJ/T 10—2011 混凝土泵送施工技术规程[S]. 北京：中国建筑工业出版社，2011.

[16] 行业标准. JGJ/T 104—2011 建筑工程冬期施工规程[S]. 北京：中国建筑工业出版社，2011.

[17] 行业标准. JGJ 130—2011 建筑施工扣件式钢管脚手架安全技术规范[S]. 北京：中国建筑工业出版社，2011.

[18] 行业标准. JGJ 166—2008 建筑施工碗扣式钢管脚手架安全技术规范[S]. 北京：中国建筑工业出版社，2008.

[19] 行业标准. JGJ/T 23—2011 回弹法检测混凝土抗压强度技术规程[S]. 北京：中国建筑工业出版社，2011.

[20] 地方标准. DB13(J)/T 145—2012 河北省建筑工程资料管理规程[S]. 石家庄：河北科学技术出版社，2012.

[21]《建筑施工手册(第五版)》编写组. 建筑施工手册[M]. 5版. 北京：中国建筑工业出版社，2012.